高超纯铁的制备与特性

Metallurgy of Ultra-High Purity Iron

董瀚 等著

北京
冶金工业出版社
2025

内 容 提 要

本书全面、系统地介绍了4N~5N级高超纯铁的制备工艺，深入介绍了火法冶金、电解以及真空区熔制备等多种工艺技术的优化，详细探讨了高超纯铁的物理、化学与力学特性，并对其在诸多典型领域的应用进行了阐述。

本书可供科研人员、工程设计人员以及企业管理者阅读，也可供高等院校相关专业的研究生和本科生学习与参考。

图书在版编目（CIP）数据

高超纯铁的制备与特性 / 董瀚等著. -- 北京：冶金工业出版社，2025. 7. -- ISBN 978-7-5240-0265-9

Ⅰ. TF5

中国国家版本馆CIP数据核字第2025SK7513号

高超纯铁的制备与特性

出版发行	冶金工业出版社	**电　话**	（010）64027926
地　址	北京市东城区嵩祝院北巷39号	**邮　编**	100009
网　址	www.mip1953.com	**电子信箱**	service@mip1953.com

责任编辑　于昕蕾　美术编辑　彭子赫　版式设计　彭子赫　郑小利

责任校对　石　静　责任印制　禹　蕊

唐山玺诚印务有限公司印刷

2025年7月第1版，2025年7月第1次印刷

710mm×1000mm　1/16；15印张；206千字；225页

定价 108.00 元

投稿电话　（010）64027932　投稿信箱　tougao@cnmip.com.cn

营销中心电话　（010）64044283

冶金工业出版社天猫旗舰店　yjgycbs.tmall.com

（本书如有印装质量问题，本社营销中心负责退换）

序言

铁，这一古老而关键的金属，在人类文明的漫长征程中始终扮演着不可或缺的角色。从铁器时代的曙光初现，到现代工业文明的蓬勃发展，铁的发现与应用极大地推动了人类社会的进步。

4N~5N级（纯度99.99%~99.999%）高超纯铁，代表着铁纯度的巅峰水平，这一级别的纯铁，因其在物理、化学及力学特性上的卓越表现，正在成为高端制造业、电子技术、新能源开发及航空航天等前沿领域不可或缺的关键材料。

然而，高超纯铁的制备并非易事。它需要精湛的工艺技术、严格的质量控制以及对冶金材料科学深刻的理解。火法冶金、湿法电解、真空区熔等多种制备方法，各有优势与挑战。这些工艺技术不仅需要深厚的传统冶金学基础，更需要结合现代科技的创新思维。

自2019年起，在各方支持下，由上海大学、河北龙凤山铸业有限公司等单位的科技人员组建了高超纯铁项目组。他们深入研究铁的纯化理论与技术，攻克多项技术难题，建成了年产能80万吨的火法冶金高纯铁生产线、100 t级的高纯电解铁生产线和10 kg级的真空区熔超纯铁制备装置，形成了梯次递进的高超纯铁生产及装备技术体系。这一成果不仅突破了铁的纯化极限，还通过研究高超纯铁特性，加深了人们对铁的认知，显著拓宽了其应用领域。

作为纯铁的高超纯净化方向的坚定支持者，我自高超纯铁立项伊始便持续关注其发展进程。从工艺设计的初步构想到关键环节的逐一突破，项目团队在每一个重要节点都向我进行了详尽的汇报，而我也在其中提出了一些个人见解并被采纳。如今，目睹项目组取得如此卓越的成就，我内心满是欣慰与自豪。

本书由董瀚教授领衔的项目团队倾力打造，凝聚了他们在高超纯铁领域的丰富实践经验和深入理论探索。这是第一部关于高超纯铁的著作，不仅为相关领域的专业人士提供了极具价值的参考，更以其创新理念启迪思维，促进中国钢铁冶金材料的高质量发展。期望本书的问世，能够激发更多人才投身新材料的创新研发，共同推动科学技术的发展。

中国工程院院士　国家新材料产业发展专家咨询委员会主任

2025 年 6 月

前言

铁是宇宙演变的关键元素，标志着恒星演化的转折点。在自然界中，铁是地核的主要成分，对地球磁场的形成和维持至关重要，它如同地球的“盾牌”，保护地球免受宇宙射线的侵害。铁在生物演进中也扮演着重要角色，是生命活动不可或缺的元素。

铁是金属中应用最广泛的元素，铁基合金（如钢）是工业中用量最大、应用最广的材料，广泛应用于建筑设施、机械制造、汽车以及高端装备领域，是支撑现代工业发展的基石。铁的存在和应用，对地球的自然环境和人类社会的发展都具有深远且不可替代的影响。

纯铁凭借其低杂质含量、高延展性、优良磁性等卓越特性，既是基础原料，又是高性能材料，更是众多领域不可或缺的重要物质，具有不可替代的作用。目前，工业制备的纯铁纯度一般为2N级（99%），最高可达3N级（99.9%）。从2N级到3N级，纯度的每一次提升，都极大地满足了高端电子、航空航天、精密机械和新能源等领域对材料的极致要求。然而，4N~5N级（99.95%~99.9994%）高超纯铁制备难度更大，其工业化生产几乎难以实现，制备技术堪称冶金学的巅峰，极具挑战性，是冶金材料技术的前沿领域。

1908年，美国阿姆科公司（America Rolling Mill Company，ARMCO）首次采用碱性平炉成功冶炼出一种含碳量低、纯度极高的铁基软磁材料——阿姆科铁（ARMCO iron）。这种铁的纯度高达99.5%以上，杂质含量极少，因此具备卓越的磁性能和优良的加工性能。阿姆科铁的问世，为电磁设备制造提供了理想的材料，广泛应用于变压器、电机等对高磁导率有严格要求的领域。凭借其优异的性能，阿姆科铁逐渐成为工业纯铁的代名词，奠定了其在纯铁材料领域的标杆地位。

国内一些企业涉足纯铁生产，其中太钢和鞍钢凭借领先的技术水平和卓越的产品质量，成为国内纯铁生产的重要力量。太钢的纯铁产品以高纯度、低杂质著称，广泛应用于军工、航空航天、新能源等高端领域，其产品种类丰富，涵盖电磁纯铁和原料纯铁等。鞍钢的纯铁产品纯度达到3N级，以高纯度和精准的元素控制为特点，拥有完善的纯铁产品系列。

2019年，上海大学与河北龙凤山铸业有限公司（现河北龙凤山新材料科技集团有限公司）等单位联合启动高超纯铁项目。2023年，大规模火法冶金生产4N级高纯铁的专业化生产线建成，项目首创了工业化火法制备4N级高纯铁技术，纯铁的纯度达99.97%；开发了湿法电解提纯生产线，制备出4N5电解铁，纯度达99.996%；并成功研制了真空区熔提纯装备和技术，将纯度进一步提升至99.9992%，制备出目前我国纯度最高的5N级高纯铁。

目前关于纯铁的论述相对较少，但一些经典书籍和手册中仍可找到相关基础内容。例如，1990年出版的*ASM Handbook*第一卷和第二卷相关部分中对纯铁的特性有详细描述。1981年出版Leslie W. C. 的*The Physical Metallurgy of Steels*第一章中对纯铁的微观结构和性能有深入分析，可为高超纯铁的特性研究提供参考。我国1992年出版的《钢铁材料学》第一章和1965年出版的《特殊钢》第一分册中也对纯铁的特性及应用有所涉及。然而，这些书籍多聚焦于普通纯铁，对于4N～5N级高超纯铁的制备工艺、特性及应用的系统论述仍是空白。因此，针对高超纯铁的专门研究和系统总结显得尤为重要。

撰写本书的目的在于系统梳理和全面总结4N～5N级高超纯铁的制备工艺，深入剖析其物理、化学及力学特性，并对其在典型领域的应用进行详细阐述。本书系统总结了火法冶金、电解以及真空区熔等多种高超纯铁制备工艺技术。这些技术方法各具特色，既有传统冶金工艺的深厚底蕴，又融合了现代科技的创新活力，为高超纯铁的制备提供了坚实的理论与实践基础。

本书的内容源于高超纯铁项目的科学研究与工程实践，凝聚了团队专家学者的智慧与心血。各章节源自项目各课题的工作内容，系统地展现了高超纯铁从基础研究到实际应用的全过程。

董瀚教授作为高超纯铁项目负责人，构建了研发框架体系，全程把控项目进展和书稿撰写、修改与定稿，严守内容系统性与权威性，努力为读者奉献一部高质量专业著作。

本书开篇剖析项目背景与研发要点，随后依次深入探讨从大规模火法冶金，到湿法电解制铁，再到真空区熔的铁提纯递进过程，涵盖高超纯铁特性研究及应用技术。第2章聚焦大规模火法冶金生产4N级高纯铁，由白佳鑫、邢振国、李建民、李道明、刘玉江、白鹏十翰、赵忠义、郑少波、郭曙强、韦习成等专家共同参与完成。第3章围绕湿法电解制铁展开，刘腾轼、张迪、孙晨滕、韦习成、许茜、王博、曹鑫等科研人员贡献了重要力量。第4章探讨真空区熔设备制备5N级超纯铁，徐闰、王林军、赖建明、徐行安、徐飞等专业人才携手攻克技术难题。第5章深入分析高超纯铁的电磁性能、腐蚀特征与力学行为，彭伟、郭丽雅、谢港生、邓淑娇、高新强、杨震宇、基超、谢嘉镐等研究人员提供了翔实的研究成果。第6章由胡春东、曹鑫、邓亚辉、谢港生等研究人员主导，研究了高超纯铁在起落架用300M钢、航发主轴轴承用M50钢、电解铝用阴极、非晶等领域的应用技术，为高超纯铁的广泛应用提供了科学依据。

本书的问世，离不开众多同行专家和学者的鼎力支持与无私帮助。徐匡迪院士对金属高纯化技术研发高度关注，牵挂项目的进展。在研发的关键节点，他给予的不仅是莫大的鼓励，更是极具价值的专业指导，为项目的成功研发提供了强大的动力和支持。2000年日本东北大学的谷野满教授（原新日铁技术副社长）曾赠予翁宇庆院士一块高超纯铁。这块铁历经数十年岁月的洗礼，依然光洁锃亮，毫无锈斑，其卓越的耐腐蚀性能令人叹为观止。多年来，翁宇庆院士始终激励着我们投身于高超纯铁的研究，并为我们指明了前行的方向。中国特钢企业协会的于叩先生，凭借其敏锐的洞察力和前瞻性的思维，审时度势，大力推荐并积极推动高超纯铁项目的开展，为项目的启动奠定了坚实的基础。河北省发改委的高俊钊先生，以其深厚的专业素养和丰富的实践经验，为项目的实施提供了全方位、多维度的有益指导，助力项目稳步前行。河北省冶金行业协会原秘书长王大勇先生多次深入团队指导，从技术到市场全方位助力，鼓励团队攻坚克难，推动河北省钢铁产业转型升级。特别要感谢干勇院士，自项目启动之初，他便给予了我们坚定的支持与鼓励。在我们面临重重困难、陷入困境之时，他总是及时伸出援手，给予精准的指导，帮助确定整体技术方案，引领我们突破难关，继续前行。

作者由衷感谢河北龙凤山新材料科技集团有限公司白居秉董事长的创新精神，其勇于创新和执着创新的品质，让高超纯铁项目得以实施，也使本书得以付诸出版。感谢牛恒录、赖建明、赵洪山、谢港生在项目执行及书籍撰写出版过程中，高效协调诸多事务，为项目完成和本书的顺利出版筑牢根基。在此，作者向所有为项目和本书提供宝贵意见和支持的专家和学者致以诚挚的谢意！

同时，作者衷心感谢家人的理解与支持，以及团队成员在本书撰写过程中始终如一的支持与鼓励。你们的陪伴是我们不懈前行的坚实力量。作者衷心希望本书能为读者带来有益的启发，助力高超纯铁技术的持续进步。作者也深知书中难免存在不足，恳请广大读者不吝赐教，提出宝贵意见，以便在未来的工作中不断完善与改进。

作　者

2025 年 6 月

目录

1

开发高超纯铁的背景

1.1 开发高超纯铁的意义 003

1.2 制备高超纯铁的关键技术 006

1.2.1 火法冶金生产 4N 级高纯铁 007

1.2.2 电解制备 4N 级高纯铁 008

1.2.3 真空区熔制备 5N 级超纯铁 008

1.3 认识高超纯铁的特性 009

1.3.1 高超纯铁的磁学性能 009

1.3.2 高超纯铁的电学性能 010

1.3.3 高超纯铁的力学性能 010

1.3.4 高超纯铁的腐蚀特性 010

1.4 高超纯铁应用于高端材料制备 010

1.4.1 采用高超纯铁原料制备飞机起落架用 300M 钢 010

1.4.2 采用高超纯铁原料制备航空主轴轴承钢 M50 011

1.4.3 高纯铁用于电解铝的阴极材料 011

1.4.4 采用高纯铁制备非晶纳米晶材料 011

结 语 011

参考文献 012

2

火法冶金生产 4N 级高纯铁

2.1 产线工艺流程设计与建设 015

2.1.1 创新工艺流程设计 015

2.1.2 产线及装备的先进性 016

2.2 关键装备 DP-COB 提纯炉 020

2.2.1 深度提纯的 DP-COB 炉的研发 020

2.2.2　DP-COB 提纯炉的冶炼技术　021
2.3　火法冶金生产 4N 级高纯铁的工艺技术　022
2.3.1　原铁水冶炼提纯技术　022
2.3.2　4N 级高纯铁的提纯技术　024
2.4　火法冶金生产 4N 级高纯铁产品质量　039
2.4.1　纯铁产品的单一元素提纯水平　039
2.4.2　纯铁产品综合元素提纯水平　041
2.4.3　纯铁方坯的低倍组织形貌　041
2.4.4　夹杂物分析　042
2.5　火法冶金生产 4N 级高纯铁产品的应用　043
2.5.1　高端特钢及高温合金　044
2.5.2　非晶纳米晶材料　045
2.5.3　电子材料　045
2.5.4　稀土永磁材料　046
2.5.5　新能源材料　047
2.5.6　高端铸钢件　048
结　语　048
参考文献　049

3
电解制备 4N 级高纯铁

3.1　电解铁的生产和技术现状　055
3.2　电解铁产线设计和建设　058
3.2.1　电解边界条件确定　058
3.2.2　电解铁产线设计　062
3.3　电解铁后处理装备和工艺技术　065
3.3.1　电解铁产品分切　065

3.3.2　电解铁产品去除氧　066
3.4　电解铁制备的关键工艺参数　068
3.4.1　电解液温度　069
3.4.2　电流密度　075
3.4.3　电解液的稳定性　081
3.5　电解铁产品质量　091
3.5.1　化学成分　091
3.5.2　外观与组织形态　093
3.6　高纯电解铁产品的应用　095
3.6.1　标准物质　095
3.6.2　生物医用　095
3.6.3　制备 5N 级超纯铁的原料　096
结　语　097
参考文献　098

4
真空区熔制备 5N 级超纯铁

4.1　区熔铁技术的发展现状　105
4.2　真空区熔制备 5N 级超纯铁工艺流程　107
4.3　真空区熔装备的设计与制造　108
4.4　真空区熔制备 5N 级超纯铁的工艺技术和机理　111
4.4.1　分凝作用　111
4.4.2　蒸发作用　116
4.4.3　推移作用　120
4.5　5N 级超纯铁的纯度质量　122
4.6　5N 级超纯铁的应用技术　124

结　语　125

参考文献　125

5 高超纯铁的特性

5.1　导电性能　131

5.2　直流软磁性能　135

5.3　纯铁的腐蚀特性　140

5.4　纯铁的力学性能特征　148

5.4.1　纯铁的加工处理与组织结构　149

5.4.2　纯铁的拉伸力学性能及形变织构　153

5.4.3　纯铁的强度来源　171

结　语　177

参考文献　177

6 高超纯铁的典型应用

6.1　采用高超纯铁原料制备飞机起落架用 300M 钢　185

6.2　采用高超纯铁原料制备航发主轴轴承用 M50 钢　193

6.3　高纯铁用于电解铝的阴极材料　198

6.4　采用高纯铁原料制备非晶纳米晶　217

结　语　221

参考文献　222

CHAPTER 1

1

开发高超纯铁的背景

纯铁是高端特殊钢及合金的关键原料，也是不可或缺的材料，还是科学研究和分析测试的重要物质，广泛应用于工业生产、农业种植、医学健康、环境保护等众多领域。铁的纯度制备技术和应用水平是衡量一个国家科技实力和工业能力的重要标志。本项目以高超纯铁制备为目标，构建了完整的制备流程与装备技术体系，深入探索提纯原理，形成了火法冶金、湿法电解、真空区熔的渐进式提纯工艺，成功制备出4N级高纯铁和5N级超纯铁。同时，研究了高超纯铁的特性，挖掘了其在高端应用领域的潜力。本章介绍了项目的目标、研究内容及成果。

1.1 开发高超纯铁的意义

纯铁在工业生产、农业种植、医学健康、环境保护、科学研究的方方面面都有广泛应用，纯铁的部分应用领域如表 1-1 所示。纯度提高有利于提升纯铁各种用途的性能。可以说铁的纯度制备技术和应用是一个国家科技水平和工业能力的具体体现。

表 1-1 高超纯铁的部分应用领域

项目	应用领域	代表性应用场景
原料	特种合金	高端特殊钢、精密合金、高温合金等
	军工	电磁阀、药型罩、磁屏蔽等
	磁性材料与部件	永磁合金 NbFeB 和 $Fe_{16}N_2$、磁致伸缩合金 TbDyFe 和 SmFeCo、磁记录、磁头、磁传感器等
	铁基超导材料	LaOFePn、DvFeAsF、AFeAs、AFeAs、FeSe（Te）等
	电子材料	β-$FeSi_2$ 半导体
	靶材	高纯 Fe-Co、Fe-Co-Tb、Fe-Al-Si 等合金
材料	电磁屏蔽	高超纯铁、FeNi、CuFe 合金膜等
	电工	铁芯、静电感应、电极等
	医学健康	生物兼容材料、补铁剂、铁锅、富铁作物等
物质	化工	铁催化剂、高纯还原剂、环保零价铁等
	分析测试	高纯度试剂、标准样品等

按照冶金学定义，纯铁是指碳含量不大于 0.0218%的铁碳合金。纯铁有多种分类方法，按照生产工艺，纯铁可分为阿姆科铁（大规模火法冶金铁，以最早生产纯铁的美国阿姆科公司 ARMCO 命名）、电解铁和羰基铁等。现在国标中，按照用途纯铁可分为原料纯铁、电磁纯铁和军

工纯铁。按照纯度，可以将纯铁的纯度分为商业纯度、高纯、超纯、甚高纯和极高纯（铁纯度通常用英文 nine 的首字母大写 N 和一个数字表示，如 4N）。具体分级如表 1-2 所示。

表 1-2 纯铁的纯度分级

纯度/级	铁含量（质量分数）/%	纯铁分级
2N~3N	99.0~99.94	商业纯度
4N	99.95~99.994	高纯
5N	99.995~99.9994	超高纯
6N	99.9995~99.99994	甚高纯
7N	99.99995~99.999994	极高纯

在工业领域，大家熟知铁是重要的结构材料的原料，高超纯铁也是优良的电磁功能材料。事实上，高超纯铁在工业、农业、环保、检测、健康、宇宙演变等诸多领域都非常重要，是农业增产的铁素肥料、污染治理的基础物质、精确检测的标准物质、人体贫血的营养剂、宇宙天体演变的重要元素。简而言之，铁是必不可少的材料、原料和物质。随着纯度的提高，人们对铁的认识日益加深，其应用领域也在不断拓展。

工业进步、农业发展、环境保护、生物健康和科学研究都亟需高超纯铁（4N~5N 级）作为原料、材料、物质的支撑。

在 2019 年高超纯铁项目开展之前，国内外大规模火法冶金方法只能生产 2N~3N 级工业纯铁。美国 1908 年出现的阿姆科铁（Armco Iron）已经是纯铁的代名词。尽管需要更高纯度的铁，世界上采用大规模火法冶金方法还不能制备出 4N~5N 级的高超纯铁。日本和德国用组合方法提纯，可以制备和供应市场 3N~4N 级电解铁产品，但是价格比较昂贵，售价超过了 20 万元/吨。日本东北大学在实验室可以制备出 5N~6N 级的超纯铁。中国还不能制备出 4N 级及以上的高超纯铁，与西方国家在纯铁制备技术、特性研究和应用技术等方面存在差距，需要开发高超纯铁的制备技术并研究其特性。

2019年起，在国家发展改革委、中国钢铁工业协会、河北省发展改革委、河北省科学技术厅的大力支持下，在对国内外高超纯铁制备技术和应用领域调研的基础上，由上海大学、河北龙凤山铸业有限公司（现河北龙凤山新材料科技集团有限公司）、抚顺特殊钢股份有限公司、中冶京诚工程技术有限公司、钢研纳克检测技术有限公司、河北龙凤山辰昕新材料科技有限公司、上海大学（浙江）高端装备基础件材料研究院、河北工程大学等多家单位和国内外学者和工程师组成了高超纯铁项目组，开展了大规模火法冶金生产高纯铁（4N级）生产技术与装备、电解法生产高纯铁（4N级）生产技术和装备、真空区熔法制备超纯铁（5N级）技术和装备的研发工作。经过五年多的团结协作攻关，深入研究了铁的纯化理论和技术，形成了年产能80万吨火法冶金高纯铁、100 t级高纯电解铁以及10 kg真空区熔超纯铁在内的三条梯次递进的高超纯铁生产线及装备体系（图1-1），制备出4N~5N级高超纯铁，形成了批量稳定的高超纯铁产品生产和供应能力。高超纯铁项目不仅突破了铁的纯化极限，而且通过对高超纯铁特性的研究，加深了人们对铁的认知，并拓宽了其应用领域。

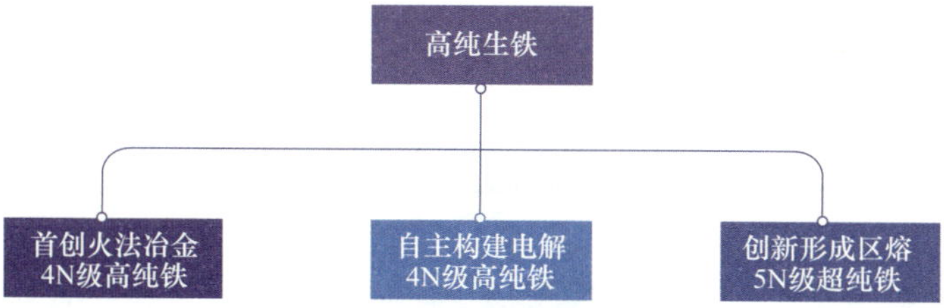

图1-1　铁的高超纯化梯次生产方法

高超纯铁项目的工作目标和内容：

（1）研究铁中存在的元素提纯规律和技术，研发出关键装备技术，形成高超纯铁的工业化生产流程，设计并建设高超纯铁生产线，生产出4N~5N级高超纯铁。

（2）在研究工作基础上，建成年产80万吨的大规模火法冶金4N级高纯铁生产线；建设年产 100 t 的湿法电解制备 4N 级高纯铁生产线；在 4N 级高纯铁的基础上，通过区熔法制备出 5N 级超纯铁。

（3）深入研究高超纯铁的物质特性，获得高超纯铁的特性参数，为科学研究和分析测试奠定基础，促进高超纯铁的应用。

项目开展了工艺流程设计、特色装备制造、生产线建设、工艺技术研究等工作，攻克了一系列高超纯铁的关键装备和技术难题，生产出 4N～5N 级高超纯铁并投入市场应用。

1.2 制备高超纯铁的关键技术

项目需要研究火法冶金生产 4N 级高纯铁技术、电解湿法冶金生产 4N 级高纯铁技术、真空区熔法制备 5N 级高纯铁技术，形成相关的生产线设计方案并开展建设工作。立足生产线开展工艺技术研究，形成高超纯铁的系统生产技术。立足高超纯铁产品，开展 4N～5N 级高超纯铁的特性和应用技术研究。高超纯铁生产线建设、生产技术开发、特性研究及应用的项目研发路线图如图 1-2 所示。

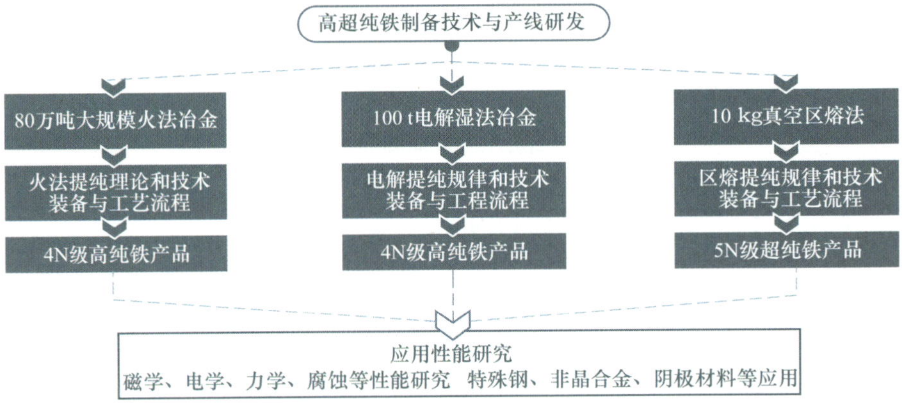

图 1-2 高超纯铁项目的研发路线图

1.2.1 火法冶金生产 4N 级高纯铁

1.2.1.1 元素特性及去除方法

不同元素的原子结构、电负性有差异，其物理和化学性能表现迥异。在纯铁生产过程中，利用它们的差异性提纯铁液，去除杂质元素。通过对纯铁中杂质元素分析，根据不同元素特性，确定采取针对性的有效去除方法。

1.2.1.2 生产工艺流程优化和工艺装备

在研究元素去除方法的基础上，对现有火法生产纯铁工艺流程进行分析研究，研发深度提纯炉等关键工艺装备，形成 4N 级高纯铁生产工艺流程和装备体系。

1.2.1.3 高纯原铁水控制技术

高纯原铁水是原料保障。首先控制炉料中杂质元素含量，其次研发了精配矿技术，降低 S、P、Mn 等元素含量。采取两次配料和两次混料工艺，控制精粉品位、碱度、化学成分等。通过高钙灰制备技术提高 CaO 含量，降低回硫回磷。采取精洗煤技术，降低高炉喷煤时带入微量 Cu、Cr、Ni 等元素。高炉采用大风量、高富氧、高顶压的操作，控制理论燃烧温度，并采用低硅低钛原铁水冶炼技术。

1.2.1.4 4N 级高纯铁火法冶金提纯技术

对进入提纯工序的液态铁水，分别进行 KR 脱硫、DP-COB 提纯、LF 深脱硫、RH 真空深度脱碳脱氧，控制元素含量和夹杂物。形成 DP-COB 炉冶金的多点强氧化和多点强搅拌控制技术、RH 深度脱碳、脱氧、夹杂物去除技术、采取保护浇铸技术，获得 4N 级高纯铁铸坯。

1.2.2 电解制备 4N 级高纯铁

1.2.2.1 电解提纯原理和杂质元素去除方法

当杂质元素与铁存在电位差时，铁可以从含有亚铁离子的水性电解液中析出。而电极电位比铁正的杂质会沉淀到阳极泥中，比铁负的杂质则溶于溶液而不能在阴极析出，从而达到电解提纯的目的。研究电解时杂质元素的化学特性变化，改变电解工艺参数，过滤难以去除的杂质元素，进行针对性的去除。

1.2.2.2 高纯电解铁生产线的设计

基于实验室研究工作基础，在河北龙凤山铸业有限公司设计和建设电解铁生产线。采用 2N~3N 级工业纯铁为阳极，钛板为阴极，以氯化亚铁为主盐的电解质溶液。根据优化后的电解工艺参数，设计和建设年产 100 t 电化学冶金生产产线，实现连续和稳定生产。电解生产线的电解液成分、过滤再生、添加剂、电流、电压、pH 值和温度等工艺参数可有效调控。

1.2.2.3 4N 级高纯电解铁提纯技术

在实验室探索电化学冶金制备高纯铁的边界条件，为电化学冶金制备纯铁生产线奠定工艺基础。通过调整电解生产线过程中的电流密度、电解液温度、电解液 pH 值等工艺参数和电解液稳定控制来去除杂质元素。对电解获得的纯铁开展还原处理，继续降低电解铁中氧和氢的含量，获得 4N 级高纯电解铁产品。

1.2.3 真空区熔制备 5N 级超纯铁

1.2.3.1 多方法组合的铁的全元素提纯流程

特定的提纯方法一般只能对部分元素有效。研究设计出多方法组合提纯流程，化学法和物理法有效结合，实现杂质元素的有效提纯。提纯流程为先化学法，后物理法，最后工序为区熔法的全元素提纯流程。研究每个方法的提纯原理及可去除的元素，确定工序和流程的提纯能力。

1.2.3.2　真空垂直浮区感应区熔设备的设计和制造

研究铁的区熔提纯机理，设计和制造真空垂直浮区感应区熔设备。研究工作频率的感应加热方式对区熔区域的影响，实现较窄的浮区区熔（≤10 mm）。区熔设备可在大气压到 10^{-7} Pa 真空条件下工作，传动装置可实现 300 mm 以上的移动距离的区熔提纯。

1.2.3.3　杂质元素的区熔提纯的规律及机理

研究不同工艺参数下的区熔效果，获得元素去除规律，并结合分凝和蒸发理论进行模拟工作，阐明杂质元素的区熔去除机理。

1.2.3.4　5N 级超纯铁区熔提纯技术

探索影响区熔效果的工艺条件，通过调整区熔速度、次数、气压、气氛等工艺参数，明确区熔制备 5N 级超纯铁的最优工艺，实现 5N 级超纯铁的区熔法稳定制备。

1.3 认识高超纯铁的特性

1.3.1　高超纯铁的磁学性能

测试 2N～4N 级纯铁的直流软磁性能，研究纯度和晶粒尺寸对纯铁直流软磁性能的影响，确定杂质元素和界面浓度等对纯铁直流软磁性能的作用规律，促进高超纯铁作为优良的软磁材料。

1.3.2 高超纯铁的电学性能

测试 2N～4N 级纯铁的导电性能，研究纯度对纯铁导电性能的影响，确定晶粒尺寸、位错密度和杂质元素等对纯铁导电性能的作用规律，为高超纯铁作为电极材料提供数据和原理支持。

1.3.3 高超纯铁的力学性能

测试 3N～5N 级纯铁的单轴拉伸力学性能，研究应变及速率对组织演变的影响，计算纯铁的派纳力，探索铁的强度极限科学问题，为钢铁材料强化奠定研究基础。

1.3.4 高超纯铁的腐蚀特性

对比普碳钢、耐候钢和不锈钢，测试 3N～5N 级纯铁的腐蚀性能。研究腐蚀现象和机理，确定纯铁的腐蚀规律，为提高量大面广的钢铁材料耐蚀性和研发新型耐蚀合金提供参考。

1.4 高超纯铁应用于高端材料制备

1.4.1 采用高超纯铁原料制备飞机起落架用 300M 钢

研究纯铁原料的纯度对 300M 钢冶金质量的影响。采用 4N 级高纯铁原料制备 300M 钢棒材，测试钢材的冶金质量和力学性能。研究原料纯度与300M钢性能之间的关系，探索提高300M钢质量的原料高纯化途径。

1.4.2 采用高超纯铁原料制备航空主轴轴承钢M50

研究纯铁原料的纯度对M50钢冶金质量的影响。探讨不同纯度纯铁原料（3N级和4N级）对M50钢冶金质量及力学性能的影响。通过制备不同纯度的M50钢样品，测试其冶金质量、力学性能及接触疲劳寿命，分析原料纯度与M50钢疲劳寿命之间的关系。

1.4.3 高纯铁用于电解铝的阴极材料

研究比较低碳钢（Q235B、Q195、SAE1006）和纯铁（某钢企纯铁HYT2、龙凤山纯铁HYT2）作为阴极材料的导热和导电性能及组织稳定性，提高电解铝用阴极材料的导电性，降低电解铝生产过程中的电流损耗。

1.4.4 采用高纯铁制备非晶纳米晶材料

研究采用高超纯铁制备非晶纳米晶材料的效果，特别是材料的磁学性能特点。揭示原料纯铁的纯度对非晶纳米晶材料的性能和结构的影响规律，为进一步提高非晶纳米晶材料性能提供实验数据依据。

结 语

经过数年科研、实践与市场开发，本项目成功构建了涵盖火法冶金、电解冶金和真空区熔工艺的三条高超纯铁组合生产线。通过持续研发与工艺优化，纯铁产品纯度达 4N 级和 5N 级，突破了纯铁制备的纯度极限。在此基础上，团队深入研究高超纯铁的物理、化学与力学特性，挖掘其在各领域的应用潜力，推动材料生产与科学研究进步，助力行业高质量发展。

铁作为宇宙元素演变的关键元素，对地球生态至关重要。自 3500 年前人工冶铁技术诞生以来，铁一直是核心的材料，其应用广泛且深远。如今，随着对高超纯铁本质的深入研究，人类将不断发现铁的未知特性，催生更多创新应用，拓展其在科技、工业和日常生活中的价值，促进社会进步。

参考文献

[1] The Story of Commercial Pure Iron [M]. The American Prolling Mill Company, 1924.
[2] 特殊钢（第一分册）[M]. 北京：中国工业出版社，1965.
[3] Leslie W C. The Physical Metallurgy of Steels [M]. McGill-Hill Book Company, 1981.
[4] 章守华，吴承建. 钢铁材料学 [M]. 北京：冶金工业出版社，1992.
[5] Kenji Abiko. Why do we study ultra-high purity base metals? [J]. Materials Transactions, JIM, 2000, 41 (1): 233-237.
[6] 谷野满，铃木茂. 钢铁材料的科学 [M]. 内田老鶴圃，2006.
[7] Enrico Lucon, Kenji Abiko, Marlies Lambrecht, et al. Tensile properties of commercially pure, high-purity and ultra-high-purity iron: Results of an international round-robin [R]. NIST Technical Note 1879, 2015.
[8] ASM Handbook, Volume 1, Properties and Selection: Irons, Steels, and High Performance Alloys [M]. ASM International, 1990: 1603-1611.
[9] ASM Handbook, Volume 2, Properties and Selection: Nonferrous Alloys and Special-Purpose Materials [M]. ASM International, 1990: 3017-3063.
[10] William F Hosford. Iron and Steel [M]. Cambridge University Press, 2012: 1-7.

CHAPTER 2

2

火法冶金生产4N级高纯铁

火法冶金生产纯铁是一种利用高温冶炼去除杂质的工艺，具有成本低、效率高的特点。2019年，鉴于国内外传统火法冶金方法大多只能生产2N~3N级工业纯铁的现状，项目组启动了火法冶金生产4N级高纯铁的技术与装备研究。通过创新产线流程、原铁水冶炼技术、提纯工艺及装备，成功形成了年产能80万吨的4N级高纯铁大规模生产能力。本章详细介绍了火法冶金生产4N级高纯铁产线的工艺流程设计与建设、关键装备与工艺技术、产品提纯水平以及4N级火法冶金高纯铁的应用情况等。

2.1 产线工艺流程设计与建设

2.1.1 创新工艺流程设计

2.1.1.1 国内外常规火法冶金生产 2N~3N 级纯铁的工艺流程

现有的国内外火法冶金生产 2N~3N 级纯铁的常规工艺流程为：普通炼钢铁水—铁水喷粉（颗粒镁）脱硫—转炉—（LF 炉）—RH 真空精炼炉—厚板坯连铸，如图 2-1 所示。

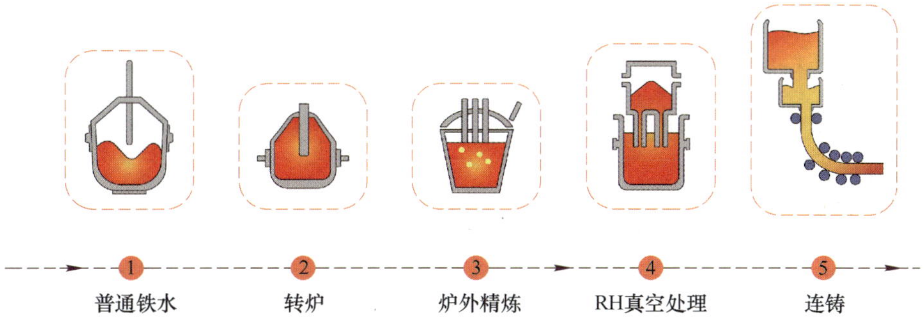

图 2-1 常规火法冶金生产 2N~3N 级纯铁的工艺流程

一般不通过 LF 炉，可以生产出纯度为 99.92%的原料纯铁。仅当生产超低磷或超低硫等特殊要求的产品时，才会通过 LF 炉精炼，从而生产出铁含量高达 99.94%的超低磷或超低硫原料纯铁。

2.1.1.2 本项目生产工艺流程

为了生产 4N 级高纯铁，必须从原料源头质量控制开始。本项目形成的 4N 级高纯铁火法冶金生产工艺流程为：超纯净原铁水—铁水三脱—KR 脱硫—DP-COB 提纯炉—LF 炉—扒渣站—RH 真空精炼炉—方坯连铸，如图 2-2 所示。

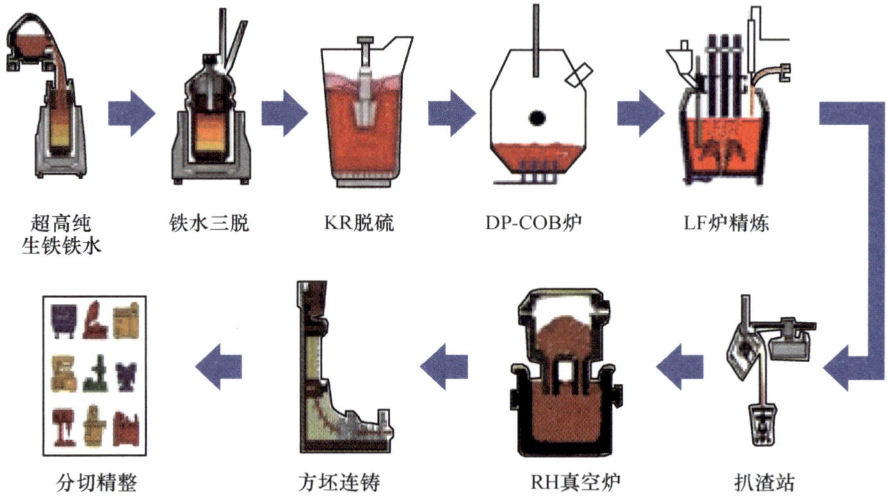

图 2-2 火法冶金 4N 级高纯铁生产工艺流程

本项目流程特点：采用超纯净原铁水替代普通铁水，为后续提纯打好基础；增加铁水三脱和固定 LF 炉工序，实现逐步提纯；使用 KR 脱硫替代喷粉脱硫，实现经济稳定脱硫；采用 DP-COB 专用提纯炉，实现快速脱碳、深度脱硅、脱锰、脱磷；采用方坯凝固连铸，方便纯铁产品的切割精整。

本项目实施后纯铁产品的元素含量典型值为：0.0012% C、0.0019% Si、0.0042% Mn、0.0024% P、0.0016% S、0.0029% O、0.0035% N、0.00003% H、0.0035% Cr、0.0041% Ni、0.0048% Cu、0.00002% Ti、0.0055% Al。铁含量达到 99.97%的 4N 级水平。

2.1.2 产线及装备的先进性

大规模火法冶金生产 4N 级高纯铁产线由中冶京诚工程技术有限公司总体设计，见图 2-3。采用了国内外著名制造商生产的先进提纯生产装备，其先进性体现在以下几点。

（1）采用中冶京诚制造的 KR 铁水深度脱硫装备（图 2-4），硫含量稳定控制在 $5\times10^{-4}\%$以下，最低可达到 $1\times10^{-4}\%$，实现深度高效脱硫。

图 2-3 大规模火法冶金生产 4N 级高纯铁的项目外观

图 2-4 KR 深度脱硫装备

（2）采用专利技术设计的提纯炉由普锐特冶金技术（中国）有限公司制造。奥钢联普锐特公司根据项目工艺技术要求结合专利技术设计制造的顶底侧复吹提纯炉（图 2-5 所示的 DP-COB 炉）是一项重大装备创新，采用了顶、底、侧吹氧、底喷石灰粉的顶底侧复合吹炼技术，强化熔池搅拌，促进铁-渣界面反应，铁液中易氧化的元素得到充分去除，氧化物夹杂含量显著降低。改善了脱磷和脱硫的条件，显著提高了脱磷和脱硫的效率。复吹工艺进一步缩短了冶炼时间，减少了氧气消耗，减少了喷溅和吹损，提高了生产能力和金属收得率。

(a)　(b)

图 2-5　DP-COB 顶底侧复吹提纯炉

（a）DP-COB 主控室；（b）DP-COB 提纯炉

（3）双工位 LF 深脱硫提纯炉由中国重型机械研究院设计制造。设计制造的双工位 LF 深脱硫提纯炉（图 2-6），用于精炼钢水，实现深度脱硫和提纯。具有保持包内还原气氛、氩气搅拌、电极埋弧加热和合成渣精炼等独特的精炼功能。合成渣的精炼功能可以更好地完成脱硫、脱氧和去气去夹杂的任务。LF 炉在精炼脱硫方面，发挥着重要作用。双工位的设计使得该设备能够同时处理两个铁包，提高了生产效率和处理能力。对于满足高纯铁水成分，协调 DP-COB 炉与 RH 精炼提纯工序节奏具有重要意义。

图 2-6　双工位深脱硫 LF 提纯炉

（4）双工位 RH 真空提纯炉由中国重型机械研究院设计制造。设计制造的 RH 双工位真空提纯炉实现了高效连续的生产（图 2-7）。RH 真空精炼设备有以下特点：1）采用三车五位式布置形式，缩短精炼处理周期，提高设备作业率和便于生产管理。2）设置多功能顶枪系统，具备吹氧脱碳、煤气+氧气烧嘴加热真空罐、煤气+氧气烧嘴清除真空罐冷料等功能。3）采用大直径浸渍管和大抽气能力真空泵系统，增加精炼铁液循环速度，加快反应进程。4）采用机械真空泵技术，生产灵活，降低生产操作和维护成本，减少二氧化碳排放量、降低工序能耗。5）采用高称量精度加料系统，准确控制铁液成分。6）先进的控制模型（脱碳模型、脱氧模型、温度模型等）实现高效的生产和准确的控制。

图 2-7 双工位 RH 真空提纯炉

（5）纯铁凝固成型设备由达涅利公司设计制造。设计制造的 6 机 6 流纯铁成型设备，全程采用计算机自动跟踪、自动控制和数据自动采集（图 2-8）。针对纯铁冶金特性开发了下渣检测技术、全程吹氩保护浇铸技术、中间罐自动连续测温技术、带伺服电机的中间罐塞棒加结晶器液面检测技术、结晶器自动加保护渣技术、凝固末端电磁搅拌和轻压下和重压下技术等先进的技术装备，保证了纯铁方坯的连续高效成型。

图 2-8 纯铁凝固成型设备

2.2 关键装备 DP-COB 提纯炉

2.2.1 深度提纯的 DP-COB 炉的研发

铁水火法提纯是纯铁生产工艺流程中的重要环节。传统工艺是在铁水预处理后采用转炉冶炼。为了对铁水进行脱磷、脱锰、脱硅的深度提纯，有的采用加入大量的废钢和冷料控制炉内温度以在相对低的温度下冶炼；有的采用双联法即用两座转炉联合作业，一座脱磷，另一座接受来自脱磷炉的低磷铁水脱碳；有的采用双渣法冶炼。采用这些方法是为了去除铁水中非铁元素，即在较低的温度和合适的碱度下，进行脱硅、脱锰、脱磷。去除顶渣后，再进行升温脱碳，以便去除非铁元素，实现纯铁的火法冶金生产。但采用现有的顶底复吹转炉用于铁水的提纯冶炼，铁水中的硅、锰、磷、铬等元素虽然可进行一定的去除，但无法达到深度提纯的效果。

针对现有火法冶金装备在纯铁提纯方面存在的不足，本项目设计了一种顶底多点吹氧提纯炉，简称为 DP-COB（dragon phoenix-combined oxygen blowing）提纯炉，结构示意图见图 2-9。

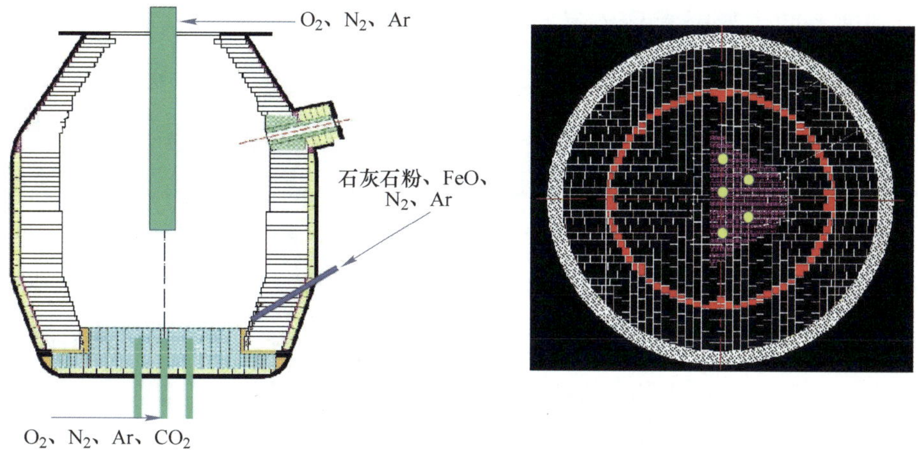

图 2-9 DP-COB 提纯炉的结构示意图

DP-COB 炉具有从顶部、底部分别向炉内吹氧以对铁水进行多点氧化提纯的吹氧装置，从底部和侧部分别向炉内吹氩以对铁水进行多点搅拌的吹氩装置，从炉底的侧部向炉内喷粉以对铁水进行造渣和调温的喷粉装置，均位于铁液液面与熔池底部之间且喷射方向交叉的多个喷射口。

2.2.2 DP-COB 提纯炉的冶炼技术

采用顶底复吹高强度供氧，通过多点强搅拌、多点位氧化，为易氧化元素脱除提供强有利的动力学条件。通过炉底侧部喷吹氧化铁矿粉和石灰石粉，为脱锰、脱磷提供良好的热力学条件。实现了在升温提纯过程中低温脱磷和高温脱碳的功能。有利于深度去除亲氧元素，降低提纯终点铁液碳氧积，实现快速脱碳，深度脱硅、脱锰、脱磷等易氧化元素。同时降低碳氧积，整体氧化性降低，后期脱氧所用铝粒数量减少，降低成本。按照碳含量 $200\times10^{-4}\%$ 考虑前期对应氧含量 $1200\times10^{-4}\%$，目前能降至 $750\times10^{-4}\%$。相当于 1 炉降低 $450\times10^{-4}\%$ 氧，吨纯铁降低成本 13 元。

DP-COB 炉冶炼过程中，随着碳含量的降低，脱碳速率由传氧控制变为由碳的传递所控制。在碳含量高时，碳的传递比较有利，所以限制脱碳速率的主导因素是传氧。这时只要加强供氧，脱碳速率能进一步增加。当碳被氧化到临界碳含量以下时，氧的利用效率 $\eta(O_2)$ 明显降低。由于碳降低，其传质变慢，这时传碳成为脱碳反应的限制环节。DP-COB 炉通过多点强氧化、多点强搅拌，增强了低碳时期熔池的搅拌，使碳和氧的传质均得以加强。冶炼后期，随着熔池温度升高，采用底吹强搅工艺快速脱碳。通过底吹逐渐增加吹氧强度，至纯铁液表面形成 ϕ800~1000 mm 的无渣区。这样加快了熔池内铁液、渣与氧的反应速度，临界碳含量也达到较低数值的 0.015%~0.025%。

为了提高 DP-COB 炉低温段脱磷效率，前期采取弱供氧、大渣量的操作。碱度为 2.8~3.0，熔池温度控制在 1320~1350 ℃，纯脱磷时间为 6~8 min。当熔池温度测温达 1400 ℃时进行双渣。在此过程中，由于底吹喷吹石灰粉快速成渣，且渣中（FeO）较高，形成了一定碱度、流动性良好的炉渣，P 将被大量氧化而去除。经采样分析此时铁液中 P 由入炉前 0.010%~0.015%下降为 0.002%~0.003%，去除效率达 80%以上。冶炼后期，采用底吹强搅工艺深脱磷，这样加快了熔池内铁液、渣反应速度，使铁液-渣反应更趋于平衡，脱磷率达 90%以上，终点磷低于 0.0020%。

铁水提纯冶炼后部分残存元素含量典型值为：0.02%C、0.001%Si、0.0035%Mn、0.002%P、0.07%O、0.002%N。

2.3 火法冶金生产 4N 级高纯铁的工艺技术

2.3.1 原铁水冶炼提纯技术

首创“精料+精炼+精处理”的“三精法”技术路线，用高炉还原法制备出满足纯铁生产用的高纯生铁原铁水。

“精料”指源头严格控制原料成分。开发了精配矿技术，降低S、P、Mn等元素含量；采取高钙灰制备技术，提高CaO含量，降低回硫回磷；应用精洗煤技术，大幅降低高炉喷煤时带入微量杂质元素，特别是Cu、Cr、Ni含量。采取两次配料和两次混料，控制精粉品位、碱度、化学成分以及金属元素的含量均匀稳定，为冶炼高纯铁创造了良好原料条件。根据矿粉特性，进行配矿，实现烧结矿中S含量≤0.015%、P含量≤0.01%、有害元素（$\sum$(As+Sn+Sb+Bi+Pb)）含量总和≤0.001%、Cu含量≤0.003%、Zn含量≤0.003%、(K_2O+Na_2O)含量≤0.015%；辅料的煤粉硫含量≤0.35%、焦炭硫含量≤0.6%、熔剂硫含量≤0.03%。

“精炼”指通过精细操作控制高炉达到较活跃的炉缸状态，实现低硅、高碱度和充足的物理热等条件。以Si含量控制为切入点，采用大风量、高富氧、高顶压操作，结合理论燃烧温度控制，实现低硅、低钛和低硫高纯生铁铁水的稳定生产。高炉铁水中Si含量≤0.5%、S含量≤0.020%、P含量≤0.030%、Ti含量≤0.025%、有害元素含量总和<0.002%，且成分稳定，见图2-10。

“精处理”指精炼深度提纯的超高纯生铁铁水控制技术。通过向铁水中加入球团返矿、钝化石灰粉、钝化镁粒，并分阶段通入氧气、氮气，去除铁水中的硅、磷、硫及其他微量元素夹杂。铁水深度精炼控制技术是超高纯生铁铁水制备的核心。在脱硅单元和脱磷单元控制弱氧化条件，然后无氧条件下进行脱硫。通过三次喷吹和扒渣工艺操作，实现了杂质元素的深度脱除和铁水成分的精准控制。采用深度脱硫技术，脱磷后的氧化渣经扒除干净后，加入钝化石灰粉进行脱硫，通过控制低的氧势、高的碱度，实现了硫的深度脱除。同时对深度脱砷也起到较大的促进作用。

精炼深度提纯的超高纯生铁铁水控制技术获得了净化铁水，使铁水的微量元素和非金属夹杂大幅度降低。同时，解决了保留一定碳含量、

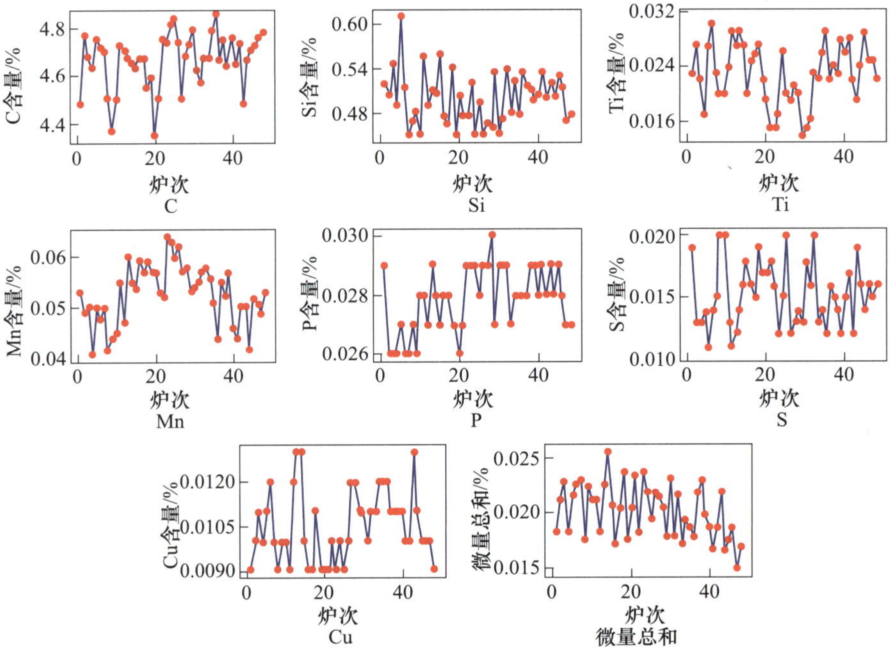

图 2-10　不同炉次高纯生铁的化学成分统计

精炼去除了其他有害元素及微量元素这一关键技术难题。

精处理后铁水元素含量典型值：4.1% C、0.12% Si、0.004% Mn、0.0011% P、0.0015% S、0.0078% Cu、0.00002% Ti，铬、钒、钼、锡、锑、铅、铋、碲、砷、硼和铝等 11 种微量元素总和不超过 0.045%。

铁水化学成分控制能力分析：本项目整期全数据质量统计分析如图 2-11 所示，体现了较好的 P、S、Ti 和其他微量元素总和的控制能力。

2.3.2　4N 级高纯铁的提纯技术

2.3.2.1　KR 脱硫技术

KR 搅拌式脱硫法是采用一个外衬耐火材料的搅拌器浸入铁水罐内进行旋转搅动铁水，使铁水产生旋涡同时加入脱硫剂，使其卷入内部进行充分反应，从而达到铁水脱硫目的。它具有脱硫效率高、脱硫剂消耗少、作业时间短以及耐材消耗低等特点。KR 脱硫流程图如图 2-12 所示。

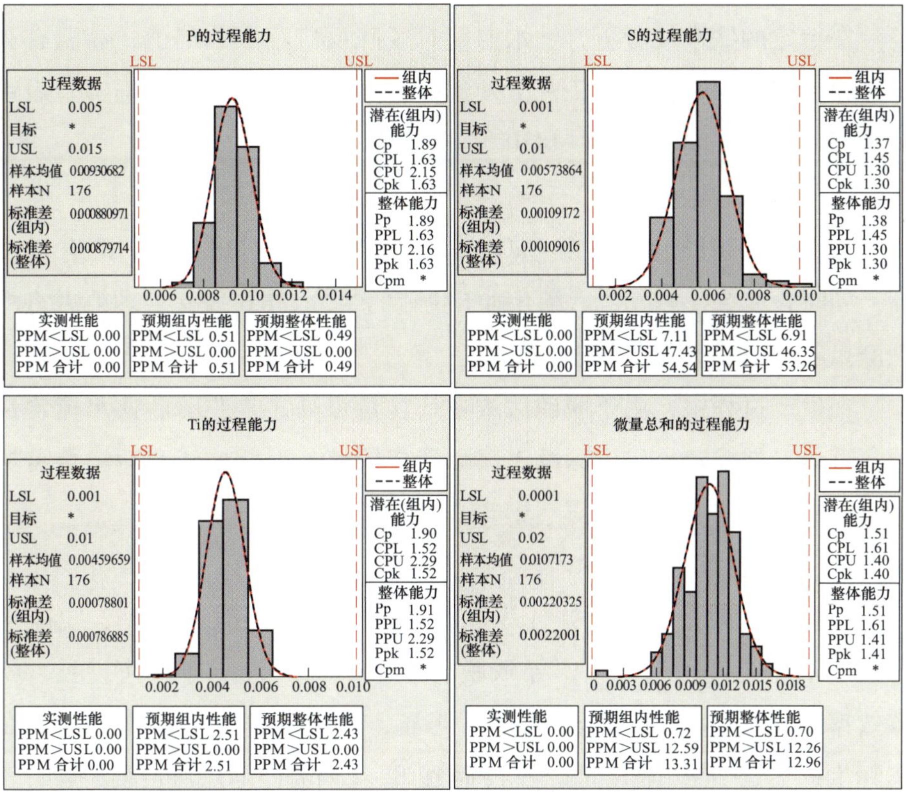

图 2-11 P、S、Ti 和其他微量元素的过程能力指数

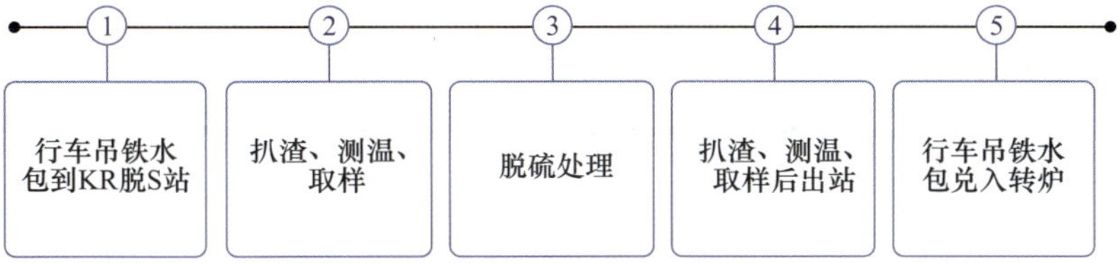

图 2-12 KR 脱硫流程图

脱硫原理，KR 脱硫反应方程式：

$$2CaO + [S] + \frac{1}{2}[Si] = CaS + \frac{1}{2}(2CaO \cdot SiO_2)$$

$$2CaO(s) + [S] + \frac{1}{2}[Si] = CaS(s) + \frac{1}{2}(Ca_2SiO_4)$$

A 铁水温度控制技术

在特定的铁水成分下，铁水温度对脱硫反应存在临界值，高温有利于传输。因此深脱硫时在工艺上须选择合适的铁水温度，根据实验跟踪铁水温度合理区间为 1380~1430 ℃。

B 扒渣过程控制技术

铁水中的高炉渣主要由 CaO、SiO_2、Al_2O_3 等组成。其中硫含量很高，同时含有 SiO_2、Al_2O_3 等不利于脱硫的组分。KR 脱硫处理前需将高炉渣扒除，以提高脱硫效率。

在生产过程中，由于脱硫后渣中 S 含量很高，是脱硫后铁水硫含量的几百倍。如果硫渣进入后续工序会造成回硫，因此前渣和后渣均需扒除，扒渣要求铁水液面裸露达到 85%以上。

C 搅拌时间控制技术

当搅拌速度稳定后开始计算搅拌时间。若搅拌时间较短，脱硫剂与铁水不能充分发生反应，导致脱硫效果不好。若搅拌时间过长，脱硫效率随搅拌时间的延长提高得不明显，而且对搅拌头损伤较大。在实际生产中，纯搅拌时间一般控制在 8~12 min，实验过程数据如表 2-1 所示。

表 2-1 脱硫搅拌时间影响

项目	搅拌头转速 /$r \cdot min^{-1}$	生产罐数	吨铁脱硫剂加入量/kg	搅拌时间 /min	吨铁硫下降/%	脱硫率 /%
1	100	10	8	6~7	0. 011	52
2	100	10	8	7~8	0. 017	77
3	100	10	8	8~9	0. 02	90
4	100	10	8	9~10	0. 021	95. 45
5	100	10	8	10~12	0. 021	95. 45

通过上述脱硫工艺，铁水脱硫效率大于 90%，处理结束 S 含量 ≤0. 0005%，脱硫渣扒净度>85%。

2.3.2.2 DP-COB 提纯技术

A DP-COB 提纯炉去除硅元素

DP-COB 炉脱硅的反应机理：脱硅是在金属和炉渣的界面上进行的，其反应式为：

$$[Si] + 2(FeO) = (SiO_2) + 2[Fe]$$

$$2(SiO_2) + (CaO) = (2SiO_2 \cdot CaO)$$

DP-COB 炉脱硅过程：硅的氧化主要在炉渣与金属界面上进行 $[Si]+2(FeO)=(SiO_2)+2[Fe]$。由于硅的氧化是强烈的放热反应，所以熔炼初期，炉温不高时反应进行快。硅氧化时产生的酸性氧化物（SiO_2）与（FeO）结合成硅酸铁：

$$(SiO_2) + 2(FeO) = (2FeO \cdot SiO_2)$$

在碱性渣气氛操作中，随着石灰的逐渐熔化，（FeO）被更强的碱性氧化物（CaO）从硅酸铁中置换出来，形成正硅酸钙，$(2FeO \cdot SiO_2)+2(CaO) = (2CaO \cdot SiO_2) + 2(FeO)$。正硅酸钙很稳定，控制 DP-COB 炉保持碱性渣，冶炼前期硅几乎全部被氧化，而不会再被还原。DP-COB 炉吹氧过程通过侧吹喷石灰粉快速成渣，并进一步控制前期温度达到快速脱硅的目的。纯铁中 Si 含量可控制不大于 0.0005%。

B DP-COB 提纯炉脱除锰元素

DP-COB 炉脱锰的反应机理：铁液中锰的氧化反应有三种情况：

与气相中的氧直接作用：

$$[Mn] + \frac{1}{2}\{O_2\} = (MnO)$$

锰与溶于金属中的氧作用：

$$[Mn] + [O] = (MnO)$$

锰与炉渣中氧化亚铁作用：

$$[Mn] + (FeO) = (MnO) + [Fe]$$

第三个反应在炉渣-金属界面上进行，是锰氧化的主要反应。

Mn 在渣铁间的反应表示如下：

$$[Mn] + FeO(s) = (MnO)(s) + [Fe]$$

$$\Delta G_m^{\ominus} = -123307 + 56.48T$$

$$\lg K^{\ominus} = \frac{17814}{T} - 6.236$$

式中，$\Delta G_m^{\ominus}$ 为标准压强下的吉布斯自由能，J/mol；T 为反应温度，K；$K^{\ominus}$ 为渣铁界面反应平衡常数。

DP-COB 炉脱锰过程：当 $T<1400$ ℃时，元素的氧化顺序是 Si、Mn、C、P、Fe，因此在 DP-COB 炉吹氧前期控制熔池温度低于 1400 ℃有利于锰的氧化去除。高炉铁水经 KR 预处理后进入 DP-COB 炉时温度为 1300~1320 ℃。为确保低温吹氧段锰元素去除效率，结合 Si、Mn 元素氧化放热和加入石灰熔剂冷却因素。控制熔池温升速度为 8~10 ℃/min，吹氧时间为 20~22 min，底枪氧气流量控制在 130 m^3/min，顶枪氧气流量控制在 250 m^3/min，吹炼过程采用"低—高—低"枪位。

使用底枪吹炼，同时进行底枪喷粉工艺，吹炼 6~8 min 时进行倒双渣操作。将部分氧化后进入的渣中 MnO 等氧化物倒出，然后开始下顶枪顶底复合吹炼。通过顶枪与底部供氧增加熔池搅拌，达到良好的混合，反应接近平衡。在各段吹炼过程中，形成碱度适宜、流动性良好的炉渣。锰元素被大量氧化随双渣而去除，冶炼终点铁液锰含量低于 0.0150%。

C　DP-COB 提纯炉去除磷元素

DP-COB 炉脱磷的反应机理：脱磷是在金属和炉渣的界面上进行的，其反应式为：

$$2[P] + 5(FeO) = (P_2O_5) + 5[Fe]$$

$$3(FeO) + (P_2O_5) = (3FeO \cdot P_2O_5)$$

在生铁提纯过程中，上述化学反应是一个放热反应。吹氧初期，炉温不高时对脱磷反应是有利的。由于生成的磷酸铁（$3FeO \cdot P_2O_5$）在高温下是不稳定的化合物，当炉温升高时，它可以重新分解，使磷又进入铁液。为了使磷酸铁不发生分解反应需向炉内加入石灰，使磷酸铁转化为稳定的磷酸钙，其反应为：

$$(3FeO \cdot P_2O_5) + 4(CaO) = (4CaO \cdot P_2O_5) + 3(FeO)$$

DP-COB 炉内脱磷的总反应为：

$$2[P] + 5(FeO) + 4(CaO) = (4CaO \cdot P_2O_5) + 5[Fe]$$

$$\lg K_{17}^{\ominus} = \lg \frac{\alpha_{4CaO \cdot P_2O_5}}{w_{[P]}^2 \cdot \alpha_{(FeO)}^5 \cdot \alpha_{(CaO)}^4} = -\frac{400067}{T} - 1.77$$

磷与碳在不同的温度条件下，出现选择性氧化，其反应为：

$$2[P] + 5CO = 5[C] + (P_2O_5)$$

$$\Delta_r G_m^{\ominus} = -642832 + 735.89T$$

$$\frac{w_{[P]}^2}{w_{[O]}^2} = K^{\ominus} \times \frac{\alpha_{P_2O_5}}{P_{(CO)}^5}$$

由以上反应式可见，有利脱磷的基本条件是提高炉渣碱度，即提高（CaO）的含量。提高炉渣氧化性，即提高（FeO）的含量。脱磷反应是放热反应，所以较低的熔池温度有利于脱磷。加大渣量，即降低（P_2O_5）含量，也有利于脱磷。

DP-DOB 炉脱磷过程：提高 COB 炉低温段脱磷效率，前期采取弱供氧、大渣量的操作，碱度为1.8~2.0，熔池温度控制在1320~1350 ℃，纯脱磷时间为6~8 min。当熔池温度测温达1400 ℃时进行双渣。在此过程中，由于底吹喷吹石灰粉快速成渣，且渣中（FeO）含量较高，形成了一定碱度、流动性良好的炉渣，P将被大量氧化而去除。经采样分析此时铁液中P含量由入炉前0.050%~0.055%下降为0.010%~0.015%，去除效率达80%以上。冶炼后期，采用底吹强搅工艺深脱磷，这样加快了熔池内铁液-渣反应速度，使铁液-渣反应更趋于平衡。脱磷率达95%，终点磷含量≤0.0025%。

D　DP-COB 提纯炉去除碳元素

DP-COB 炉脱碳的反应机理：吹氧气脱碳时，金属中的一部分碳可被氧气直接氧化：

$$[C] + \frac{1}{2}O_2(g) \xlongequal{\quad} CO(g)$$

反应的标准吉布斯能：$\Delta G^{\ominus}=-142000-40.79T$。

金属中大部分碳与溶解在金属中的［O］相结合：

$$[C] + [O] \xlongequal{\quad} CO(g)$$

反应的标准吉布斯能：$\Delta G^{\ominus}=-25000-37.90T$。

DP-COB 炉脱碳过程：铁液的组成物质主要是铁原子，不同形式的氧接触纯铁液后，除少量气态氧直接和碳反应外，大多数的氧和铁相结合形成氧化铁进入炉渣。铁有二价铁和三价铁两个原子价形态。在渣和氧化性气氛接触面上，二价铁被氧化成三价铁，三价铁传递到渣铁界面后，又被还原成二价铁，同时把氧传到铁液中。碳和氧进一步传递到气液界面上，在该界面碳和氧相互结合生成 CO 气体而进入气相。

因此，脱碳反应可以分成 3 个环节：氧通过渣层的传质及铁液内碳和氧的传质、碳和氧的化学反应、CO 向气相逸出。

各环节中速率最慢的决定了整个脱碳反应的速率。在很高的冶炼温度下，化学反应速率一般很快，不会限制脱碳的进行。最可能成为限制性环节的就是传质过程。对传质速率的影响因素首先是流动速度，其次还有流体的黏度、两相接触面积、传递距离的长短和两端的浓度差等。

在 DP-COB 炉冶炼过程中，随着碳含量的降低，脱碳速率由传氧控制变为由碳的传递所控制。在碳含量高时，碳的传递比较有利，所以限制脱碳速率的主导因素是传氧。这时只要加强供氧，脱碳速率能进一步增加。当碳被氧化到临界碳含量以下时，氧的利用效率 $\eta(O_2)$ 明显降低。由于碳含量降低，其传质变慢，这时传碳成为脱碳反应的限制环节。DP-COB 炉通过多点强氧化、多点强搅拌，增强了低碳期熔池的搅拌，使碳和氧的传质均得以加强。冶炼后期，随着熔池温度升高，采用底吹强搅工艺快速脱碳。通过底吹逐渐增加吹氧强度，至纯铁液表面形成 ϕ800~1000 mm 的无渣区。这样加快了熔池内铁液、渣与氧的反应速度，临界碳含量也达到较低的数值 0.015%~0.025%。

对铁水提纯冶炼后部分残存元素含量典型值：0.02%C、0.07%O、0.001%Si、0.0035%Mn、0.002%P、0.002%N。

2.3.2.3 LF 深脱硫技术

A LF 脱硫机理

按照冶金学理论，LF 脱硫按如下步骤进行：

在纯铁液-渣界面上，纯铁水中 [FeS] 按分配定律进入炉渣：

$$[FeS] = (FeS)$$

渣中（FeS）与渣中自由（CaO）结合为稳定的（CaS）：

$$(FeS) + (CaO) = (FeO) + (CaS)$$

脱硫基本过程大体分为：硫由纯铁液内向纯铁液-渣界面迁移；在界面处发生脱硫化学反应，硫化物向渣层迁移。

B LF 炉精炼脱硫过程研究分析

适当增加渣量可以稀释渣中 CaS 浓度，加快脱硫速率。但渣量过大会使炉渣过厚，影响纯铁熔液-渣界面反应。在实际生产过程中，DP-COB 炉出纯铁后的下渣量如果过多，会影响造白渣、降低脱硫效率。因此，吨铁下渣量要求小于 10 kg。

通过工艺试验优化，将 LF 炉脱硫 $CaO-Al_2O_3$ 渣系优化调整为深脱硫 $CaO-Al_2O_3-CaF_2$ 渣系（表 2-2）。在 LF 炉加入深脱硫剂（60%~75% CaO、5%~15%Al 粉、5%~7%萤石粉、3%~5%铝矾土），保证 LF 终渣（FeO+MnO）含量低于 0.5%。脱硫率最高达 70%左右，最终硫含量低至 0.0008%水平（表 2-3）。

表 2-2 优化前后渣系对比

组分	FeO 含量/%	CaO 含量/%	SiO_2 含量/%	MgO 含量/%	Al_2O_3 含量/%	CaF_2 含量/%	R
优化前	1.35	42.77	2.14	6.23	38.12	—	19.99
优化后	0.36	55.55	2.36	7.03	22.35	5.02	23.54

表 2-3 优化前后 S 含量对比

元素	C 含量/%	Si 含量/%	Mn 含量/%	P 含量/%	S 含量/%
优化前	0.015	0.002	0.0014	0.0004	0.0007
优化后	0.014	0.003	0.0015	0.0005	0.0003

提高熔液温度可以加快渣料熔化，提高熔渣流动性，加快反应速度，从而加速脱硫。研究表明，熔液温度低于 1560 ℃时，脱硫速率明显降低。熔液温度高于 1560 ℃时，渣料熔化快，炉渣流动性好，脱硫反应快。因此，要求纯铁熔液进站温度要大于 1560 ℃。脱硫反应均是吸热反应，因此高温有利于脱硫反应的进行。综合考虑动力学因素，在工艺上须控制 DP-COB 终点温度为 1630 ℃以上。

结果表明：LF 炉离站纯铁水 S 平均含量低至 0.00085%（表 2-4），进 RH 炉真空处理前进行扒渣防止回硫，生产过程控制稳定，终点 S 含量控制满足要求。

表 2-4 LF 工序 S 含量变化 （%）

项目	LF 精炼	
取样时机	进站	离站
平均值	0.00375	0.00085
样本数	83	72
标准差	0.00029	0.00023

2.3.2.4 RH 真空深度脱碳脱氧及夹杂物

RH 精炼炉主要冶金功能是脱碳、脱气，调整纯铁液温度以及去除夹杂物。在生产实践中，采用分段脱碳和协同脱氧技术，取得了良好效果。

A 深脱碳工艺控制技术

RH 真空脱碳是利用气泡泵原理使铁液在真空室和纯铁包之间产生循环流动，纯铁水中的氧在真空室中进行脱碳真空处理。

从脱碳的热力学角度分析，纯铁水去碳和氧，真空条件下是以压力对化学反应的影响为基础，气体压力降低促进化学反应的进行，其脱碳反应的方程式为：

$$[C]+[O]=\!=\!=CO$$

平衡常数：

$$K=P_{CO}/(a_C\times a_O)=P_{CO}/(f_C[\%C]\times f_O[\%O])$$

可见CO气体分压的降低可促进脱碳、脱氧反应的进行。

从动力学的角度考虑，RH的操纵参数如钢液循环速率、气流量真空室与钢包的尺寸、真空系统能力等，影响着反应速率与最终精炼效果。

自然脱碳：[C]、[O]和CO的分压是平衡脱碳的基础。按照DP-COB出纯铁时化学分析，一般进站碳含量为（300~400）×10^{-4}%，含氧量为（500~700）×10^{-4}%。强制脱碳：若进站碳含量过高，或进站氧含量不能满足脱碳要求，则需要顶枪吹氧，进行强制脱碳。强制脱碳吹氧时间较短，压力为50~300 mbar（1 mbar=100 Pa）。

影响脱碳的主要因素有碳含量、氧含量、真空槽内真空度、脱碳时间。

在真空处理前期3~5 min采用较低循环气体流量，主要防止RH脱碳初期纯铁熔液喷溅。前期流量（标准状态）一般采用90 m^3/min。脱碳反应中期，增大吹氩流量有利于加快纯铁熔液循环。中期流量一般采用120 m^3/min。脱碳后期保持高吹氩流量有利于增大气液反应面积，促进脱碳反应快速进行。后期流量一般采用120 m^3/min，一般脱碳时间控制12 min，碳可以脱至含量≤20×10^{-4}%。

对生产数据进行统计，RH处理完毕后碳含量控制情况如图2-13所示。

B　协同脱氧控制

在纯铁进行真空精炼提纯过程中，随着碳含量及氧含量的降低，仅依靠碳氧反应已经不能满足终点氧含量要求。须吹氩和脱氧协同，就是在真空冶炼后期，在真空室内外的纯铁包中加入脱氧剂进行协同脱氧强化脱氧的过程。

脱氧剂有铝粒、纯钙线、锰、硅、钒、钛、硅铁、硅钙合金、SiCaBa复合脱氧剂和AlCaC复合脱氧剂等。常规使用铝脱氧容易生成Al_2O_3夹

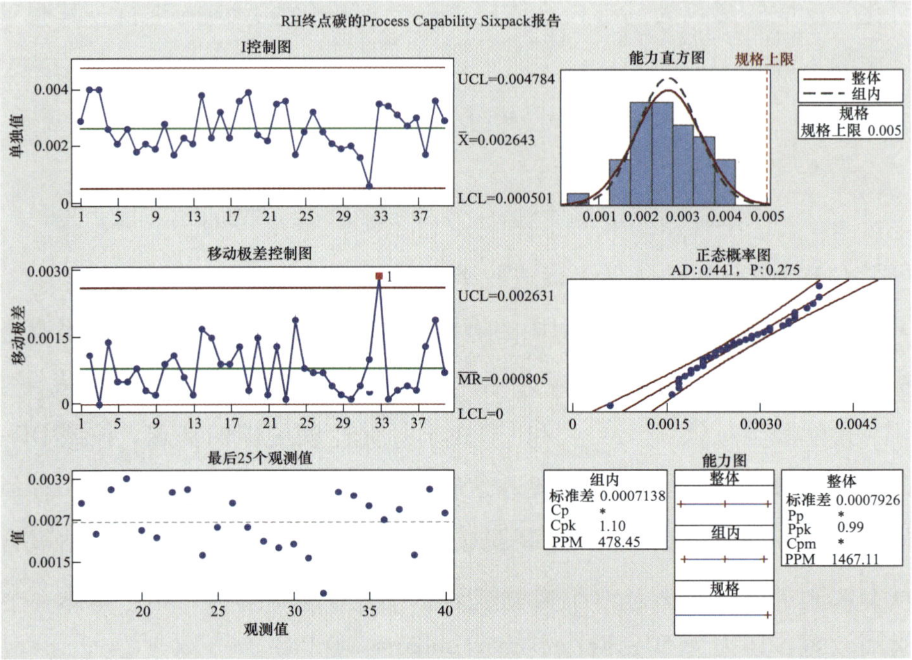

图 2-13 RH 处理完毕后碳含量控制情况

杂物造成纯铁内部缺陷，因此选择纯钙线作为辅助脱氧剂。纯钙线具有改善夹杂物形态，降低絮流风险的优势。

由于钙密度仅是铁的 1/5，沸点为 1492 ℃，低于纯铁熔液温度，且其活性很强。从氧化物标准生成自由能来看，钙脱氧能力强于铝和镁，充分发挥钙与纯铁熔液中氧作用而完成脱氧。实际操作中，需要操作喂丝机，将比较轻、易氧化的纯钙包芯线快速输入钢液，在钢液深处熔化溶解。具体操作时，要保持钙线与液面呈 90°，防止其进入纯铁熔液前发生熔化而产生氧化损失。纯铁包底吹 Ar 保持畅通，导管下端距钢液距离不大于 1 m。喂线速度控制在 200～300 m/min，喂线期间纯铁包采用底吹氩弱搅拌，氩气流量（标准状态）设定 40～60 m^3/min。以纯铁水不裸露为准，喂线之后弱搅拌时间≥12 min。弱搅拌时要调整氩气流量，直到液面微动，以不露纯铁熔液为准。

通过喂钙线协同铝粒脱氧，达到脱氧、脱硫、改变夹杂物形态，并实现纯铁成分微调，提高终点氧命中率。RH 处理完毕后，氧含量 ≤0.0020%。

对生产数据进行统计，RH 处理完毕后氧含量控制情况如图 2-14 所示。

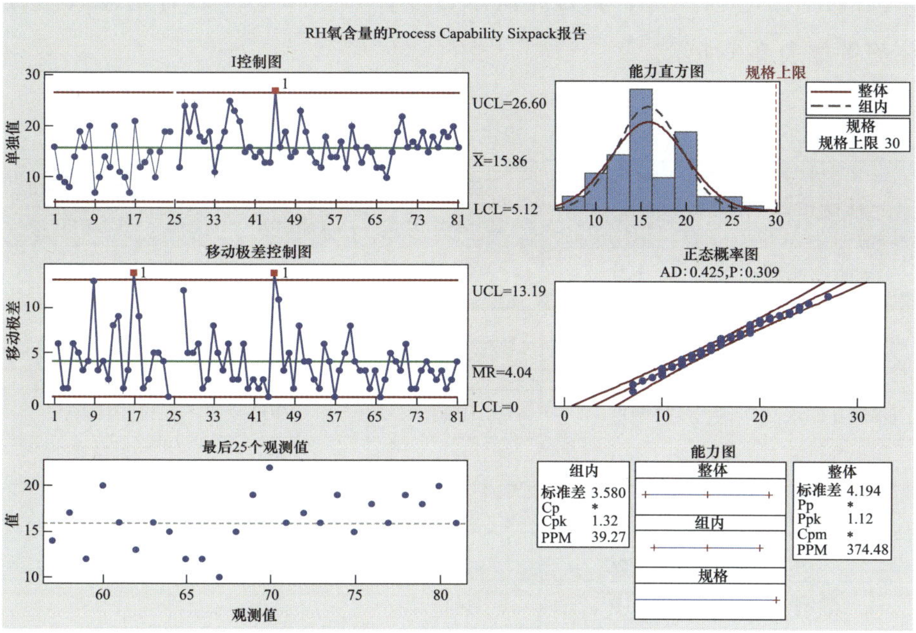

图 2-14　RH 处理完毕后氧含量控制情况

C　RH 脱氢工艺控制技术

在精炼过程中，加入的各种炉料、废钢等因含有水分或在存放时吸潮。入炉后在炼钢温度下，水分解产生的氢溶解在纯铁水中，导致增氢。未经 RH 精炼处理前的氢分布状况，初始 H 含量主要分布在 $4\times10^{-4}\%\sim8\times10^{-4}\%$ 区间，平均 H 含量为 $5.8\times10^{-4}\%$。当真空度下降后，反应向右侧进行，溶于纯铁水中的氢原子以气体形式析出。

真空度对 RH 精炼炉脱氢的影响主要体现在两方面：一方面，真空度的高低决定着氢分压，真空度在 0.2 kPa 以下时，脱氢的速度才会很明显。在真空度大于 0.2 kPa 时，脱氢比较缓慢。另一方面，真空度高低与 RH 精炼钢水的循环流量有关系。

通常采用 Kuwabara 循环流量计算公式来对其进行量化，如下式：

$$W = 1.63 \times 10^{-3} \cdot Q^{1/3} \cdot D^{4/3} \cdot \gamma \cdot (\ln(P_0/P_1))^{1/3}$$

式中，W 为纯铁水循环速度，t/min；Q 为提升气体流量，m^3/min；D 为插入管直径，mm；P_0 为 1 atm（武安地区海拔为 98500 Pa）；P_1 为真空深提纯工作压力，kPa；γ 为纯铁水密度，$\gamma = 7.0\ t/m^3$。各企业真空循环流量如表 2-5 所示。

表 2-5 各企业真空循环流量

钢铁企业	RH 炉容量/t	插入管直径/mm	最大提升气体流量/$m^3 \cdot h^{-1}$	循环流量/$t \cdot min^{-1}$
辰昕新材料	120	480	160	100
太钢	80	350	120	80
韩国 POSCO	330	730	260	240
日本 JFE 水岛厂	300	1000	300	240
马钢	300	750	270	225
首钢京唐	300	750	240	233
宝钢	300	750	240	222
涟钢	210	680	230	198
攀钢	200	680	180	187
本钢	180	600	120	141
莱钢	130	480	117	95

随着循环流量的增加，单位时间内纯铁水循环次数增加，氢脱除速率加快。氢成分均值控制在 $0.4 \times 10^{-4}\%$，较 LF 离站 $4 \times 10^{-4}\%$，脱氢率达 90%。

对生产数据进行统计，RH 处理完毕后氢含量控制情况如图 2-15 所示。

D RH 的夹杂物控制分析

RH 过程中发现前 15 min 氧含量下降比较快，脱氧速率相对较高。因为脱氧初期纯铁液中的碳脱氧和脱氧剂脱氧进行充分，纯铁熔液中的夹杂物的数量相对较多，夹杂物相对容易碰撞长大、上浮去除。

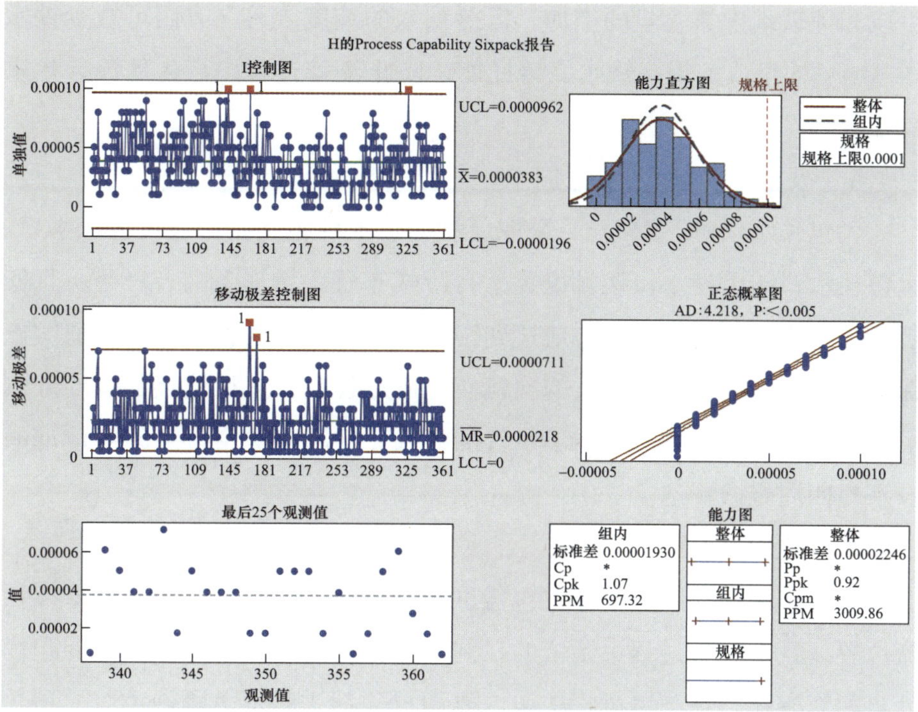

图 2-15　RH 处理完毕后氢含量控制情况

15~28 min 氧化物含量下降较慢，脱除的速率也比较低。因为纯脱气时间越长，夹杂物数量越少，夹杂物碰撞的概率也小，夹杂物相对不容易碰撞去除。

真空纯脱气时间对纯铁熔液中夹杂物的影响很大。一方面，真空工艺要有足够的循环时间来保证夹杂物充分的碰撞长大和去除。另一方面，真空工艺的纯脱气时间不能太长，脱氧时间长会影响纯铁生产节奏，而且纯铁液的温降也更严重。因此要在保证生产节奏和纯铁熔液温度要求的前提下，尽量延长真空的纯脱气时间。将真空处理时间延长到 28 min 以上。

2.3.2.5　保护浇铸技术研究

4N 级高纯铁工业生产过程中提纯是基础，浇铸凝固过程中保护浇铸防止污染是高纯化的保障。保护浇铸一方面可以减少二次氧化产物的生成和纯铁水中氮含量的增加，保持铁水的纯度。另一方面可减少铁水中 Al_2O_3 的生成，提高铁水浇铸性能，防止浇铸过程中产生絮流导致水口堵塞。

A 大包长水口+吹氩保护

大包长水口+吹氩保护，采取新型的台式环缝吹氩密封大包长水口。大包长水口与滑动水口接触位置呈台阶式布置，增加了啮合尺寸，且安装后水口不易偏斜，能更好地达到密封效果。同时大包长水口采取吹氩保护的方式，通过环缝形式的吹氩使浇铸过程在长水口连接部位的外侧形成氩气保护的氛围，减少了空气的吸入。吹氩流量控制在 6~8 L/min，长水口四周轻微冒泡。

B 中间包的密封

中间包的密封采取整体式包盖进行全密封，只留下烘烤孔和塞棒控流位置，且在浇铸过程中预留的孔洞均要再次进行覆盖密封，确保包内处于相对密闭。在浇铸过程中包内要用覆盖剂进行覆盖隔绝空气。覆盖剂的加入采取两层控制方式，底层为镁质覆盖剂、上层为无碳低硅覆盖剂，确保了隔绝空气的效果，又杜绝了覆盖剂对铁水的二次污染。包盖上配备了吹氩装置。在整个浇铸过程中，采取持续吹氩密封的形式，确保包内氧含量控制在 10%以下。

C 结晶器内密封

结晶器内浇铸采取整体浸入式水口+保护渣的控制模式。整体浸入式水口提前安装在中间包内，杜绝了二次吸氧。同时结晶器内采用自动加保护渣的形式，使结晶器液渣层稳定控制，减少浇铸过程的铁水裸露造成的二次氧化。

D 开浇首炉的氩气置换

在成型浇铸过程的增氮环节主要有第一包铁水的开浇前期，因无加覆盖剂铁液与空气直接接触导致铁液增氮。为了控制该时刻的增氮，在开浇前开氩气将中包内吹扫干净，用氩气置换内部气氛。最终开浇前包内增氮量控制在 $5\times10^{-4}\%$以下。

2.4
火法冶金生产 4N 级高纯铁产品质量

经过不断的生产试验和改进优化工艺，生产出的 4N 级高纯铁产品质量稳定。采用的在线自动送样智能分析系统见图 2-16，具有全元素分析能力的英国辉光发电质谱仪（GD-MS）等先进化验分析仪器见图 2-17。龙凤山的检测中心已获得中国合格评定国家认可委员会（CNAS）的认可，确保了其检测服务的高质量和结果的高可信度。纯铁产品的化学成分、低倍组织和夹杂物质量得到有效控制，满足相关标准要求。

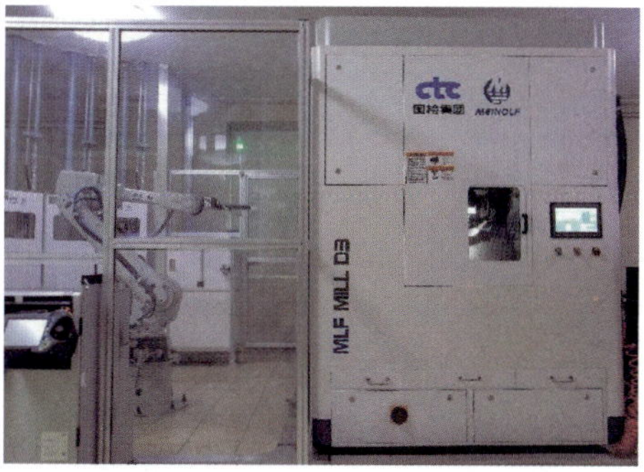

图 2-16　自动送样智能分析系统

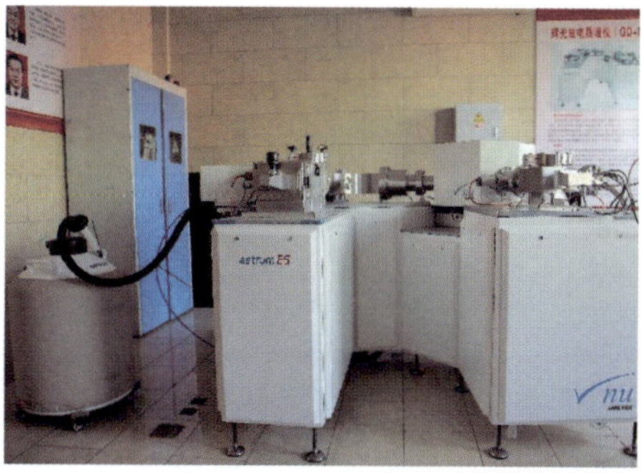

图 2-17　英国辉光放电质谱仪（GD-MS）

2.4.1　纯铁产品的单一元素提纯水平

如图 2-18 所示，纯铁产品中有害元素（∑(As+Sn+Sb+Bi+Pb)）含量总和可低至 $10\times10^{-4}\%$，钛含量可低至 $3\times10^{-4}\%$，硼含量可低至 $1\times10^{-4}\%$，铬含量可低至 $26\times10^{-4}\%$，铜含量可低至 $15\times10^{-4}\%$，镍含量可低至 $32\times10^{-4}\%$。

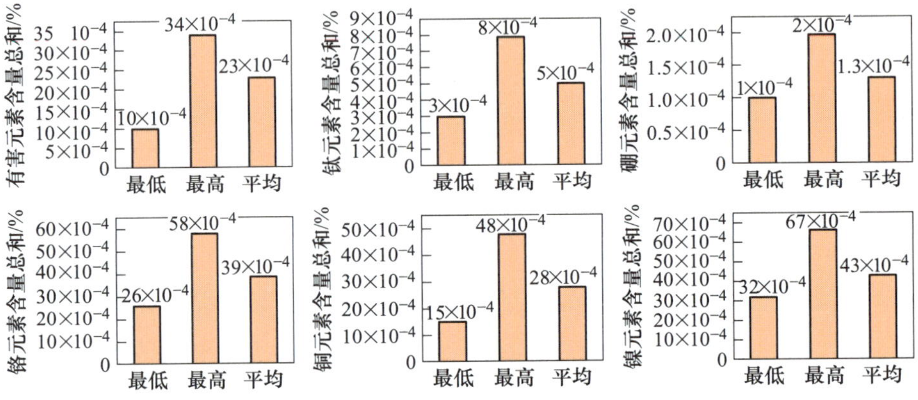

图 2-18　纯铁产品有害元素和相关杂质元素分布

如图 2-19 所示，纯铁产品中碳含量可低至 $10\times10^{-4}\%$，铝含量可低至 $10\times10^{-4}\%$，硫含量可低至 $3\times10^{-4}\%$。

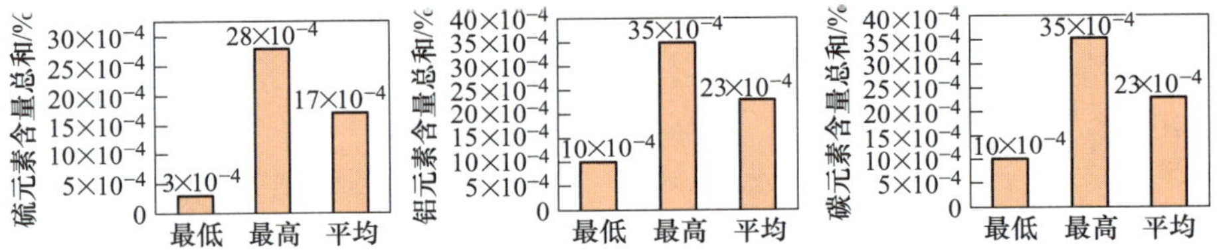

图 2-19　产品硫、铝和碳元素分布

如图 2-20 所示，纯铁产品磷含量可低至 $3\times10^{-4}\%$，锰含量可低至 $30\times10^{-4}\%$，硅含量可低至 $18\times10^{-4}\%$。

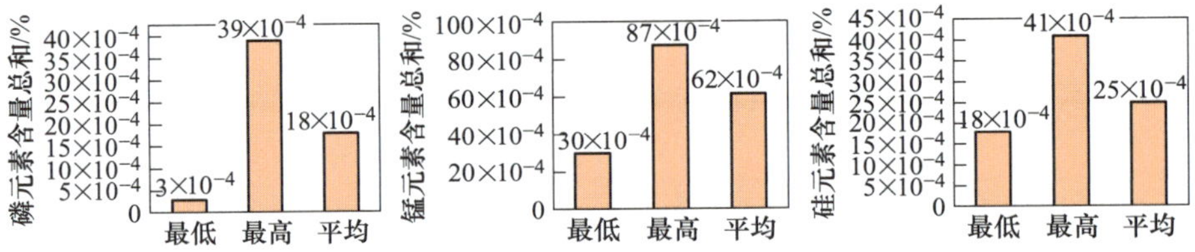

图 2-20　产品磷、锰和硅元素分布

如图 2-21 所示，通过真空脱气处理以及全线控气技术，氧含量可低至 $10\times10^{-4}\%$，氮含量可低至 $15\times10^{-4}\%$，氢含量可低至 $0.1\times10^{-4}\%$。

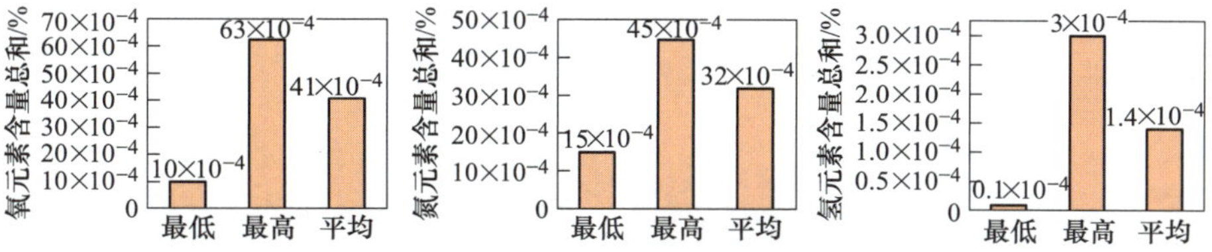

图 2-21　产品氧、氮和氢元素分布

2.4.2　纯铁产品综合元素提纯水平

经第三方权威检测机构分析，火法冶金生产的纯铁产品纯度分别为 99.965%、99.968%、99.96%、99.97%，达到 4N 级水平，具体成分见表 2-6。

表 2-6　高纯铁的化学成分检测数据　　(%)

序号	检测机构	化学成分					
		Fe	C	Si	Mn	P	S
1	钢研纳克	99.96	0.0023	0.0013	0.0066	0.0050	0.0027
2	钢研纳克	99.97	0.0012	0.0009	0.0042	0.0024	0.0036
3	钢研纳克	99.96	0.0016	0.0012	0.014	0.0032	0.0019
4	上海博飞克	99.965	0.0029	0.0030	0.0039	0.0014	0.0031
5	上海博飞克	99.968	0.0018	0.0016	0.0036	0.00074	0.0028

序号	检测机构	化学成分					
		Cr	Ni	Cu	Ti	Al	O
1	钢研纳克	0.0044	0.0061	0.0062	0.00001	0.0009	0.0062
2	钢研纳克	0.0035	0.0061	0.0058	0.00002	0.0016	0.0049
3	钢研纳克	0.0052	0.0055	0.0058	0.00001	0.0007	0.0047
4	上海博飞克	0.0034	0.0025	0.0030	0.000032	0.0059	0.0057
5	上海博飞克	0.0027	0.0025	0.0030	0.000013	0.00023	0.0120

2.4.3　纯铁方坯的低倍组织形貌

对纯铁方坯的低倍检验参照 GB/T 226—2015《钢的低倍组织及缺

陷酸蚀检验法》，对缩孔和疏松进行评级均为 1.0 级以下，无裂纹缺陷（图 2-22）。

图 2-22　高纯铁方坯低倍组织

2.4.4　夹杂物分析

根据 GB/T 10561—2023《钢中非金属夹杂物含量的测定　标准评级图显微检验法》标准，按 A 法对高纯铁材料进行非金属夹杂物检测，夹杂物主要是铝、镁、硅、钙等 D 类细小夹杂，级别为 0.5 级，如图 2-23～图 2-25 所示。

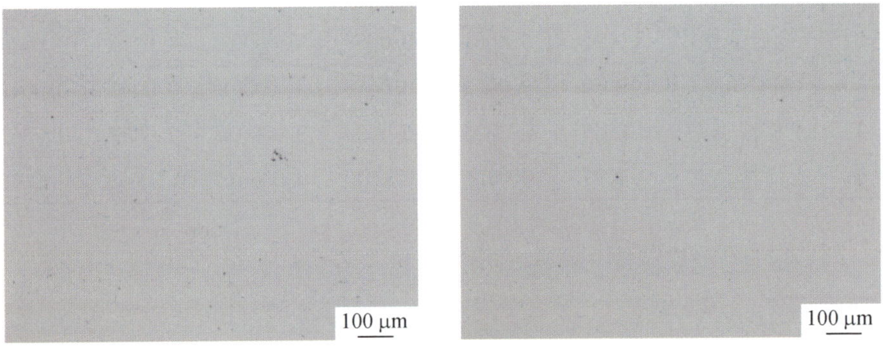

图 2-23　金属夹杂物

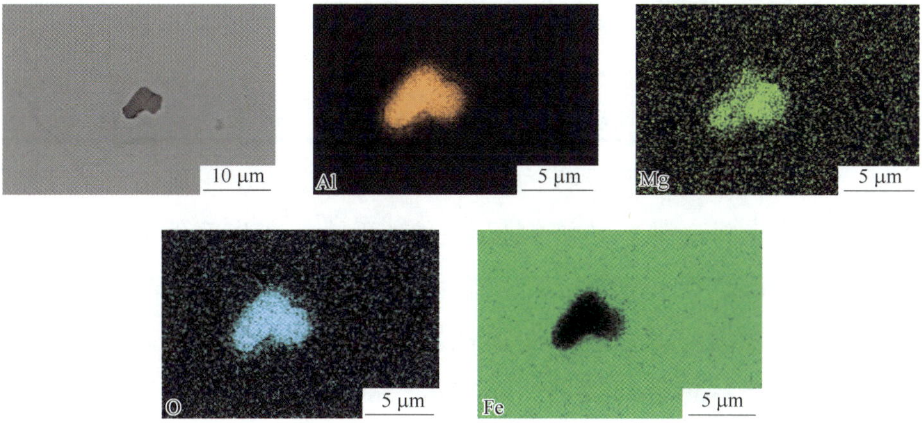

图 2-24 Al、Mg 氧化物夹杂

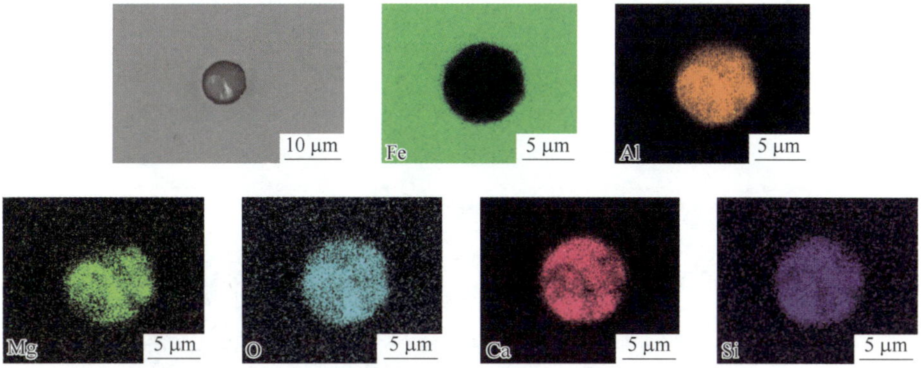

图 2-25 Al、Mg、Ca、Si 复合夹杂物

2.5 火法冶金生产 4N 级高纯铁产品的应用

4N 级高纯铁产品是高端装备制造领域不可或缺的优质原料，已应用于高强钢、高温合金、非晶纳米晶材料、电子材料、稀土永磁材料、新能源材料以及高端铸钢件。

2.5.1 高端特钢及高温合金

高强钢（包括超高强度钢）在航空航天、高端装备等领域应用广泛，对纯铁原料的要求极为严格。超高强度钢用于制造飞机起落架、火箭发动机壳体、防弹钢板等关键部件。这些部件需要在极端条件下保持高强度和韧性，可减轻结构质量。除要求材料具备高强韧性，还需要抗疲劳性和耐腐蚀性。铁基高温合金用于制造燃气轮机叶片、燃烧室热端部件等，能够承受高温高压环境。纯铁原料需具备高纯度，杂质元素如硫、磷、氧等和有害元素需严格控制。这些杂质会影响材料的韧性和抗疲劳性能。高强钢和铁基高温合金在高端装备和航空航天领域的应用对纯铁原料提出了极高的要求，以确保材料的高性能和可靠性。用于高端特钢及高温合金的高纯铁产品如图 2-26 所示。

图 2-26 用于高端特钢及高温合金的高纯铁产品

2.5.2 非晶纳米晶材料

非晶纳米晶材料因其优异的软磁性能，如高磁导率、高饱和磁感应强度、低损耗等，被广泛应用于电力电子、信息通信等领域，如高频变压器、电感器、共模扼流圈等。在纯铁原料方面，非晶纳米晶对纯铁的要求较高，通常需要纯度不小于 99.0%，更优为 99.5%，最高可达 99.9%。这是因为高纯度的纯铁可以减少杂质对合金性能的不利影响，确保非晶纳米晶材料在磁性能和稳定性方面达到最佳。专供非晶纳米晶行业使用的纯铁（高硅和无硅两大系列产品），已应用于国内非晶纳米晶生产龙头企业。用于非晶纳米晶生产的纯铁原料实物见图 2-27。

图 2-27　用于非晶纳米晶纯铁实物

2.5.3 电子材料

纯铁在电子材料领域主要应用于电磁屏蔽材料、电子以及电解铝行业的阴极材料，不同应用对纯铁的要求各有特点。电磁屏蔽材料利用纯铁的高磁导率引导磁力线，降低空间磁通密度，从而实现屏蔽效果。电磁纯铁的铁含量通常在99.5%以上，具有低碳、低硫、低磷的特点，其最大磁导率高，矫顽力低，饱和磁感应强度高。在电子领域，纯铁主要用于制造高精度的电子元件和电磁元件。这些材料要求纯铁具有高纯度和良好的磁性能，以确保半导体设备的稳定性和可靠性。电解铝行业对纯铁的要求主要体现在其导电性和耐腐蚀性方面。纯铁作为阴极材料，需要具备良好的导电性，以确保电解过程的高效进行。同时，纯铁还需要具有一定的耐腐蚀性，以承受电解槽中的化学反应环境。纯铁在电子材料领域的应用广泛，不同应用场景对纯铁的纯度、磁性能、导电性和耐腐蚀性等提出了不同的要求。目前应用于电解铝行业高导电阴极材料的专用纯铁质量稳定，性能良好，稳定供货。用于阴极材料的纯铁产品见图 2-28。

图 2-28　用于阴极材料的纯铁产品

2.5.4　稀土永磁材料

钕铁硼是一种高性能永磁材料，具有高磁能积、高矫顽力和高工作温度等优点，广泛应用于新能源汽车、风力发电、电子设备等领域。对纯铁原料要求严格，需控制杂质元素含量，这些杂质会影响磁性能，因此高性能钕铁硼合金对纯铁的纯净度要求高。纯铁的纯度越高，对钕铁硼的稳定性越好。用于稀土永磁材料的纯铁产品见图 2-29。

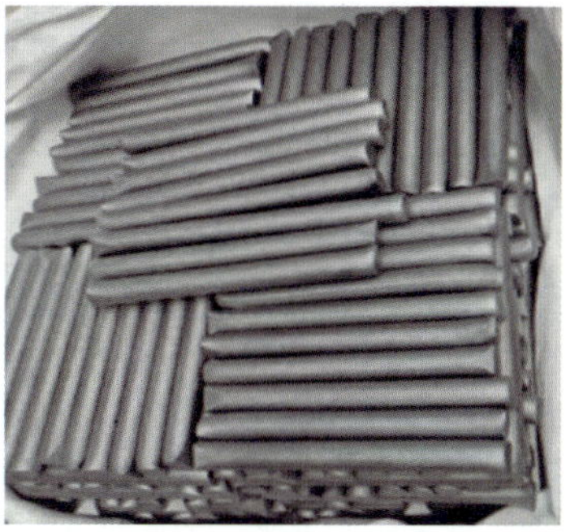

图 2-29　用于钕铁硼的纯铁产品

2.5.5　新能源材料

磷酸铁锂电池是一种安全性高、循环寿命长、成本较低的锂离子电池，广泛应用于新能源汽车、储能等领域。其正极材料磷酸铁锂的制备对纯铁原料有较高要求。纯铁原料需要高纯度，杂质含量低，尤其是金属杂质如铜等含量需严格控制。此外，纯铁的粒度、酸不溶物含量等也会影响最终产品的性能。高纯度的纯铁原料有助于提高磷酸铁锂的电化学性能和一致性。用于生产磷酸铁锂或中间产品磷酸铁的纯铁产品见图 2-30。

图 2-30　用于磷酸铁锂或中间产品磷酸铁的纯铁产品

2.5.6 高端铸钢件

高端铸钢件通常用于航空航天、海洋装备、能源等领域，要求材料具有高强度、高韧性、良好的耐腐蚀性和耐热性。采用高纯铁作为原料，如图 2-31 所示，能够显著提升铸钢件的性能和质量。高纯铁杂质含量极低有助于减少铸件中的夹杂物和缺陷，提高材料的韧性和疲劳寿命。对于超低碳不锈钢铸件，高纯铁可显著降低碳含量，减少晶间腐蚀风险，提升耐腐蚀性和焊接性能。同时，减少杂质元素对性能的影响，提高铸件的强度和韧性。高纯铁有助于提高耐热钢铸件的高温强度、抗氧化性和抗蠕变性能。其低杂质含量可减少夹杂物，提升铸件的致密度和使用寿命。

图 2-31 用于高端铸件的纯铁产品

结 语

针对纯铁产品的高纯化发展方向，设计和建设了年产 80 万吨专业化火法冶金 4N 级高纯铁的产线：超纯净原铁水—铁水预处理—KR 脱硫—DP-COB 提纯炉—LF 精炼炉—扒渣站—RH 真空精炼炉—连铸成型。形成了 4N 级高纯铁产品生产质量管理体系。

所生产的高纯铁产品的化学成分典型值为：0.0012%C、0.0019% Si、0.0042% Mn、0.0024% P、0.0016% S、0.0029% O、0.0035% N、0.00003% H、0.0035% Cr、0.0041% Ni、0.0048% Cu、0.00002% Ti、0.0055%Al，铁的纯度达到 99.97%的 4N 级水平。

火法冶金生产 4N 级高纯铁产品的技术关键是：

（1）“三精法”高纯原铁水控制工艺技术。为生产 4N 级高纯铁创造了铁水条件。原铁水化学成分典型值：4.1%C、0.12%Si、0.004% Mn、0.0011%P、0.0015%S、0.0078%Cu、0.00002%Ti，铬、钒、钼、锡、锑、铅、铋、碲、砷、硼和铝等 11 种元素总和不超过 0.045%。

（2）4N 级高纯铁 DP-COB 关键提纯工艺和装备。形成了快速脱碳，深度脱硅、脱锰、脱磷等技术。DPCOB 提纯炉采用顶底复吹高强度供氧，炉底侧部喷吹氧化铁矿粉、石灰石粉。残存元素含量典型值：0.02% C、0.001% Si、0.0035% Mn、0.002% P、0.07% O、0.002%N。

（3）建成了专业化火法冶金 4N 级高纯铁产线。形成了硫、磷、氮和锰等元素超低含量控制方法。铁液中硫含量可降至 $3\times10^{-4}\%$，磷含量可降至 $3\times10^{-4}\%$，氮含量可降至 $15\times10^{-4}\%$，锰含量可降至 $30\times10^{-4}\%$。

（4）形成了火法冶金生产 4N 级高纯铁质量管理体系，制定了针对用户的高纯铁产品的标准体系。

参考文献

［1］ Noda T, Taniguchi K, Fukuda M. Development and utility of high purity pig iron on foundry material ［J］. Journal of Japan Foundry Engineering Society, 2011, 31（4）: 175-179.

[2] Gerardo R F Alvear Flores, Camille Fleuriault, Dean Gregurek, et al. Advances in pyrometallurgy [M]. Springer Nature, 2024.

[3] 徐征，陈利生．火法冶金-熔炼技术 [M]. 北京：冶金工业出版社，2011.

[4] 白佳鑫，白鹏十翰，董瀚，等．一种 4N 级高纯铁及其火法工业化生产方法：202011580244.3 [P]. 2025-02-13.

[5] 白佳鑫，董瀚，韦习成，等．火法提纯制备 4N 级高纯铁超低锰控制方法：202110465926.8 [P]. 2023-11-24.

[6] 白佳鑫，董瀚，韦习成，等．火法提纯制备 4N 级高纯铁超低磷控制方法：202110465573.1 [P]. 2023-11-24.

[7] Eissa M, El-Faramawy H, Ahmed A. Conversion of mill scale waste into high purity pig iron suitable for ductile cast iron production [C] //International Congress on the Science and Technology of Ironmaking, 2018.

[8] Zer G, Nilüfer E, Ekerm A. High purity pig iron production by using steel scrap and comparison with sorelmetal [C] //5th International Advanced Technologies Symposium, Karabuk, Turkey, 2009.

[9] Noda T. Current foundry pig iron and impurities of steel scrap, effect of high purity pig iron on casting property [J]. Journal of Japan Foundry Engineering Society, 2007, 79 (8): 430-434.

[10] 宋强，王录才．简明铸铁熔炼手册 [M]. 北京：机械工业出版社，2020.

[11] 李翔．转炉留渣双渣工艺技术研究 [M]. 北京：冶金工业出版社，2019.

[12] (美) 戴维·劳克林．物理冶金学 [M]. 5 版．长沙：中南大学出版社，2017.

[13] 黄希祜．钢铁冶金原理 [M]. 北京：冶金工业出版社，1981.

[14] 陈敏恒，丛德滋，方图南，等．化学原理（上册）[M]. 3 版．北京：化学工业出版社，2006.

[15] GB/T 226—2015. 钢的低倍组织及缺陷酸蚀检验法 [S]. 2015-09-11.

[16] GB/T 10561—2023. 钢中非金属夹杂物含量的测定　标准评级图显微检验法标准 [S]. 2023.

[17] 刘武成．高纯生铁在高速列车转向架上的应用 [J]. 现代铸铁，2016，36 (2): 23-28.

[18] 陈建东．高纯生铁、超高纯生铁在特钢行业的应用 [J]. 中国重型装备，2017 (2): 4: 51-54.

[19] 曾艺成，巩济民．我国高纯生铁的生产和应用情况 [J]. 现代铸铁，2012，32 (4): 61-66.

[20] Li X, Zhou J, Shen L Q, et al. Exceptionally high saturation magnetic flux density and ultra-low coercivity via an amorphous-nanocrystalline transitional microstructure in a FeCo-based alloy [J]. Advanced Materials, 2022: e2205863.

CHAPTER 3

3

电解制备4N级高纯铁

本项目成功设计和建成国内首条百吨级电解铁生产线，以工业纯铁为阳极原料，通过精准优化电解液体系、温度、电流密度及pH值等关键参数，实现了4N级电解铁的稳定制备。生产过程中，经过分切、干燥和还原等精细处理，最终成功产出纯度高达4N5级的高纯电解铁产品。该产品纯度可达99.995%，是高纯合金制备的必备原料，也可作为标准物质和生物补铁剂等，具有极高的应用价值。

3.1

电解铁的生产和技术现状

1914 年，美国国家标准技术局率先涉足了电解铁的制备研究，成功研制出 3N 级（即 Three Nines）的电解纯铁。从此以后，西方国家开始了电解铁的研发工作。20 世纪 30 年代，日本昭和电工株式会社就已经可以利用硫酸亚铁溶液和氯化亚铁溶液电解生产出 4N~5N 纯度等级的电解铁。现在，日本东邦亚铅公司是国际上主要的电解铁生产企业，生产并供应纯度 4N~5N 级的电解铁商品。

自 20 世纪 60 年代中后期，日本陆续开发出一系列电解铁技术，开始主导电解铁的研发和生产。目前，铁的最高纯度纪录几乎都是由日本企业和大学创造的。日本东邦亚铅公司采用的电解铁生产工艺流程如图 3-1 所示，原料为工业纯铁。整个生产流程涵盖原料准备、电解、阴极剥离及后处理环节，并可根据客户的特定需求，灵活提供分级定制的电解铁产品。东邦亚铅生产的电解铁品种多样，根据纯度级别和状态进行分类，包括 4N~5N 级的高超纯电解铁、3N5 的电解铁以及 2N5 的电解铁粉等，实现了定制化生产。目前国内市场上销售的电解铁主要由东邦亚铅生产。根据东邦亚铅年度财务报告，推算其电解铁年产量为 300~500 t。

我国缺乏电解铁制造技术，电解铁市场长期被国外企业垄断。近年来，我国一些企业也开始了电解法制备高纯铁的工艺技术研发。据报道，湖北鄂州某公司具备年产 1000 t 电解铁的能力，甘肃某集团成功制备出了纯度达 5N7 的电解铁。从国内市场上看，目前销售的电解铁产品主要来源于国外，企业主要有日本东邦亚铅、美国 Allied Metals Corporation 等公司。

电解精炼制备高纯铁属于湿法冶金领域，即通过在电解过程中阴极

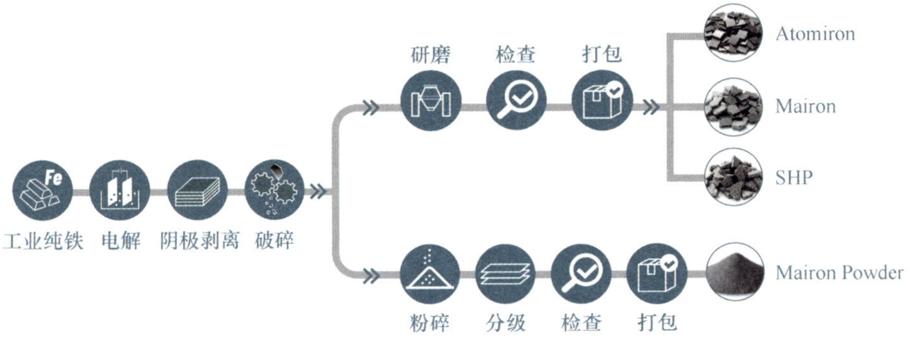

图 3-1　日本东邦亚铅的电解铁产品制备工艺流程

上金属离子的还原，生成金属铁。金属铁沉积阴极的过程包括液相传质、前置转化、电荷传递和电结晶四个单元步骤串联组成。阴极过电位是电沉积过程进行的动力。金属铁离子在电解过程中能够很快地在阴极板上沉积，就需要外界不断地提供电量。金属铁能否通过水溶液电沉积方式获得与金属离子 M^{x+} 转化为金属 M 的平衡电位相关。理论上 M^{x+}/M 平衡电位比氢标准电位更正的金属才有可能在水溶液中析出。图 3-2 给出了可以在水溶液中电沉积得到的金属。

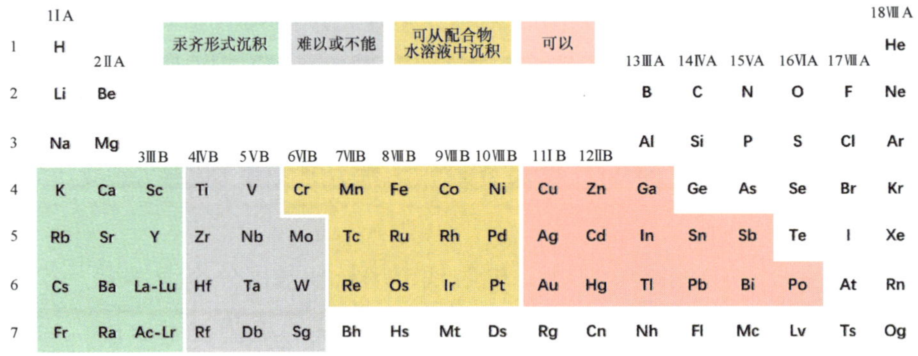

图 3-2　在水溶液中可以电沉积得到的金属

由图 3-2 可知，通过水溶液电沉积可以将铁从水溶液中沉积出来。另外，根据金属的电极电位顺序，能够使不同的金属离子按照一定顺序发生电沉积。可以通过改变金属离子的浓度在一定范围内调控金属离子的沉积顺序。同时，通过对电沉积工艺参数的改变等手段，实现工业纯铁中杂质元素进入阳极泥和电解液，而在阴极析出高纯的电解铁。电解精炼制备铁的基本原理是基于以下电化学反应：

阳极反应：　　$Fe(纯度较低) - 2e^- = Fe^{2+}$

阴极反应：　　$Fe^{2+} + 2e^- = Fe(纯度高)$

总电化学反应：　　$Fe(纯度较低) \xrightarrow{电化学作用} Fe(纯度高)$

采用工业纯铁作阳极，钛板作阴极，选用含有铁离子的溶液作电解液。在两电极之间施加适当的电压，使阳极工业纯铁发生溶解过程，进入电解液的铁离子重新在阴极上析出，如图 3-3 所示。阳极工业纯铁中比铁惰性的杂质不溶解，成为阳极泥沉落于电解槽底部；比铁活泼的杂质虽然在阳极溶解，但不能优先于铁在阴极沉积。因此，工业纯铁经过电化学溶解和电化学沉积，最终得到提纯。

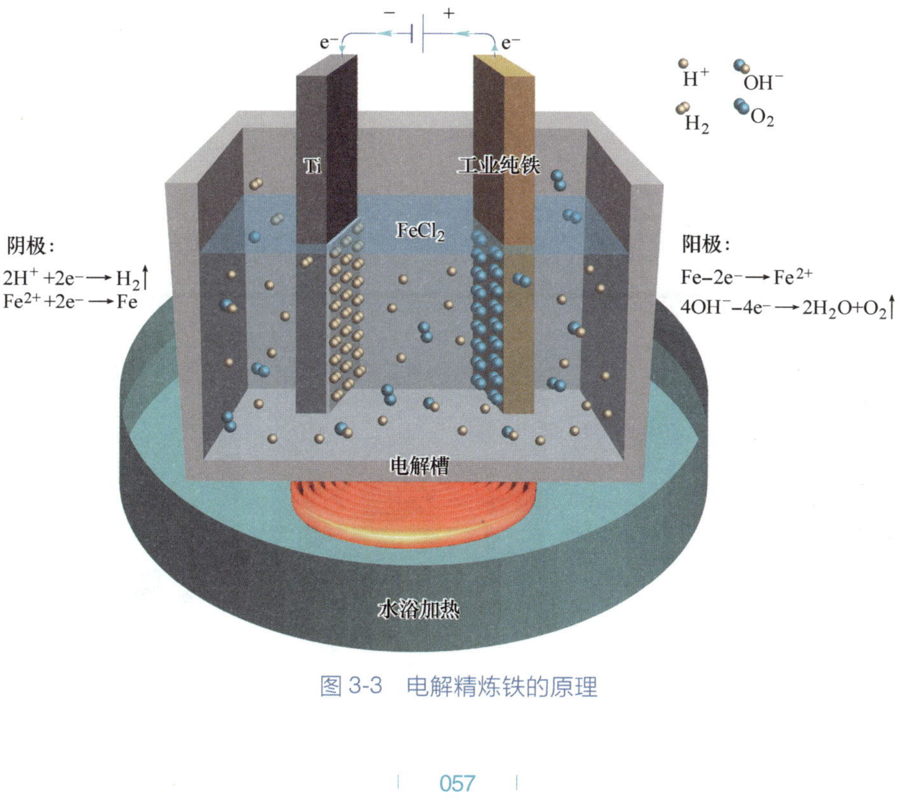

图 3-3　电解精炼铁的原理

3.2 电解铁产线设计和建设

电解铁产线的设计面临的最大问题是缺乏已有的图纸资料以供参考。项目组对国外电解铁产品开展分析工作，基于电解基本原理和工艺基础，开展电解铁产线设计工作。参考电镀工艺和电解精炼相关的原理以及实验室电解现象进行设计，主要考虑电解温度、电解 pH 值、电流密度等参数。以工业纯铁为原料，建设具备年产百吨 4N 级电解铁产品生产线为目标，设计电解 4N 级高纯铁的生产线，并制造关键电解装备。

3.2.1 电解边界条件确定

首先需要在实验室探索确定合适的电解质体系。研究电解液温度、电流密度和 pH 值对电解精炼过程中的作用（图 3-4）。根据实验室研究结果，设计规模化电解铁生产装备和流程。在相同的 Fe 离子浓度，相同的电解温度、电流密度和 pH 值的条件下，探索不同电解液 $FeCl_3$、$FeSO_4$、$FeCl_2$ 对电解过程的影响。

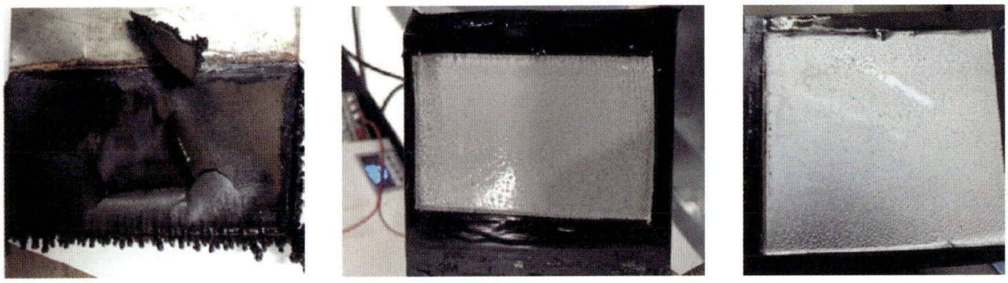

(a) (b) (c)

图 3-4 不同电解质电解精炼的电解铁形貌

(a) $FeCl_3$；(b) $FeSO_4$；(c) $FeCl_2$

不同电解质下电解精炼纯铁的化学成分测试结果如表 3-1 所示。从测试结果可知，实验室电解精炼纯铁中的气体元素含量非常高，同时采用硫酸亚铁盐体系中的硫元素含量达 200×10^{-4}% 以上，而采用氯化铁盐体系中的氯元素含量也较高。从检测成分结果分析可知，要控制电解精炼的纯度需要：（1）控制电解精炼过程，降低气体元素含量；（2）近铁元素是电解精炼过程中的难去除元素，需考虑电解工艺优化。

表 3-1 实验室电解精炼纯铁的化学成分 （%）

元素符号	$FeCl_3$ 盐体系	$FeSO_4$ 盐体系	$FeCl_2$ 盐体系
C	530×10^{-4}	23×10^{-4}	82×10^{-4}
H	820×10^{-4}	510×10^{-4}	0.12
O	1.6	1.2	3.1
N	64×10^{-4}	46×10^{-4}	44×10^{-4}
P	21×10^{-4}	54×10^{-4}	13×10^{-4}
S	1.4×10^{-4}	210×10^{-4}	10×10^{-4}
B	0.07×10^{-4}	$<0.01\times10^{-4}$	0.01×10^{-4}
Na	1.4×10^{-4}	0.69×10^{-4}	0.27×10^{-4}
Mg	0.08×10^{-4}	$<0.01\times10^{-4}$	0.03×10^{-4}
Al	280×10^{-4}	47×10^{-4}	2.6×10^{-4}
Si	54×10^{-4}	1.2×10^{-4}	10×10^{-4}
Cl	210×10^{-4}	17×10^{-4}	13×10^{-4}
K	0.27×10^{-4}	0.14×10^{-4}	$<0.05\times10^{-4}$
Ca	0.07×10^{-4}	$<0.05\times10^{-4}$	0.08×10^{-4}
Ti	49×10^{-4}	71×10^{-4}	0.69×10^{-4}
V	12×10^{-4}	4.2×10^{-4}	2.3×10^{-4}
Cr	210×10^{-4}	180×10^{-4}	45×10^{-4}
Mn	3.1×10^{-4}	1×10^{-4}	0.86×10^{-4}
Co	30×10^{-4}	28×10^{-4}	40×10^{-4}

续表3-1

元素符号	$FeCl_3$ 盐体系	$FeSO_4$ 盐体系	$FeCl_2$ 盐体系
Ni	27×10^{-4}	19×10^{-4}	28×10^{-4}
Cu	12×10^{-4}	4.3×10^{-4}	53×10^{-4}
Zn	220×10^{-4}	3.6×10^{-4}	3.4×10^{-4}
Ga	3.9×10^{-4}	21×10^{-4}	21×10^{-4}
Ge	1.4×10^{-4}	0.49×10^{-4}	0.82×10^{-4}
As	0.98×10^{-4}	0.22×10^{-4}	0.56×10^{-4}
Nb	0.08×10^{-4}	0.07×10^{-4}	0.07×10^{-4}
Mo	1.5×10^{-4}	5.1×10^{-4}	2.7×10^{-4}
Sn	0.27×10^{-4}	2.9×10^{-4}	7.9×10^{-4}

图 3-5 为电解铁实验室试验过程中总结的电流密度大小对阴极板沉积铁的影响。从结果可知，电流密度低，沉积物在阴极板上分布较均匀，沉积铁不开裂起翘；电流密度高，阴极结晶较粗，甚至出现瘤状结晶。且电流密度过大，阴极沉积的电积铁容易开裂，开裂对电解产生不利影响。

在一定的酸性范围下，电解液中的 Fe^{2+} 存在 $4Fe^{2+}+4H^{+}+O_2 \rightleftharpoons 4Fe^{3+}+2H_2O$ 的平衡，当溶液中 Fe^{3+} 达到一定浓度时，向右进行的氧化反应不再进行。电解过程中，因电解液与空气接触，要保持溶液中的 Fe^{2+} 不被氧化为 Fe^{3+}，溶液需避免接触氧气同时保持为酸性。$Fe(OH)_3$ 的溶解度很小，18 ℃时仅为 3.8×10^{-38}。当溶液 pH 值较高时，容易产生 $Fe(OH)_3$ 沉淀，使反应向右移动，Fe^{2+} 减少，电解液不稳定甚至变质。但当电解液酸度较大时，氢的平衡电位变得更正，电解时将主要析出氢气。因此，电解时要严格控制电解液的初始 pH 值。

电解液初始 pH 值较小时（图 3-6），溶液中 H^+ 浓度较高，H^+ 比 Fe^{2+} 优先析出；而电解液初始 pH 值较大时，Fe^{2+} 不稳定，易氧化并水解，产生 $Fe(OH)_3$，不利于电解的进行。

2.5 A/dm^2

2 A/dm^2

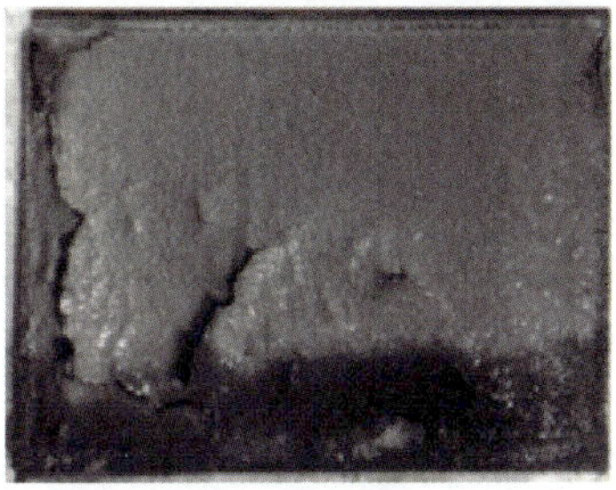

1.25 A/dm^2

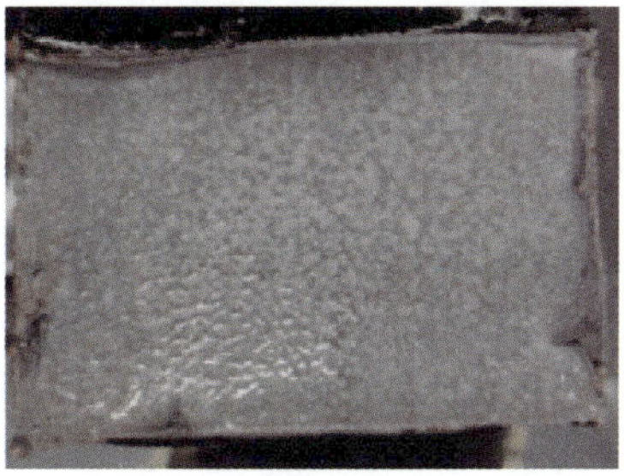

1 A/dm^2

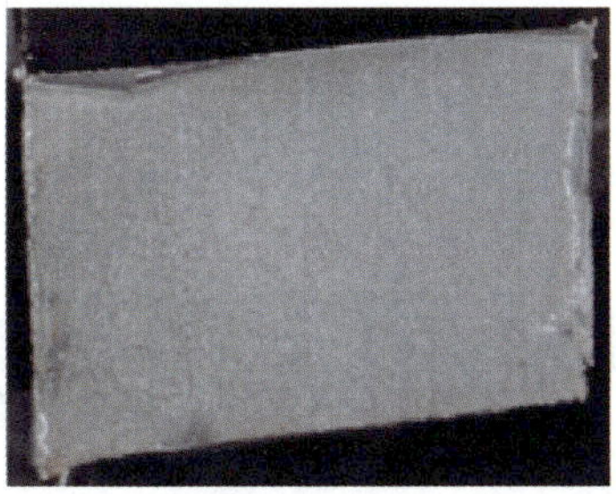

0.5 A/dm^2

0.25 A/dm^2

图 3-5　电流密度对电解铁表面形貌的影响

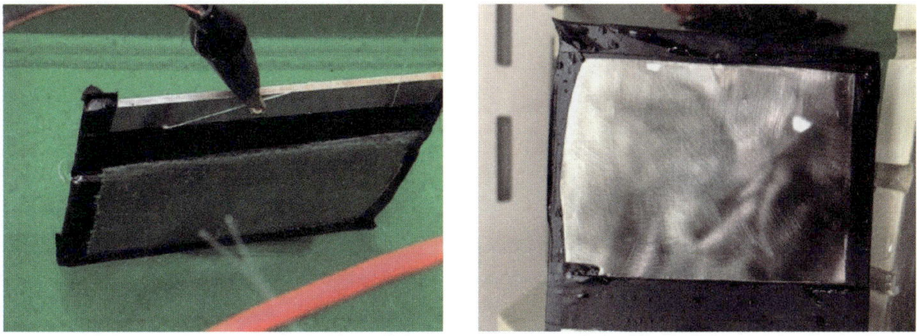

图 3-6　溶液 pH 值低时表面没有电解铁形成

3.2.2 电解铁产线设计

根据实验室研究结果，开展了电解铁产线设计。

3.2.2.1 基本电解工艺参数

电解温度设计为 75~85 ℃（≤±5 °C），采取蒸汽加热方式。单槽电压为 3.0 V，采取串联式。电流密度可实现 0.1~2.5 A/dm^2 内调节，采用直流电源。电解液浓度满足硫酸铁系和氯化铁系电解铁工艺要求。

3.2.2.2 电解极板相关参数

考虑电解铁的原理为工业纯铁湿法精炼，阳极板为铁的溶解，阴极板为铁的析出（图 3-7）。设计阳极板为工业纯铁，阴极板为 TC4 钛合金板。电极板幅为 800 mm×800 mm，阳极板厚度为 10~30 mm，阴极板厚度为 2 mm。相邻阳极板间距为 76~90 mm，阴极底部到槽底距离为 120 mm，极板和槽壁距离不小于 50 mm。

图 3-7 阴极板生长的致密电解铁

3.2.2.3 电解槽体

电解槽需耐酸、氯离子腐蚀。电解槽液循环设计，循环量1~5 m^3/h。电解槽长度为3 m、宽度为1 m、深度为1.2 m；采用两个电解槽（一个生产、一个检修备用）。整体采用不锈钢机架，槽体采用耐腐蚀聚合物如PP。电解槽底部设计固体物料底部排出装置，有利于减少槽内固体颗粒。电解液可循环处理。电解槽供液采用溢流式循环供液，并需在进出口设置不少于4台精细过滤机并配备压力显示装置。

3.2.2.4 电源

根据电解铁工艺参数，配备风冷数字式调制占空比的380 V高频电源，输出电压DC 0~8 V，工作频率50~60 Hz。控制电柜配有电压、电流显示，并预留100 kW。

3.2.2.5 槽液pH值和控制

槽液pH值采用自动测酸计测量，酸液添加采用自动加酸计。设置槽液pH值监控和补加系统，以保证槽液成分和产品质量的稳定性。

3.2.2.6 其他配置

防腐和固/液/气废处理。产线整体采用防腐材质并设计有废气处理系统、废水处理槽及处理系统、固废存储模块等，以满足国家有关排放标准。

3.2.2.7 其他公辅设备

包括超纯水机组、阳/阴极存放手推车、半自动龙门吊、上下料升降设备、产品出槽后的二次水洗槽、吹水干燥系统以及整线接水盘等辅助设备。

图3-8为根据电解铁工艺需求和产线要求的设计整体布局图。图3-9是实际运行的电解铁生产线。

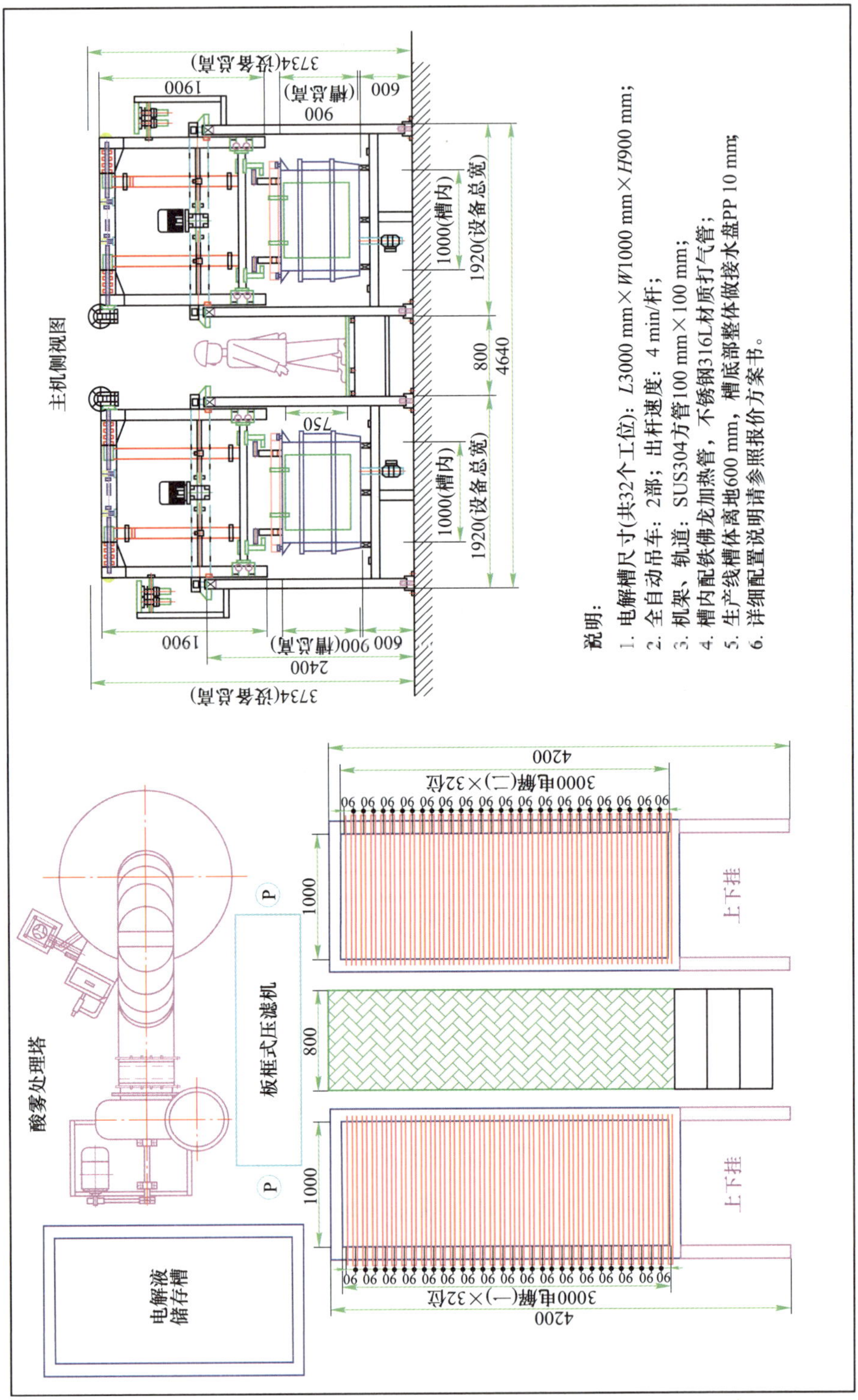
主机侧视图
3734(设备总高)
1900
900
(槽总高)
600
2400
750
1000(槽内)
1920(设备总宽)
800
4640
说明：
1. 电解槽尺寸(共32个工位)：L3000 mm×W1000 mm×H900 mm；
2. 全自动吊车：2部；出杆速度：4 min/杆；
3. 机架、轨道：SUS304方管100 mm×100 mm；
4. 槽内配铁佛龙加热管，不锈钢316L材质打气管；
5. 生产线槽体离地600 mm，槽底部整体做接水盘PP 10 mm；
6. 详细配置说明请参照报价方案书。
酸雾处理塔
板框式压滤机
电解液储存槽
4200
3000电解(二)×32位
3000电解(一)×32位
1000
800
上下挂
P

图3-8 电解线设计图

图 3-9 百吨级电解铁生产线

3.3 电解铁后处理装备和工艺技术

3.3.1 电解铁产品分切

电解纯铁采用湿法冶金原理制备，纯度的提高主要依赖于电解液温度的提高。在低温电解时，电解铁性脆；在高温下电解时（溶液温度≥60 ℃）电解铁韧性较好。为制备出较高纯度的电解铁，通常采用高温电解（溶液温度≥60 ℃）。高温下电解沉积的铁板因具有良好的韧性，因此考虑电解破碎方式为颚式破碎或切片，采用的破碎设备如图3-10 所示。图 3-11 为电解液温度大于 60 ℃制备出的电解铁采用不同方式破碎后的形貌。采用颚式破碎机破碎的电解铁形貌弯曲，不规整，不利于包装和运输。采用分切形式制备的电解铁，形貌完整，利于包装、运输和使用。经过多次试验和市场调研，电解铁产品通过直接分切成片。

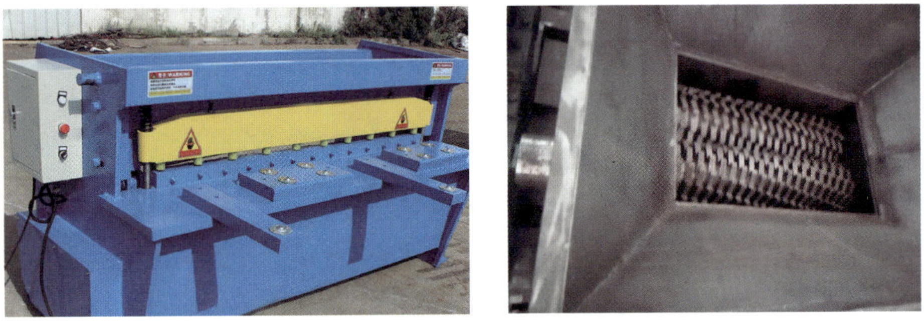

图 3-10 电解铁的破碎设备

(a) (b)

图 3-11 电解铁采用颚式破碎（a）与分切成片（b）后的形貌

3.3.2 电解铁产品去除氧

电解纯铁因是在水溶液中产生，电解过程中会同时产生氢气和氧气，导致电解铁中的氢和氧含量通常都在数千 $10^{-4}\%$ 级别，直接影响电解铁的纯度。电解铁中的氧主要是以氧化物的形式存在，氢是以游离态或固溶态存在于基体中。必须考虑后处理办法去除电解铁中的氧和氢。电解铁中的氢可采用退火方法消除，氧可采用氢还原方法消除。

项目考虑使用氢气氛还原去除电解铁中残存的氧和氢。采用箱式和回转式氢气氛还原炉在相同的还原温度和时间下对电解铁进行还原除氧、氢处理（图 3-12），试验结果对比如图 3-13 所示。从外观对比可知，回转式气氛还原炉对电解铁中的氧去除效果明显优于箱式氢气氛炉。经测试其中的氧含量，箱式气氛还原炉还原后的电解铁产品中的残余氧含量为 $(160\sim400)\times10^{-4}\%$，回旋式气氛还原炉还原后电解铁中的残余氧含量为 $(3\sim8)\times10^{-4}\%$。

图 3-12　电解铁的箱式整体还原和回转式还原去氧

图 3-13　电解铁箱式还原和回转式还原外观形貌

通过以上电解槽的设计和后处理设备选择的探讨，制定电解 4N 级纯铁的制备流程如图 3-14 所示。其主要原理为电解过程中极大地降低电解铁产品中的近铁和远铁元素，实现电解后铁中的金属元素含量有效地降低。电解沉积的纯铁中的气体元素通过增设氢还原装置在后处理过程中被有效去除。本项目电解生产线所使用的干燥和还原设备如图 3-15 所示。

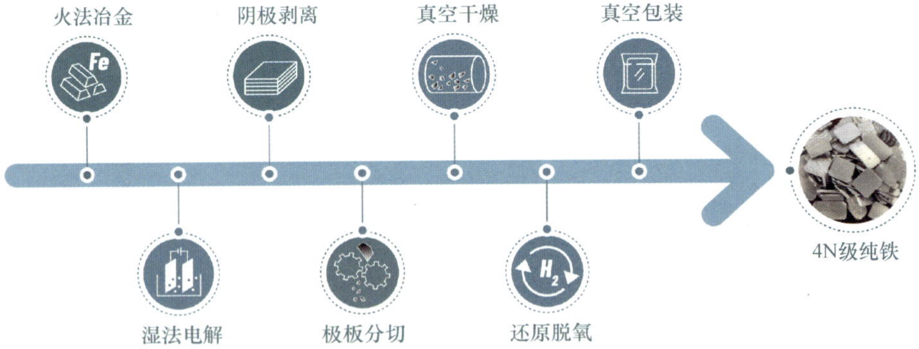

图 3-14　4N 级电解铁制备工艺流程示意

图 3-15　百吨级电解铁回旋式干燥和还原设备

3.4 电解铁制备的关键工艺参数

通过电解铁的实验室研究和工艺装备流程研究，设计和建设了 4N 级电解铁生产线。为达到稳定制备电解铁产品的目标，在电解铁产线上开展了系统的电解铁制备工艺技术研究，确定了电解液温度、电流密度、电解液稳定性等关键工艺参数。

3.4.1 电解液温度

选择不同的电解液温度进行电解，其宏观形貌也不相同。当电解液温度为 40 ℃时，得到的电解铁如图 3-16（a）所示，电解铁表面开裂严重，很难获得大批量完整的电解铁。宏观形貌上大多呈破碎状，部分阴极板表面甚至出现没有电解铁沉积的现象。少部分阴极板表面有完整形貌的电解铁沉积，但表面沟壑明显，且脆性大，裂纹多。

当电解液温度为 60 ℃时，得到的电解铁如图 3-16（b）所示。电解铁表面有银白色金属光泽出现，但表面有较多长条形凹槽和瘤状物存在。推断是电解槽中的杂质没有及时过滤去除，附着在电解铁表面进行继续沉积，导致表面有高低不平的沟壑出现。并且电解铁在取出后表面氧化速度较快，会逐渐由银白色转变为黄褐色外观。

当电解液温度提高到 70 ℃后，得到的电解铁如图 3-16（c）所示，电解铁表面基本呈银白色，表面没有较多的凹槽出现，基本光滑。但部分电解铁表面依然有较多瘤状物存在，氧化现象减少，氧化发黄的速度有所下降。

(a)

(b)

(c)

图 3-16 不同电解温度电解铁的宏观形貌

(a) 40 ℃；(b) 60 ℃；(c) 70 ℃

当电解液温度不同时，得到的电解铁的纯度等级也不同，对得到的电解铁和原料进行全元素检测。当电解液温度为 40 ℃时，对其进行全元素检测，纯度级别为 2N5；当电解液温度为 60 ℃时，纯度级别为

3N8，纯度较电解液温度为 40 ℃时有所提高；当电解液温度提高到 70 ℃后，纯度提高到 4N1，纯度获得进一步提高。检测结果如表 3-2 所示。

表 3-2 不同电解液温度下电解铁的化学成分 (%)

元素	原料/DT4	40 ℃	60 ℃	70 ℃
C	30×10^{-4}	74×10^{-4}	$<5\times10^{-4}$	$<5\times10^{-4}$
H	$<3\times10^{-4}$	250×10^{-4}	$<3\times10^{-4}$	$<3\times10^{-4}$
O	27×10^{-4}	3000×10^{-4}	100×10^{-4}	24×10^{-4}
N	23×10^{-4}	23×10^{-4}	$<5\times10^{-4}$	$<5\times10^{-4}$
P	180×10^{-4}	1.7×10^{-4}	3.3×10^{-4}	5.5×10^{-4}
S	47×10^{-4}	1.6×10^{-4}	3.4×10^{-4}	4.9×10^{-4}
B	0.15×10^{-4}	0.33×10^{-4}	$<0.01\times10^{-4}$	$<0.01\times10^{-4}$
Na	0.01×10^{-4}	210×10^{-4}	4.4×10^{-4}	0.29×10^{-4}
Mg	0.1×10^{-4}	$<0.01\times10^{-4}$	$<0.01\times10^{-4}$	$<0.01\times10^{-4}$
Al	350×10^{-4}	320×10^{-4}	2.5×10^{-4}	0.16×10^{-4}
Si	100×10^{-4}	15×10^{-4}	0.21×10^{-4}	0.05×10^{-4}
Cl	$<0.05\times10^{-4}$	280×10^{-4}	7.7×10^{-4}	0.64×10^{-4}
K	$<0.05\times10^{-4}$	0.56×10^{-4}	$<0.05\times10^{-4}$	0.06×10^{-4}
Ca	$<0.05\times10^{-4}$	0.1×10^{-4}	$<0.05\times10^{-4}$	$<0.05\times10^{-4}$
Sc	$<0.05\times10^{-4}$	$<0.05\times10^{-4}$	$<0.05\times10^{-4}$	$<0.05\times10^{-4}$
Ti	400×10^{-4}	2.9×10^{-4}	0.92×10^{-4}	0.47×10^{-4}
V	13×10^{-4}	7.1×10^{-4}	0.1×10^{-4}	$<0.01\times10^{-4}$
Cr	150×10^{-4}	130×10^{-4}	0.59×10^{-4}	0.11×10^{-4}
Mn	970×10^{-4}	2.4×10^{-4}	0.13×10^{-4}	$<0.05\times10^{-4}$
Co	6.4×10^{-4}	10×10^{-4}	4.7×10^{-4}	10×10^{-4}
Ni	20×10^{-4}	9.9×10^{-4}	2.6×10^{-4}	9.4×10^{-4}
Cu	36×10^{-4}	7.2×10^{-4}	19×10^{-4}	21×10^{-4}
Zn	3.4×10^{-4}	13×10^{-4}	4.3×10^{-4}	3.6×10^{-4}

续表3-2

元素	原料/DT4	40 ℃	60 ℃	70 ℃
Ga	3.4×10^{-4}	0.79×10^{-4}	0.12×10^{-4}	0.22×10^{-4}
Ge	2.6×10^{-4}	0.92×10^{-4}	0.35×10^{-4}	0.51×10^{-4}
As	9×10^{-4}	0.48×10^{-4}	1.7×10^{-4}	3.2×10^{-4}
Nb	0.87×10^{-4}	$<0.05\times10^{-4}$	$<0.05\times10^{-4}$	$<0.05\times10^{-4}$
Mo	10×10^{-4}	0.11×10^{-4}	0.09×10^{-4}	0.14×10^{-4}
Sn	2×10^{-4}	$<0.05\times10^{-4}$	$<0.05\times10^{-4}$	$<0.05\times10^{-4}$
Pb	0.33×10^{-4}	0.1×10^{-4}	0.28×10^{-4}	0.26×10^{-4}
Bi	0.02×10^{-4}	$<0.005\times10^{-4}$	0.009×10^{-4}	0.009×10^{-4}
杂质含量	2384×10^{-4}	4361×10^{-4}	156×10^{-4}	84×10^{-4}
纯度级别	2N7	2N5	3N8	4N1

图 3-17 为不同电解液温度对气体元素的提纯效果。从图 3-17 中可以看出，电解液的温度不同，对气体元素和近铁元素的提纯效果也不尽相同。当电解液温度为 40 ℃时，C、H、O 等元素含量均比原料要高，其中 O 的含量增多了 10 倍以上。说明在常温时，不仅无法对原料中的气体元素进行有效的去除，反而造成大幅的增多。当电解液温度为 60 ℃时，C、N 等元素含量有所降低，而 O 含量依然呈增多现象，不过相较电解液温度为 40 ℃时降低了 30 倍左右，说明温度的提高对气体元素的降低起到促进作用。当电解液温度为 70 ℃时，C、H、N 等元素含量较电解液温度为 60 ℃时变化不大，但 O 元素含量有了进一步的降低，比原料中的 O 含量降低 $3\times10^{-4}\%$左右。

从提纯效果图中可以看出，当压强一定时，电解液温度的提高可以降低原料中的气体元素含量，气体的溶解度随着温度的升高而减小，如图 3-18 所示。因为当温度升高时，气体分子运动速率加大，容易自溶液表面逸出。实际上，在一定压力下，温度对气体在液体中的溶解度的影响与溶解熵有关。可用热力学方法导出定量关系。当气体的溶液熵为正值时，溶解度随温度的上升而增大。当气体的溶解熵为负值时，溶解度

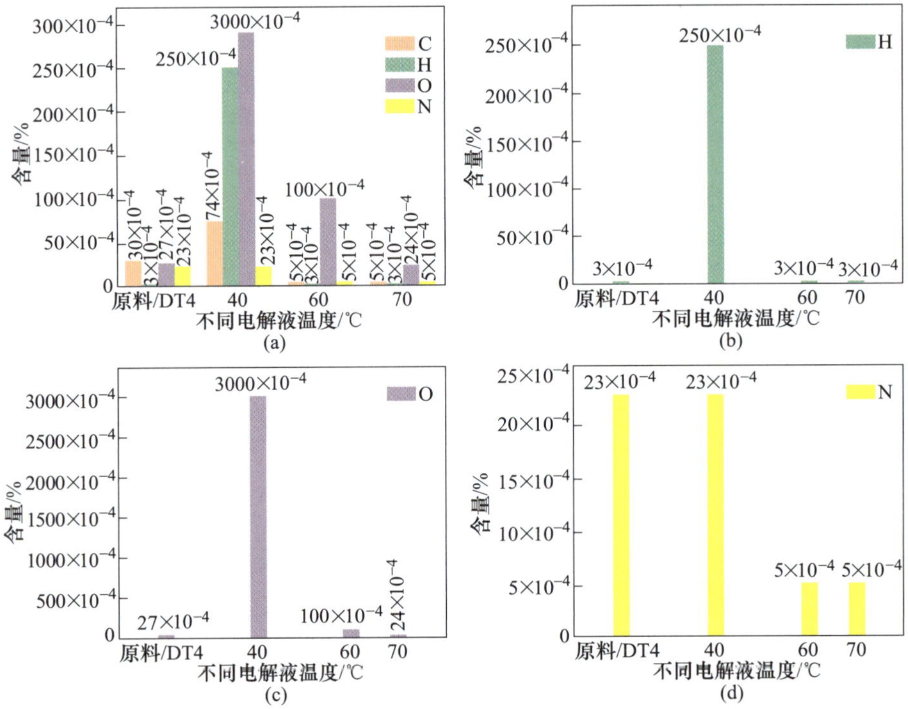

图 3-17 不同电解液温度对气体元素的提纯效果

（a）气体全元素；（b）氢元素；（c）氧元素；（d）氮元素

随温度的上升而减小。由于大多数气体溶解于液体是减熵过程，故它们的溶解度随着温度的上升而减小。

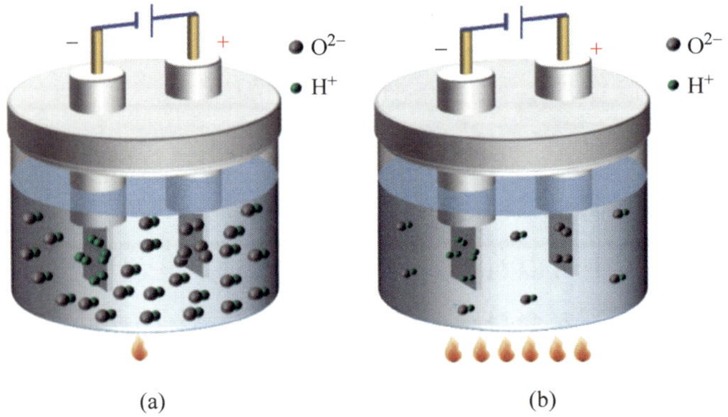

图 3-18 不同温度下电解过程中气体分子的变化情况

（a）低温；（b）高温

英国科学家亨利在研究气体在液体中的溶解度规律时发现，在一定温度和平衡状态下，气体在液体里的溶解度（用摩尔分数表示）和该气体的平衡分压成正比，用公式表示为：

$$p_g = Hx$$

式中，H 为 Henry 常数；x 为气体摩尔分数溶解度；p_g 为气体的分压。H 能够很好地表示气体的溶解量，但是 Henry 定律只适用于溶解度很小的体系，严格而言，Henry 定律只是一种近似规律，不能用于压力较高的体系。在这个意义上，Henry 常数只是温度的函数，与压力无关。当温度不同时，亨利系数不同，温度升高，挥发性溶质的挥发能力增强，亨利系数增大。换言之，同样分压下温度升高，气体的溶解度减小。

表 3-3 为不同电解液温度对非近铁金属元素的提纯效率汇总。从表中可以看出，当电解液温度为 40 ℃时，Ti、Mn、Si 等元素的提纯效率均在 80%以上，其中 Ti、Mn 元素的提纯效率达到了 99%以上，提纯效果好。V、Cr、Al 等元素的提纯效率均较低，最低的 Al 元素提纯率只有 8.57%，提纯效果较差。当电解液温度为 60 ℃时，Ti、V、Cr、Mn、Al、Si 等元素的提纯效率均在 99%以上，并且提纯效率均高于电解液温度为 40 ℃时的效率。其中 V、Cr、Al 等元素的提纯效率有大幅度的增加，对元素的提纯效果更为显著。当电解液温度为 70 ℃时，Ti、V、Cr、Mn、Al、Si 等元素的提纯效率得到进一步提高，几乎都达到了 99.99%的提纯效果。说明电解液温度的提高可以大幅度地提升非近铁元素的提纯效率。这是因为这些元素与 Fe 元素的标准电极电位相差较大，当析出电位相差越大时，越优先析出，易去除。这是因为析出电位负的物质，必须要求阴极有一个较大程度的极化，才能达到其析出电位。而在此之前，对于其他析出电位较正的物质来说，电极电位负值早已超过了它们的析出电位，因而也就容易在阴极上析出了。

表 3-3 不同电解液温度对非近铁金属元素的提纯效率 （%）

温度/℃	Ti	V	Cr	Mn	Al	Si
40	99.28	45.38	13.33	99.75	8.57	85.00

续表3-3

温度/℃	Ti	V	Cr	Mn	Al	Si
60	99.77	99.23	99.61	99.99	99.28	99.79
70	99.88	99.99	99.93	99.99	99.95	99.95

图 3-19 为不同电解液温度对近铁金属元素的提纯效果。从图 3-19（a）中可以看出，Co 元素在经过电解之后，没有得到有效的提纯，含量与原料中含有的 Co 元素相差较小。增加的 Co 含量很少，推断是来自电解质中的。从图 3-19（b）中可以看出，Ni 元素的含量在电解之后虽然有所下降，并且在电解液温度为 60 ℃时下降最多，但是残余的 Ni 元素含量依旧很高。这是因为 Fe-Ni 的共沉积属于异常性共沉积，Ni 的标准电极电位虽然大于 Fe 的，但实际上却是 Fe 先析出，所以 Ni 的提纯效率没有 Ti、V、Cr、Mn、Al、Si 等非近铁元素的效率高。从图 3-19（c）中可以看出，Cu 元素的提纯效率出现了降低，这是因为 Cu 的标准电极电位正于 Fe 的标准电极电位时，在电解过程中会优先 Fe 析出。但是从电解液温度来看，发现 Cu 元素含量并没有随着温度的升高而降低。考虑到成分检测过程中的误差，推断 Cu 元素的提纯受电解液温度的影响较小。像此类金属杂质就必须在电解开始前先对电解液采取溶剂萃取或离子交换的方法进行有效的去除。从图 3-19（d）中可以看出，Zn 元素在电解之后含量反而较原料中有所增多，推断可能是来自电解质中的。随着温度的提高，Zn 元素含量总体还是呈下降趋势的。但与原料相对比，提纯效率有限，说明 Zn 元素的提纯受电解液温度的影响较小。不过由于原料中的 Zn 元素含量本身较低，虽出现了增长，但本身含量只提高了 $0.9\times10^{-4}\%$，占总杂质元素的比例较低。

从近铁元素的提纯效果来看，电解液温度对它们的影响较小，难以有效地去除。因此在选择阳极材料时，应该尽可能控制原料中的近铁元素含量，便于后续电解时的进一步去除。电解液温度和电流密度会显著影响金属杂质的共沉积类型。电解液温度的不同会改变金属离子的共沉积类型，使金属离子的析出受到电解液温度的影响。

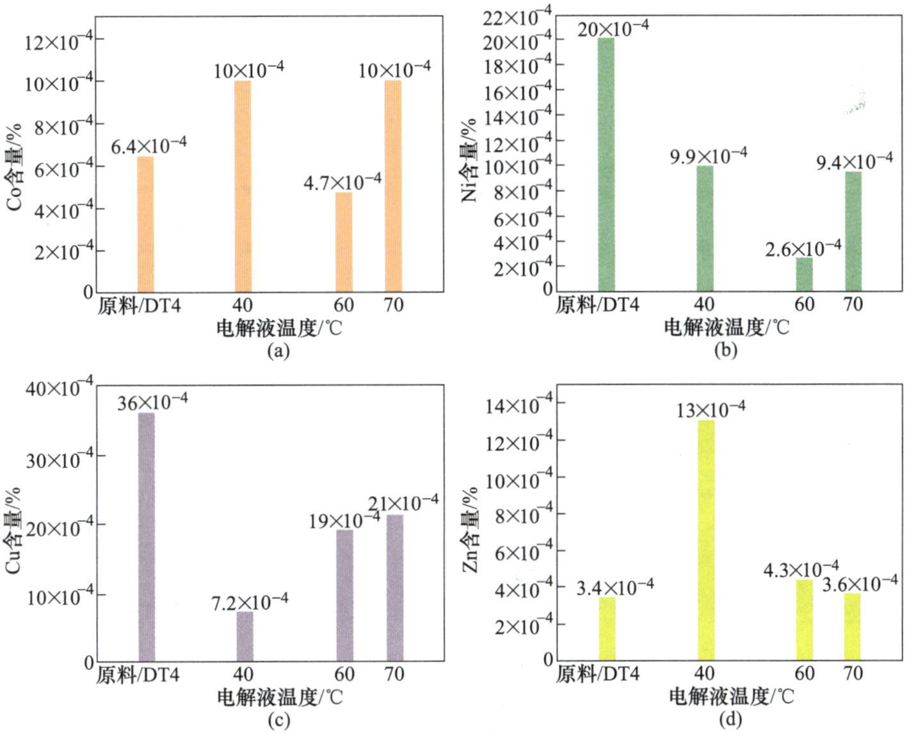

图 3-19 不同电解液温度对近铁金属元素的提纯效果

(a) Co；(b) Ni；(c) Cu；(d) Zn

3.4.2 电流密度

根据实验数据和中试生产线的设备能力，选择电解液温度为 60～70 ℃。当电流密度为 50 A/m^2 时，得到的电解铁如图 3-20（a）所示。电解铁的表面较为光滑，有少量的瘤状物附着在表面，电解铁表面整体呈现银白色，但表面有些地方出现鼓泡现象，无法获得一定厚度的完整电解铁。当电流密度为 100 A/m^2 时，得到的电解铁如图 3-20（b）所示。大部分电解铁表面有瘤状物出现，瘤状物的分布密度要比电流密度为 50 A/m^2 时更多更密集，且表面氧化情况明显，同时部分电解铁表面有凹槽出现。当电流密度为 150 A/m^2 时，得到的电解铁如图 3-20（c）所示。电解铁表面几乎没有瘤状物生成，表面基本为银白色金属光泽，没有明显的氧化现象出现，表面也未有凹槽出现，整体形貌较为良好。当电流密度为 200 A/m^2 时，得到的电解铁如图 3-20（d）所示。电解铁表面的瘤状物更多更密集，相较于电流密度为 100 A/m^2 时，瘤状物的数量有大幅度的提升，且槽内每一块电解铁表面都有附着。

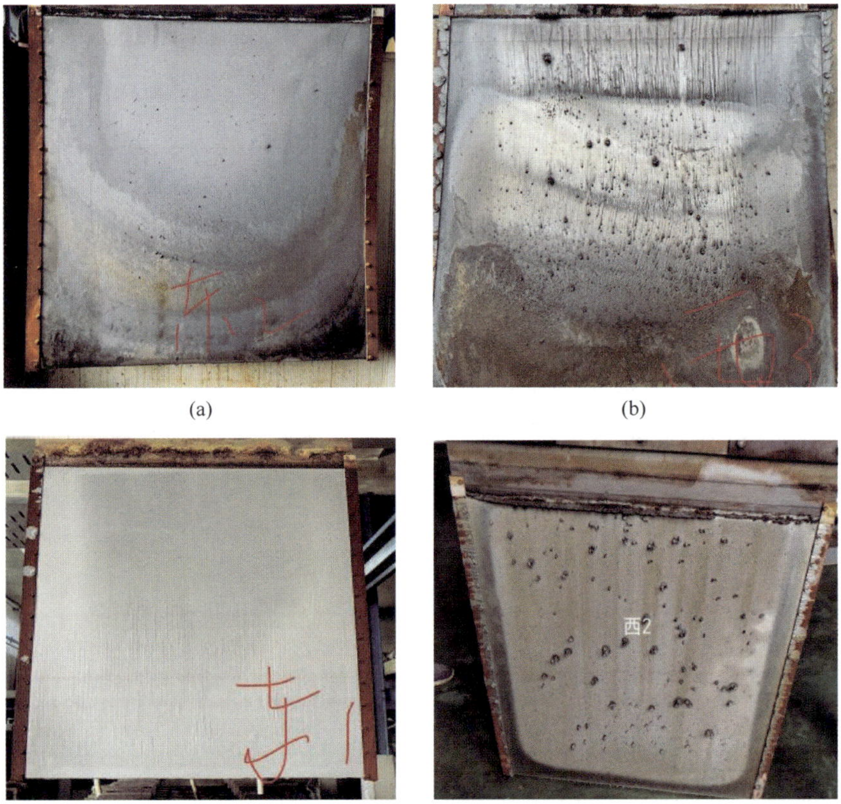

(a) (b) (c) (d)

图 3-20 不同电流密度下电解铁的宏观形貌

（a）50 A/m^2；（b）100 A/m^2；（c）150 A/m^2；（d）200 A/m^2

当电流密度不同时，得到的电解铁的纯度等级也不同。对得到的电解铁和原料进行全元素检测，当电流密度为 50 A/m^2 时，电解铁的纯度可以达到 4N3；当电流密度为 100 A/m^2 时，可以获得纯度在 3N8 级别的电解铁；当电流密度为 150 A/m^2 时，可以获得纯度为 4N2 级别的电解铁，在此电流密度下，杂质元素可以更好地去除，纯度有了进一步的提高；当电流密度为 200 A/m^2 时，获得了纯度为 3N8 的电解铁。检测结果如表 3-4 所示。

表 3-4　不同电流密度下的电解铁化学成分　（%）

元素	原料/DT4	50 A/m^2	100 A/m^2	150 A/m^2	200 A/m^2
C	30×10^{-4}	$<5\times10^{-4}$	$<5\times10^{-4}$	$<5\times10^{-4}$	$<5\times10^{-4}$
H	$<3\times10^{-4}$	$<3\times10^{-4}$	4.6×10^{-4}	$<3\times10^{-4}$	$<3\times10^{-4}$
O	27×10^{-4}	26×10^{-4}	80×10^{-4}	19×10^{-4}	26×10^{-4}
N	23×10^{-4}	$<5\times10^{-4}$	$<5\times10^{-4}$	$<5\times10^{-4}$	$<5\times10^{-4}$
P	180×10^{-4}	7.3×10^{-4}	8.4×10^{-4}	6.5×10^{-4}	10×10^{-4}
S	47×10^{-4}	5.3×10^{-4}	7.4×10^{-4}	3.1×10^{-4}	5.8×10^{-4}
B	0.15×10^{-4}	$<0.01\times10^{-4}$	$<0.01\times10^{-4}$	$<0.01\times10^{-4}$	$<0.01\times10^{-4}$
Na	0.01×10^{-4}	0.43×10^{-4}	0.79×10^{-4}	0.09×10^{-4}	0.18×10^{-4}
Mg	0.1×10^{-4}	$<0.01\times10^{-4}$	$<0.01\times10^{-4}$	$<0.01\times10^{-4}$	$<0.01\times10^{-4}$
Al	350×10^{-4}	0.94×10^{-4}	0.18×10^{-4}	0.1×10^{-4}	0.16×10^{-4}
Si	100×10^{-4}	0.18×10^{-4}	0.04×10^{-4}	0.02×10^{-4}	0.11×10^{-4}
Cl	$<0.05\times10^{-4}$	0.42×10^{-4}	4.4×10^{-4}	0.25×10^{-4}	0.67×10^{-4}
K	$<0.05\times10^{-4}$	$<0.05\times10^{-4}$	$<0.05\times10^{-4}$	$<0.05\times10^{-4}$	$<0.05\times10^{-4}$
Ca	$<0.05\times10^{-4}$	$<0.05\times10^{-4}$	$<0.05\times10^{-4}$	$<0.05\times10^{-4}$	$<0.05\times10^{-4}$
Sc	$<0.05\times10^{-4}$	$<0.05\times10^{-4}$	$<0.05\times10^{-4}$	$<0.05\times10^{-4}$	$<0.05\times10^{-4}$
Ti	400×10^{-4}	3.3×10^{-4}	0.19×10^{-4}	0.05×10^{-4}	0.13×10^{-4}
V	13×10^{-4}	0.02×10^{-4}	$<0.01\times10^{-4}$	$<0.01\times10^{-4}$	$<0.01\times10^{-4}$
Cr	150×10^{-4}	0.35×10^{-4}	0.12×10^{-4}	0.05×10^{-4}	0.11×10^{-4}
Mn	970×10^{-4}	0.05×10^{-4}	$<0.05\times10^{-4}$	$<0.05\times10^{-4}$	$<0.05\times10^{-4}$
Co	6.4×10^{-4}	10×10^{-4}	12×10^{-4}	17×10^{-4}	13×10^{-4}
Ni	20×10^{-4}	11×10^{-4}	15×10^{-4}	17×10^{-4}	13×10^{-4}
Cu	36×10^{-4}	23×10^{-4}	28×10^{-4}	25×10^{-4}	42×10^{-4}
Zn	3.4×10^{-4}	2.8×10^{-4}	4.2×10^{-4}	2.7×10^{-4}	3.7×10^{-4}
Ga	3.4×10^{-4}	0.2×10^{-4}	0.4×10^{-4}	0.17×10^{-4}	0.25×10^{-4}

续表3-4

元素	原料/DT4	50 A/m²	100 A/m²	150 A/m²	200 A/m²
Ge	2.6×10^{-4}	0.44×10^{-4}	0.79×10^{-4}	0.59×10^{-4}	0.69×10^{-4}
As	9×10^{-4}	4.1×10^{-4}	5.1×10^{-4}	3.3×10^{-4}	4.8×10^{-4}
Nb	0.87×10^{-4}	$<0.05\times10^{-4}$	$<0.05\times10^{-4}$	$<0.05\times10^{-4}$	$<0.05\times10^{-4}$
Mo	10×10^{-4}	0.29×10^{-4}	0.24×10^{-4}	0.11×10^{-4}	0.16×10^{-4}
Sn	2×10^{-4}	$<0.05\times10^{-4}$	$<0.05\times10^{-4}$	$<0.05\times10^{-4}$	$<0.05\times10^{-4}$
Pb	0.33×10^{-4}	0.44×10^{-4}	0.35×10^{-4}	0.52×10^{-4}	0.61×10^{-4}
Bi	0.02×10^{-4}	0.009×10^{-4}	0.01×10^{-4}	0.01×10^{-4}	0.02×10^{-4}
杂质含量	2384.28×10^{-4}	96.569×10^{-4}	172.21×10^{-4}	95.56×10^{-4}	121.39×10^{-4}
纯度级别	2N7	4N0	3N8	4N0	3N8

从图 3-21 中可以看出，电流密度的不同，对气体元素和近铁元素的提纯效果也有所差别。图 3-21 为不同电流密度对气体元素的提纯效果，从图中可以看出，当电流密度为 50 A/m² 时，C、H、N 等元素含量较原料中有所下降，其中 C、N 元素含量下降比率分别达到 83.33% 和 78.26%，而 O 元素含量未有降低，反而增加了 1×10^{-4}%。说明低电流密度对气体元素有一定的提纯效果，但是 O 元素没有得到有效的去除。当电流密度为 100 A/m² 时，C、N 元素的含量有所降低，降低比率和电流密度为 50 A/m² 时一致。而 H 元素含量反而有了微量的增加。其中 O 元素的含量增幅最大，是原料中 O 元素含量的近 3 倍。此时的电流密度对气体元素的提纯效果不够理想，无法起到提纯作用。当电流密度为 150 A/m² 时，C、H、O、N 的元素含量均有所下降，其中 O 元素相较于电流密度为 100 A/m² 时下降比率达到 76.25%，相较于原料中的 O 元素含量下降了 8×10^{-4}%，对所有的气体元素都实现了有效的提纯。当电流密度为 200 A/m² 时，C、H、O、N 的元素含量均有所下降，其中 O 元素相较于电流密度为 150 A/m² 时却有所上升。但是相较于电流密度为 100 A/m² 时仍然有大幅的下降，只是相较于原料中的 O 元素含量却只有 1×10^{-4}%的下降幅度，比电流密度为 150 A/m² 时下降比例减小。

因此电流密度的提高可以有效去除原料中的气体元素，实现提纯。但是电流密度过大时，提纯效果不会随着电流密度的增大而持续增大，反而会下降。

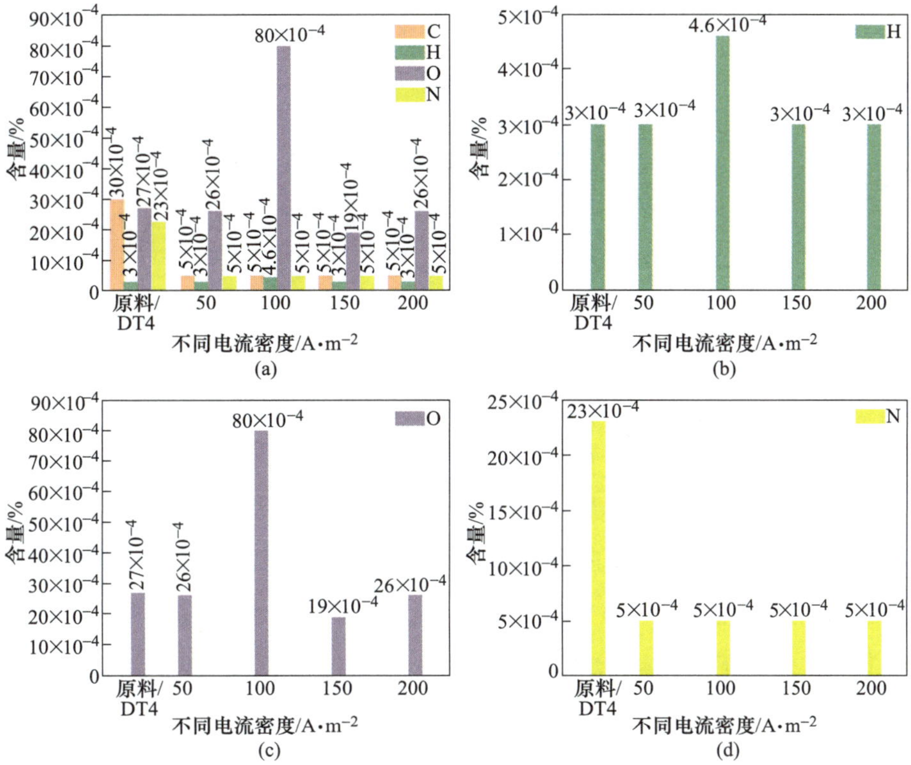

图 3-21 不同电流密度对气体元素的提纯效果图

（a）气体全元素；（b）氢元素；（c）氧元素；（d）氮元素

表 3-5 为不同电流密度对非近铁金属元素的提纯效率汇总。从表中可以看出，当电流密度为 50 A/m^2 时，Ti、V、Cr、Mn、Al、Si 等元素的提纯效率都达到了 99% 以上，提纯效果好。当电流密度为 100 A/m^2 时，Ti、V、Cr、Mn、Al、Si 等元素的提纯效率比电流密度为 50 A/m^2 时得到进一步提高。当电流密度为 150 A/m^2 时，Ti、Cr、Al、Si 等元素的提纯效率继续有所提高。当电流密度为 200 A/m^2 时，Ti、Cr、Al、Si 等元素的提纯效率比电流密度为 150 A/m^2 时要低，但 Ti、V、Cr、Mn、

Al、Si 等元素的提纯效率依然在 99%以上。就整体提纯效果而言，要低于电流密度为 150 A/m^2 时的提纯效果。从四个电流密度的提纯效果来看，非近铁元素的提纯效率相差较小。说明电流密度对非近铁元素的提纯效果影响不明显，不同的电流密度难以对非近铁元素的提纯造成明显的差距。

表 3-5 不同电流密度对非近铁金属元素的提纯效率 (%)

电流密度/A · m^{-2}	Ti	V	Cr	Mn	Al	Si
50	99. 18	99. 85	99. 77	99. 99	99. 73	99. 82
100	99. 95	99. 92	99. 92	99. 99	99. 94	99. 96
150	99. 99	99. 92	99. 97	99. 99	99. 97	99. 98
200	99. 97	99. 92	99. 93	99. 99	99. 95	99. 89

图 3-22 为不同电流密度对近铁金属元素的提纯效果。从图 3-22 (a) 中可以看出，Co 元素在电解后含量并没有降低，反而增加。推断是由电解质中的 Co 杂质造成的，电流密度的增加也没有对 Co 元素的提纯起到促进作用。从图 3-22 (b) 中可以看出，Ni 元素在电解后含量有所下降，但是下降幅度较低。不同的电流密度下都没有对 Ni 元素有明显的提纯效果，说明通过调整电流密度是无法有效去除 Ni 元素的。从图 3-22 (c) 中可以看出，Cu 元素含量并没有随着电流密度的加大而降低。考虑到成分检测过程中的误差，推断 Cu 元素的提纯受电流密度的影响较小。像此类金属杂质就必须在电解开始前先对电解液采取溶剂萃取或离子交换的方法进行有效的去除。从图 3-22 (d) 中可以看出，由于原料中的 Zn 元素含量本就较少，在电解后，没有出现大幅度的下降现象，难以完全有效去除。电解得到的纯铁中 Zn 元素占总杂质元素的比例较低。

从非近铁金属元素和近铁金属元素的提纯效果来看，采用不同的电流密度进行电解得到的纯铁没有明显的差异。说明电流密度对原料中各个元素提纯效率的影响较小，难以通过调整电流密度来有效降低原料中

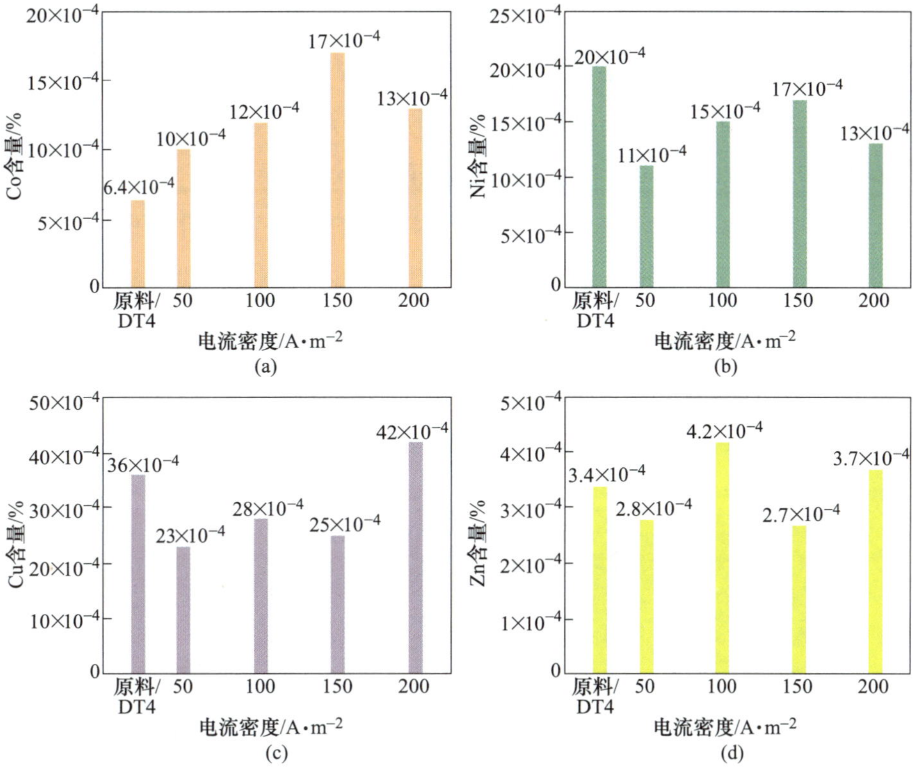

图 3-22　不同电流密度对近铁金属元素的提纯效果

(a) Co；(b) Ni；(c) Cu；(d) Zn

的金属元素。从宏观形貌、微观组织以及电解效率的提纯效果来看，可以看出电流密度起着重要作用。电流密度的大小直接决定着电解铁的宏观形貌和微观组织，选择合适的电流密度可以获得良好的宏观形貌以及明显的完整的柱状晶组织，且柱状晶内几乎没有夹杂物。

3.4.3　电解液的稳定性

以有利于提高 Fe^{2+} 在空气条件下稳定性为原则，优选 L-抗坏血酸（AA）、柠檬酸（CA）和柠檬酸钠（CA-Na）作为电解液的添加剂。向 0.5 mol/L $FeCl_2$ 溶液中分别加入 2 g/L 的各类添加剂（原溶液 I 与加入添加剂 L-抗坏血酸、柠檬酸和柠檬酸钠后的溶液在作图说明中依次编号为Ⅰ，Ⅰ+AA，Ⅰ+CA 和Ⅰ+CA-Na），各溶液初始状态如图 3-23（a）所示。从图中可以看出，加入各添加剂后溶液颜色略有差别，但是各组溶液均无沉淀出现。其中原溶液和加入柠檬酸、柠檬酸钠溶液呈透明黄绿色，而加入 L-抗坏血酸溶液呈近透明淡蓝绿色。

将各溶液暴露于空气气氛下静置 24 h，溶液静置前后变化如图 3-23 所示。从图中可以看出，静置 24 h 后的原溶液和加入柠檬酸钠的溶液底部出现了沉淀物，而其余组溶液均保持透明。沉淀物是由 Fe^{2+} 被氧化为 Fe^{3+} 后水解沉淀造成的，通过外观变化可以判断加入 L-抗坏血酸和柠檬酸在空气条件下表现出较好的稳定性。

图 3-23　加入不同添加剂溶液（a）和敞口静置 24 h（b）后溶液

为进一步对静置前后不同溶液中 Fe^{2+} 含量变化，对静置后的电解液进行滴定分析，确定溶液中 Fe^{2+} 浓度。空气下静置 24 h 后溶液中的 Fe^{2+} 浓度及保持率结果见图 3-24。

由图 3-24 发现，相较于不含添加剂的原溶液Ⅰ，加入添加剂后电解液 24 h Fe^{2+}保持率相对较高。这说明所选三种添加剂加入电解液后均可以起到一定的抗氧化作用效果。具有还原性的添加剂将 Fe^{3+} 重新还原成 Fe^{2+}，从而提高 Fe^{2+}的稳定性。但从图 3-24（b）中可看出 L-抗坏血酸、柠檬酸和柠檬酸钠添加剂对 Fe^{2+}保持程度不同。其中加入 L-抗坏血酸和柠檬酸的溶液中 Fe^{2+}保持率分别达到了 94%和 91%，而加入柠檬酸钠的溶液中 Fe^{2+}保持率为 89%，仅略高于原溶液Ⅰ，表明三种添加剂的还原能力不同。

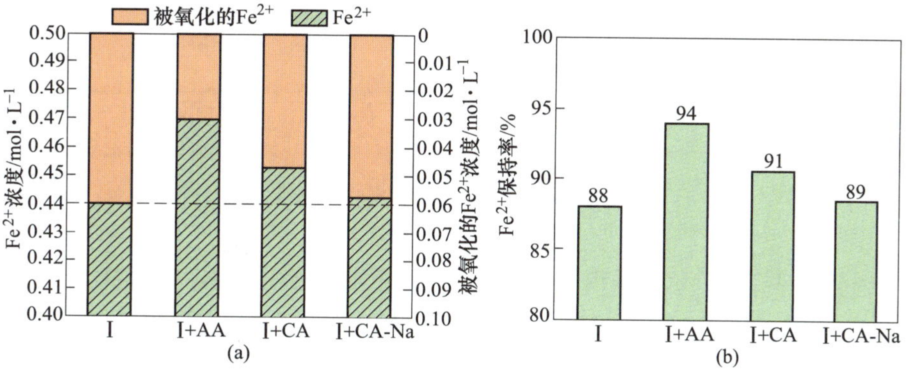

图 3-24　24 h 后溶液中剩余 Fe^{2+}浓度（Fe^{2+}初始浓度：0.5 mol/L）（a）及 Fe^{2+}保持率（b）

图 3-24（a）中滴定结果显示溶液中的 Fe^{2+}浓度均出现不同程度的下降。这主要是因为溶液中 Fe^{2+}很容易被空气中的氧气氧化成 Fe^{3+}，对应的氧化反应及对应的吉布斯自由能（ΔG）可以表示为：

$$2Fe^{2+} + \frac{1}{2}O_2 + 2H^+ \xlongequal{} 2Fe^{3+} + H_2O$$

$$\Delta G = \Delta G^{\ominus} + RT\ln \frac{a_{H_2O}a^2_{Fe^{3+}}}{(p_{O_2}/p^{\ominus})a^2_{H^+}a^2_{Fe^{3+}}}$$

式中，$\Delta G^{\ominus}$为反应的标准吉布斯自由能，kJ/mol；$p_{O_2}/p^{\ominus}$为氧分压（空气气氛下氧分压取 0.21）；R 为气体常数，8.314 J/(mol·K)；T 为反应温度，K；a 为反应中各物质的活度（本节假设电解液符合理想溶液模型，活度等于其浓度，氢离子活度取实验值 $a_{H^+}=10^{-2.37}$），水的活度取 1。上式反应的吉布斯自由能变化与不同的 $a_{Fe^{3+}}/a_{Fe^{2+}}$ 的关系见图 3-25。

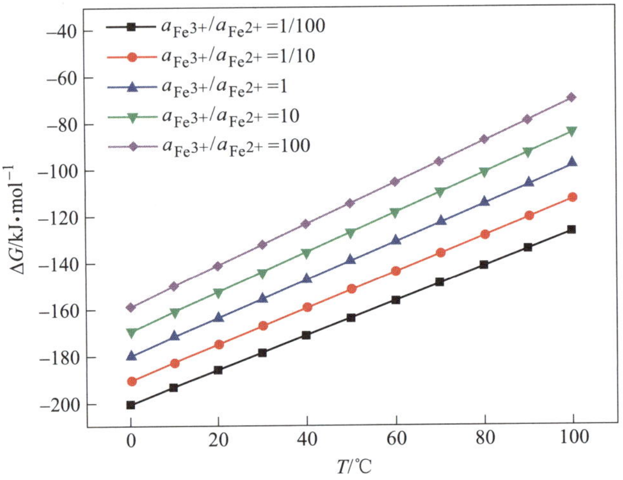

图 3-25 不同温度下反应的标准吉布斯自由能变化图

从图 3-25 中可以看出，上式反应吉布斯自由能随温度升高及 $a_{Fe^{3+}}/a_{Fe^{2+}}$ 增加而上升，但始终小于零。这说明尽管反应向氧化方向进行的热力学驱动力会随着温度和 $a_{Fe^{3+}}/a_{Fe^{2+}}$ 增加而减少，但在 100 ℃以内，$a_{Fe^{3+}}/a_{Fe^{2+}}$ 在 0.01～100 范围的上式反应能够自发进行。因此氯化亚铁溶液一旦暴露于空气中会不可避免地被氧化，造成溶液中 Fe^{2+} 浓度下降。

25 ℃下，24 h 内，原溶液和加入柠檬酸钠溶液在空气中敞口放置的样品的 pH 值随时间变化趋势如图 3-26 所示。在初始 24 h 内，所有溶液的 pH 值均不超过 4.0，初始 pH 值从大到小依次为柠檬酸钠>原溶液>L-抗坏血酸>柠檬酸。与原溶液 I 相比，加入柠檬酸钠溶液 pH 值上升，而加入 L-抗坏血酸和柠檬酸溶液 pH 值下降。造成这一现象的主要原因是 L-抗坏血酸和柠檬酸属于有机酸，两种添加剂在溶液中溶解后会释放氢离子，造成 pH 值下降；而柠檬酸钠属于强碱弱酸盐，整体呈碱性，加入溶液后水解造成 pH 值上升。相关文献表明 Fe^{3+} 的水解一般发生在 pH＝1.8 左右。结合图 3-24 和图 3-25 的结果，可以推测原溶液和加入柠檬酸钠中出现沉淀是因为溶液被氧化后存在较多的 Fe^{3+}；又由于这两组溶液中 pH 值较高，部分 Fe^{3+}发生水解，进而造成沉淀生成。Fe^{3+}水解的同时也会放出 H^+。因此 24 h 内随着时间的推移，不断发生的水解过程造成了原溶液和加入柠檬酸钠溶液 pH 值持续下降。

$$Fe^{3+} + 3H_2O \longrightarrow Fe(OH)_3\downarrow + 3H^+$$

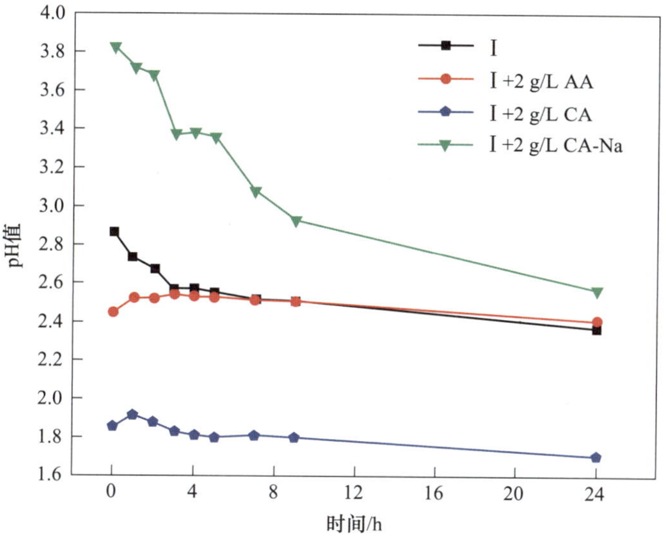

图 3-26 每种溶液的 pH 值在 24 h 内随时间变化

加入柠檬酸溶液中无沉淀出现主要是由于柠檬酸的加入使得电解液维持了较低的 pH 值。值得注意的是，虽然加入抗坏血酸后的溶液 pH 值仍然高于 1.8，但此时溶液中并未出现氢氧化铁沉淀。后续部分将对这一现象进行进一步研究。

电解质中氧的氧化还原电位（V，vs. SHE）与溶液的 pH 值密切相关。相关电极反应见式（3-1），其对应的电极电位可以计算如式（3-2）所示：

$$4H^+ + O_2 + 4e^- \longrightarrow 2H_2O \tag{3-1}$$

$$\varepsilon_{O_2/H_2O} = 1.229 - 0.0591pH + 0.01484lg(p_{O_2}/p^{\ominus}) \tag{3-2}$$

其中，在一个大气压条件下氧分压 $\dfrac{p_{O_2}}{p^{\ominus}}=0.21$。

L-抗坏血酸作为一种强还原剂，它可以将 Fe^{3+} 还原成 Fe^{2+}，如式（3-3）所示：

$$C_6H_8O_6 + 2Fe^{3+} = C_6H_6O_6 + 2Fe^{2+} + 2H^+ \tag{3-3}$$

式中，$C_6H_8O_6$ 代表 L-抗坏血酸；$C_6H_6O_6$ 代表其氧化产物脱氢抗坏血酸（DHA）。

根据能斯特方程，关于 L-抗坏血酸的半反应如式（3-4）所示，其平衡电位可以表示为式（3-5）。

$$C_6H_6O_6 + 2H^+ + 2e^- = C_6H_8O_6 \tag{3-4}$$

$$\varepsilon_{C_6H_6O_6/C_6H_8O_6} = \varepsilon^{\ominus}_{C_6H_6O_6/C_6H_8O_6} - 0.0591pH + 0.0296lg\ (a_{C_6H_6O_6}/a_{C_6H_8O_6}) \tag{3-5}$$

式中，$\varepsilon^{\ominus}_{C_6H_6O_6/C_6H_8O_6}$ 取 0.390 V（vs. SHE）；a 为反应中物质的活度（本节假设电解液符合理想溶液模型）。

另外的半反应为 Fe^{3+} 得到电子被还原为 Fe^{2+}，如式（3-6）所示。根据能斯特方程，其平衡电位可以表示为式（3-7）。

$$Fe^{3+} + e^- = Fe^{2+} \tag{3-6}$$

$$\varepsilon_{Fe^{3+}/Fe^{2+}} = \varepsilon^{\ominus}_{Fe^{3+}/Fe^{2+}} - 0.0591lg(a_{Fe^{3+}}/a_{Fe^{2+}}) \tag{3-7}$$

式中，$\varepsilon^{\ominus}_{Fe^{3+}/Fe^{2+}}$ 取 0.771 V（vs. SHE）；a 为反应中物质的活度（本节假设电解液符合理想溶液模型，活度系数取 1，其活度等于浓度）。

将以上过程的氧化还原电位作图，可以得到电位-pH-lg$(a_{Fe^{3+}}/a_{Fe^{2+}})$ 变化图，结果如图 3-27 所示。其中，直线原溶液代表反应（3-1）的电极电位，直线 L-抗坏血酸代表 Fe^{3+}/Fe^{2+} 还原反应（3-6）的电极电位，直线柠檬酸代表 $C_6H_6O_6/C_6H_8O_6$ 还原反应（3-4）的电极电位。本研究认为气氛中氧与溶液中的溶解氧达成平衡，溶液中溶解氧的氧势与气氛中的氧势相等。

当 $p_{O_2}/p^{\ominus}$ 取 1，在平衡状态下，当含铁离子溶液 pH 值达到 2 时，溶液平衡电位约为 1.1 V，此时溶液中对应的 lg$(a_{Fe^{3+}}/a_{Fe^{2+}})$ 值约为 5.7，即 Fe^{3+}浓度是 Fe^{2+}浓度的 105.7 倍；而随着氧分压的减小，ε_{O_2/H_2O} 电势负移，环境气氛中氧的氧势降低，与之相对应的 Fe^{3+} 跟 Fe^{2+} 的比值降低；

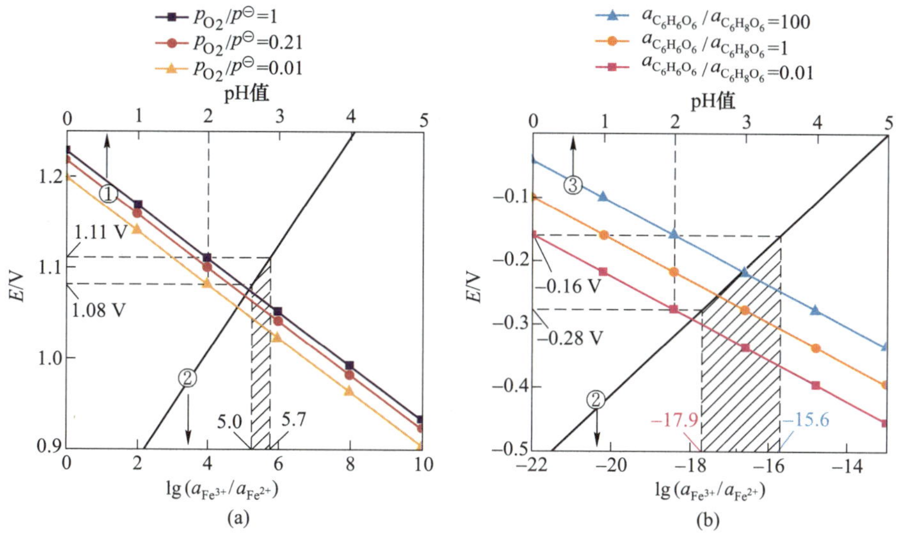

图 3-27 添加 L-抗坏血酸前（a）和添加 L-抗坏血酸后（b）溶液的电位-pH 值与对应电位下 Fe^{2+} 与 Fe^{3+} 含量比值变化图

但即使 $p_{O_2}/p^{\ominus}$ 降低到 0.01，对应的 $\lg(a_{Fe^{3+}}/a_{Fe^{2+}})$ 仍能达到 5，即 Fe^{3+} 的含量为 Fe^{2+} 的 105 倍。这说明暴露在空气条件下的电解液在没有添加剂加入的情况下，其中的 Fe^{2+} 极易被 O_2 氧化，难以稳定存在。

而向溶液中加入 L-抗坏血酸后，依据公式（3-5）溶液中 L-抗坏血酸的平衡电位 $\varepsilon_{C_6H_6O_6/C_6H_8O_6}$ 在-0.2 V 附近；此电位对应的 $\lg(a_{Fe^{3+}}/a_{Fe^{2+}})$ 值约为-16。表明溶液存在 L-抗坏血酸可以使溶液中 Fe^{2+} 浓度是 Fe^{3+} 浓度的 1016 倍。加入 L-抗坏血酸后溶液中 Fe^{2+} 和 Fe^{3+} 浓度比值巨大的差别说明了加入 L-抗坏血酸可以使反应（3-6）向 Fe^{2+} 移动，有效抑制溶液中 Fe^{2+} 的氧化。但随着 DHA 和 L-抗坏血酸比值（$a_{C_6H_6O_6}/a_{C_6H_8O_6}$）增大，整个电势-pH 值线呈一个向上方移动的趋势。这说明随着 L-抗坏血酸浓度减小，其 $\varepsilon_{C_6H_6O_6/C_6H_8O_6}$ 电势逐步正移，平衡 $a_{Fe^{3+}}/a_{Fe^{2+}}$ 活度比也增大，即溶液的抗氧化能力逐步下降。这也说明随着 L-抗坏血酸被逐渐氧化，$a_{C_6H_6O_6}/a_{C_6H_8O_6}$ 会增大，导致其还原 Fe^{3+} 的能力变弱，对电解液的稳定作用将逐步降低。因此，选用 L-抗坏血酸做溶液稳定剂时，在空气环境下需要补充被氧化的 L-抗坏血酸；也可用电化学还原再生 DHA，使得 L-抗坏血酸可重复使用。

为了进一步研究 L-抗坏血酸在溶液中的作用形式，对纯水和 0.5 mol/L 的氯化亚铁溶液进行红外光谱测试，结果如图 3-28（a）所示。在 3420 cm^{-1} 和 1630 cm^{-1} 处出现了两个主要的峰，这两个峰主要是由水分子的结构引起的。3420 cm^{-1} 处的宽峰是由于水分子中 O—H 键的对称和不对称伸缩振动产生的，而 1630 cm^{-1} 处的峰则是由 O—H 键的面内剪式弯曲振动引起的。虽然溶液中含有氯化亚铁，但由于水分子的强烈干扰，其红外光谱图的特征峰并不明显。但通过仔细观察，发现在 3000~3500 cm^{-1} 的区域内，氯化亚铁溶液的谱图与纯水存在一些差异，这些差异很可能是由 Fe^{2+} 离子的加入引起的。

为更准确地分析这些差异，将纯水红外光谱图作为背景线，并对其进行了背景扣除处理，处理后红外光谱图如图 3-28（b）所示。从图中可看出，在 3050 cm^{-1} 附近出现了一个明显的峰。根据文献资料，羟基（O—H）的伸缩振动通常发生在 3200~3400 cm^{-1} 的范围内。考虑到铁离子在水中可以与水配位，推测这个特征峰的偏移是由 Fe^{2+} 与 OH^- 形成了配位引起的。

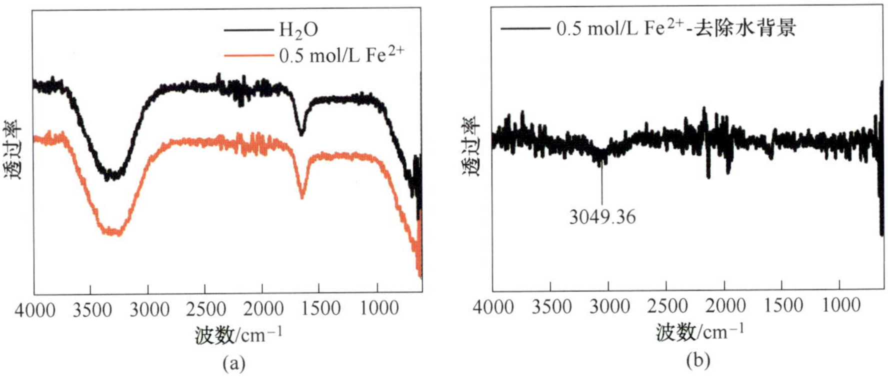

图 3-28　室温下 600~4000 cm^{-1} 范围内测定的纯水、0.5 mol/L 氯化亚铁溶液（a）和 0.5 mol/L 氯化亚铁溶液扣除水背景后（b）的红外光谱图

图 3-29 是 2 g/L 与 88 g/L（0.5 mol/L）L-抗坏血酸水溶液在 600~4000 cm^{-1} 范围内处理后的红外光谱图。结果显示，改变溶液中 L-抗坏

血酸浓度后样品的红外光谱图出现了明显差异。相比于低浓度的L-抗坏血酸水溶液，高浓度的水溶液特征峰较为明显，尤其是在1570 cm^{-1}和1400 cm^{-1}位置附近出现了两个峰强较大的特征峰。其中，在1570 cm^{-1}位置的特征峰通常与L-抗坏血酸中羰基（C═O）的振动有关，这是由于羰基在红外光谱中具有较强的吸收能力。而1400 cm^{-1}位置的特征峰可能与L-抗坏血酸中碳-氢键（C—H）的弯曲或变形振动有关，这种振动模式在红外光谱中也较易被观察到。相比之下，在低浓度L-抗坏血酸溶液中，由于信号较弱，可能存在多种因素影响光谱的清晰度。这些因素包括其他分子振动的光谱特征与主要峰的重叠，以及背景噪声的干扰，这些都会使得特定的透射峰难以被准确检测到。

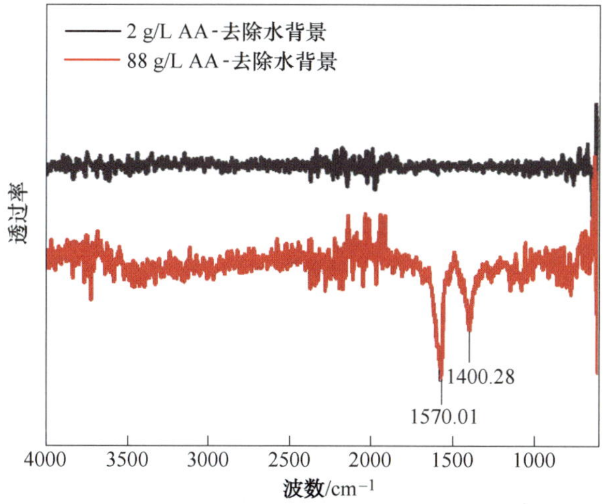

图3-29 室温下2 g/L与88 g/L L-抗坏血酸在600~4000 cm^{-1}范围内扣除水背景后的红外光谱图

向0.5 mol/L氯化亚铁溶液分别加入2 g/L与88 g/L(0.5 mol/L) L-抗坏血酸，随后对样品进行红外光谱分析，处理后的样品红外光谱图如图3-30所示。其中，高浓度的红外图谱中在1321 cm^{-1}左右可观察到一个明显的特征峰，对比图3-27和图3-28发现，只有在氯化亚铁与L-抗坏血酸同时存在于溶液中时才会出现该特征峰，结合添加剂L-抗坏血酸分子结构推测此处是由Fe^{2+}与L-抗坏血酸配合造成的，该特征峰可能与 C—O 伸缩振动或 C—O—C 弯曲振动有关。L-抗坏血酸具有多个羟基，这些羟基可以与铁离子配位形成稳定的配合物，这种配合物的形成会影响 L-抗坏血酸分子的振动模式。低浓度的红外图谱中在 1321 cm^{-1} 左右的特征峰并不明显，很可能是因为在低浓度溶液中，由于 L-抗坏血酸分子的数量较少，与铁离子形成配合物的机会也相应减少，因此特征峰不明显。这也与图 3-30 的分析结果相吻合。

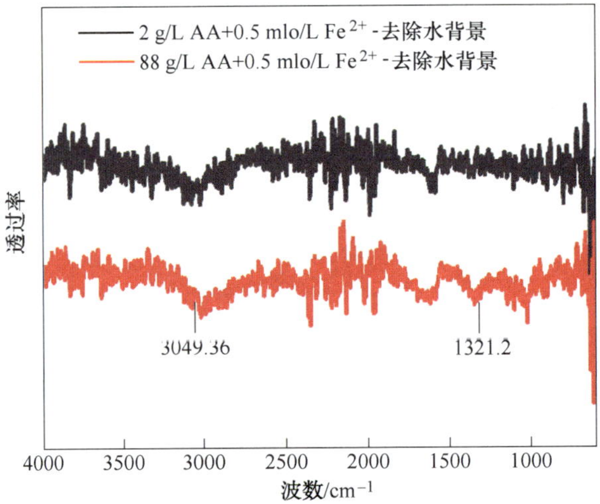

图 3-30　室温下 0.5 mol/L 氯化亚铁溶液分别加入 2 g/L 和 88 g/L L-抗坏血酸后在 600~4000 cm^{-1} 范围内扣除水背景后的红外光谱图

L-抗坏血酸分子中含有多个可供配位的官能团，如烯醇式羟基（—C ═ C—OH）和羧基（—COOH）。这些官能团由于含有孤对电子，能够与 Fe^{2+} 形成配位键，从而产生稳定的配合物。在配合反应中，L-抗坏血酸的烯醇式羟基作为主要的配位基团，因为它的氧原子含有较高的电子密度，可以有效地与 Fe^{2+} 形成一个或多个配位键。相关研究表明，Fe^{2+} 配合后有利于增加其在溶液中的稳定性，提高 Fe^{2+} 保持率，提高溶液的抗氧化能力。

根据上述红外测试结果以及相关文献分析，L-抗坏血酸与 Fe^{2+} 配合过程如图 3-31 所示。其中 Fe^{2+} 可能与一个抗坏血酸分子的两个烯醇式羟基形成配位键，同时还可能与水分子形成配位键。

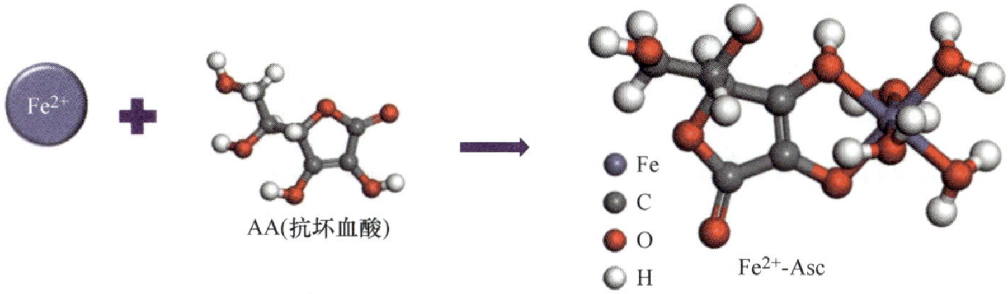

图 3-31 Fe^{2+}与 L-抗坏血酸配合示意图

综上所述，电解液中的 L-抗坏血酸在电解液中主要起到了两个作用：

（1）L-抗坏血酸有还原性，可以将 Fe^{3+}还原成 Fe^{2+}，自身被氧化成 DHA（$C_6H_6O_6$）；提高电解液抗氧化性，使得 Fe^{2+}具有较高的保持率。

（2）L-抗坏血酸还可以跟 Fe^{2+}离子发生配合，络合 Fe^{2+}配合离子较稳定，比较未配合 Fe^{2+}不易被氧化。但因为 L-抗坏血酸添加剂加入剂量相对铁离子较少（实验中，L-抗坏血酸与铁离子的摩尔浓度比近似为 2.3∶100），L-抗坏血酸可提供的配合稳定作用较为微弱，主要是作用（1）提高了电解液的抗氧化能力。

3.5 电解铁产品质量

3.5.1 化学成分

通过项目的百吨级电解铁产线制备出 4N 级电解铁产品，并与国外电解铁产品在化学成分与外观和组织形态方面进行对比检测。分别采用碳硫、氧氮氢分析仪和辉光放电质谱仪测试本项目制备的电解铁、美国电解铁、日本电解铁中的气体和其他元素含量，检测结果如表 3-6 和表 3-7 所示。从结果可知，三组电解铁中碳、氢、磷和硫含量均控制在 $10\times10^{-4}\%$ 以内，日本电解铁氧含量较高，氧含量达 $500\times10^{-4}\%$ 以上，本项目电解铁和美国电解铁氧含量较低，均在 $100\times10^{-4}\%$ 以下。本项目电解铁产品的杂质元素含量较低。

表 3-6　三组电解铁中的气体元素含量　(%)

元素	本项目电解铁	日本电解铁	美国电解铁
C	$<5\times10^{-4}$	$<10\times10^{-4}$	$<5\times10^{-4}$
H	$<3\times10^{-4}$	—	$<3\times10^{-4}$
O	24×10^{-4}	610×10^{-4}	39×10^{-4}
N	$<5\times10^{-4}$	$<5\times10^{-4}$	$<5\times10^{-4}$
P	5.5×10^{-4}	7.9×10^{-4}	9.5×10^{-4}
S	4.9×10^{-4}	5.1×10^{-4}	1.1×10^{-4}

表 3-7　三组电解铁中的其他元素含量　(%)

元素	本项目电解铁	日本电解铁	美国电解铁
B	$<0.01\times10^{-4}$	0.62×10^{-4}	$<0.01\times10^{-4}$
Na	0.29×10^{-4}	2.1×10^{-4}	0.06×10^{-4}
Mg	$<0.01\times10^{-4}$	0.17×10^{-4}	$<0.01\times10^{-4}$
Al	0.16×10^{-4}	26×10^{-4}	0.03×10^{-4}
Si	0.05×10^{-4}	15×10^{-4}	0.26×10^{-4}
Cl	0.64×10^{-4}	0.15×10^{-4}	0.88×10^{-4}
K	0.06×10^{-4}	0.21×10^{-4}	$<0.05\times10^{-4}$
Ca	$<0.05\times10^{-4}$	6.3×10^{-4}	$<0.05\times10^{-4}$
Ti	$<0.05\times10^{-4}$	0.07×10^{-4}	$<0.01\times10^{-4}$
V	0.47×10^{-4}	0.03×10^{-4}	$<0.01\times10^{-4}$
Cr	$<0.01\times10^{-4}$	2.4×10^{-4}	0.21×10^{-4}
Mn	0.11×10^{-4}	1.6×10^{-4}	0.09×10^{-4}

续表3-7

元素	本项目电解铁	日本电解铁	美国电解铁
Co	$<0.05\times10^{-4}$	29×10^{-4}	0.55×10^{-4}
Ni	10×10^{-4}	11×10^{-4}	0.16×10^{-4}
Cu	9.4×10^{-4}	0.35×10^{-4}	14×10^{-4}
Zn	21×10^{-4}	0.45×10^{-4}	4.7×10^{-4}
Ga	3.6×10^{-4}	0.58×10^{-4}	$<0.05\times10^{-4}$
Ge	0.22×10^{-4}	1.6×10^{-4}	4.1×10^{-4}
As	0.51×10^{-4}	0.25×10^{-4}	$<0.05\times10^{-4}$
Nb	3.2×10^{-4}	$<0.05\times10^{-4}$	$<0.05\times10^{-4}$
Mo	$<0.05\times10^{-4}$	33×10^{-4}	0.22×10^{-4}
Sn	0.14×10^{-4}	0.19×10^{-4}	$<0.05\times10^{-4}$
纯度	4N1	3N2	4N2

采用 GD-MS 检测分析原子序数大于 12 的元素含量，选择部分近铁元素和溶液中存在的元素。从检测结果可知，美国电解铁的近铁元素去除较好，其次为本项目电解铁产品。

3.5.2　外观与组织形态

图 3-32 为不同牌号电解铁的外观形貌和组织特征。产品形貌的差异源自电解液种类、电解设备及工艺参数的多样性，导致各国电解铁在宏观与微观上展现出不一样的形貌。

美国联合金属公司和日本东邦亚铅的电解铁产品表面呈暗黑色金属光泽，出现少量瘤状物，厚度可达 5 mm。本项目生产的电解铁表面光滑，厚度在 0.5~2 mm 范围。图中给出了美国、日本和本项目电解铁在纵截面上的微观形貌。可以看出，美国电解铁纵截面组织呈现典型的条状分布特征，在纯铁组织（白色）中分布着大量黑色产物。黑色产物为电解过程中生成的水解产物，这与电解过程中的析氢反应和氧化反应有

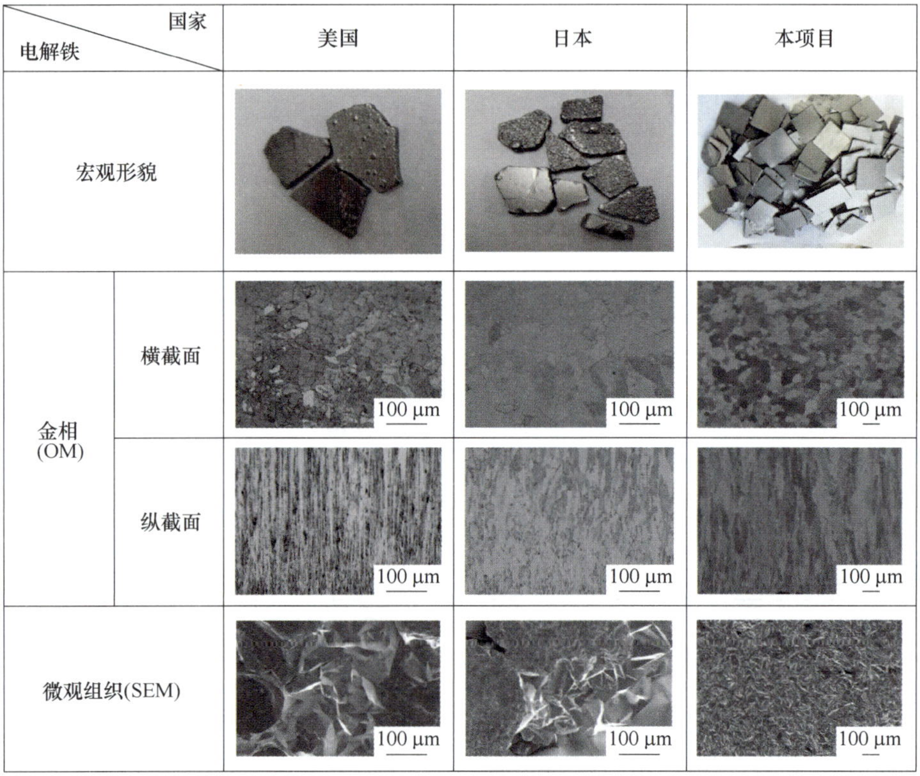

图 3-32 各国电解铁外观形貌和组织特征对比

关，会极大地影响电解铁的质量，尤其是恶化韧性。日本电解铁纵截面的晶粒相对粗大，形态以条状和块状为主，并且黑色产物的含量较少。本项目电解铁纵截面微观组织中晶粒更为粗大，形态几乎全为条状。从美国、日本和本项目电解铁的表面微观形貌可以看出，美国电解铁和日本电解铁表面组织均呈现典型的冰糖状结构，带有明显棱角，瘤状物或氧化物以片状形态存在。本项目电解铁中的冰糖状结构更为细小。冰糖状结构的出现与电解液温度相关，通常在常温或低温电解条件下难以观察到。

电解铁的沉积也是铁的形核和长大过程。电解铁的形核速率大于长大速率时，电解铁容易形成等轴状组织。当电解铁长大速率大于形核速率时，电解铁形貌为柱状晶。电解铁形核与长大的关键影响因素在于电解液温度和电流密度，其中电流密度主导形核速率，而电解液温度则主宰晶核的长大速率。若电流密度恒定，电解液温度的提升将促使电解纯铁更倾向于形成柱状晶；反之，在电解液温度固定的条件下，电流密度的增大则让电解铁更易呈现等轴晶形态。

3.6 高纯电解铁产品的应用

电解法制备的 4N 级高纯铁是科学研究、检测分析、生物医药、装备制造等领域的重要原料和物质，在试验研究领域可当作原材料使用，在检测分析领域可作为标准物质使用，在生物医药领域可作为铁添加剂或生物材料。

3.6.1　标准物质

4N 级电解铁因非铁元素总含量低于 $100\times10^{-4}\%$（磷、硫含量均低于 $5\times10^{-4}\%$），可作为检测化学成分的基础，保证材料测试的准确度、可比性和一致性。例如，钢铁材料分析应用中的纯铁助熔剂中的碳、硫含量标准要求均低于 $20\times10^{-4}\%$，且其值越低越好。其值越高，测试的碳、硫含量下限及偏差越大。4N 级电解铁中碳、硫含量均低于 $5\times10^{-4}\%$，在碳、硫含量的精确测试中，能够显著提升测试的准确性和降低测量下限。本项目 4N 级电解铁制备的纯铁助熔剂形貌如图 3-33 所示。

3.6.2　生物医用

铁是人体中重要的微量元素，它参与氧代谢、能量代谢、线粒体内

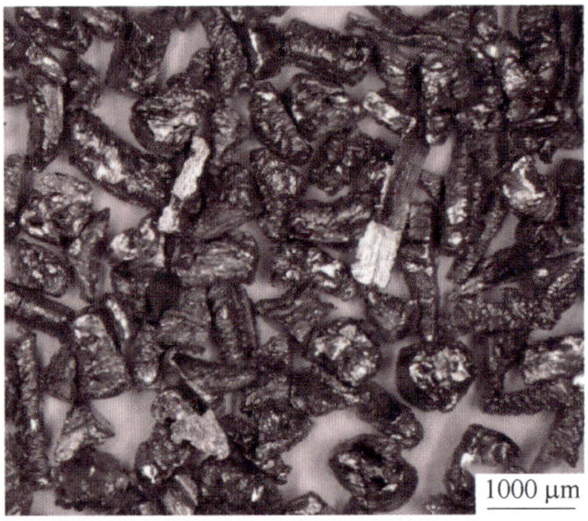

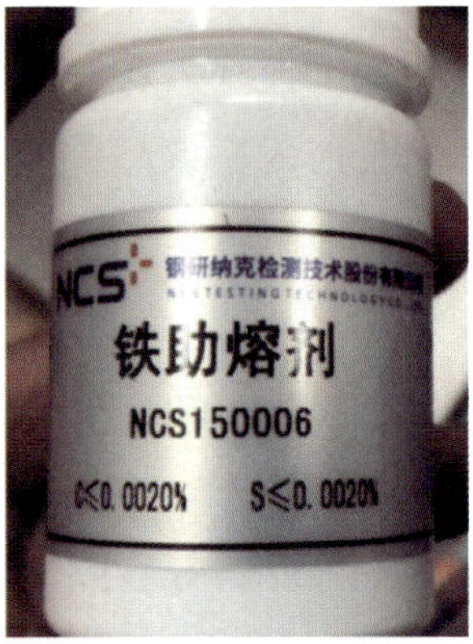

图 3-33 电解 4N 纯铁制备助熔剂

电子转移、肌肉功能和造血作用等多种生命活动。缺铁性贫血是临床的常见疾病，也是世界范围内导致贫血的首要病因。根据 2016 年世界卫生组织的统计，全球有超过 12.4 亿人受到缺铁性贫血的影响，该疾病已成为全球第五大高患病率疾病，并且是第四大导致疾病经济负担的原因。根据全国第四次营养与健康调查的数据，我国居民贫血患病率为 20.1%，其中一半为缺铁性贫血。尤其是妇女、儿童和老人比较容易贫血。缺铁性贫血的发生原因包括先天储铁不足、铁摄入量不足、生长发育快、铁吸收障碍和铁丢失过多。补铁是缺铁性贫血治疗的重要手段之一。电解 4N 纯铁在生物医药中，一方面可应用于食物添加剂，通过人体直接吸收而改善人体贫血；另一方面可通过制作铁肥施加于植物，植物吸收后使作物富铁，通过饮食改善人体贫血现状，如图 3-34 所示。

3.6.3 制备 5N 级超纯铁的原料

铁是材料的物质基础，在宇宙演变过程中，铁是元素演变过程中聚变和裂变的转折。同时，铁的纯度提高展现出特殊的性能。电解法制备纯铁因可去除大量的近铁和远铁的金属和非金属元素，为制备更高纯度的铁基材料奠定了原料基础。区熔法是获得 5N 级超纯铁的有效办法之

图 3-34　电解 4N 纯铁用于补铁农作物种植——富铁玉米

一，利用本项目的 4N 级电解铁作为原料，为区熔法制备纯度达 5N 级的超纯铁奠定基础，如图 3-35 所示。

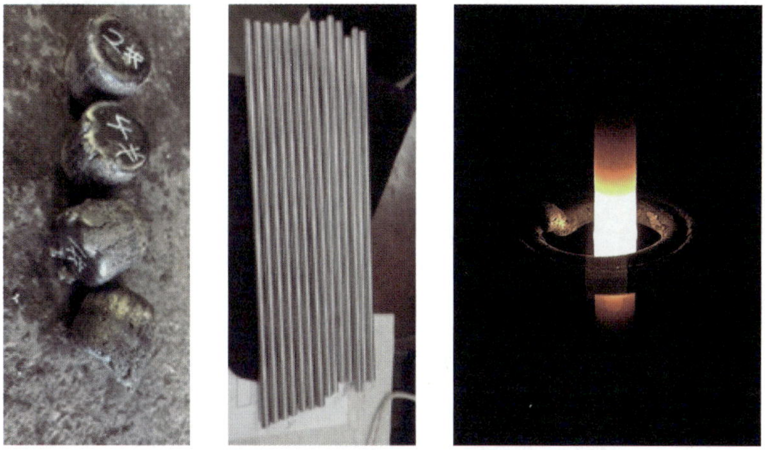

图 3-35　以 4N 级高纯铁为原料电解制备 5N 级超纯铁

结　语

本项目依据电解铁市场的需求，在电解铁生产技术信息缺乏的背景下，通过试验研究和创新设计，建设了电解铁生产线。生产出 4N 级高纯度电解铁产品，填补了国内在 4N 级电解铁产品生产上的空白。

（1）在实验室电解铁的工艺参数研究基础上，自主设计和建设了国内首条百吨级电解铁生产线。制定了 4N 级电解铁的生产工艺参数控制规范，实现了 4N 级电解铁产品的稳定生产。

（2）研究了电解液温度、电流密度和电解液 pH 值对电解铁宏观形貌、杂质元素去除效果以及电沉积效率的影响。探明了电解提纯主要与电解液温度有关，温度越高提纯效率越高，电解铁表面形貌更加均匀。电流密度大小主要影响电解铁的形貌，与提纯效率关系不大。

（3）通过电解提纯结果分析可知，电解过程中近铁元素 Co、Ni、Cu、Zn 的提纯效率约为 50%，远铁的金属元素和非金属元素提纯效率可达到 90%以上。

（4）电解过程匹配合适的电解液温度（≥60 ℃）、电流密度（100~300 A/m^2），可制备形貌均匀、致密的电解铁。电解铁产品中的氢、氧元素通过氢气氛还原处理提纯，氢元素去除率可达 95%以上，氧元素去除率可达 90%以上。

参考文献

[1] 艾柳庭，王以庄．电铸电工纯铁的制造及应用［J］．钢铁研究学报，1990，2（2）：61-66.

[2] 长征．高纯铁与极低碳钢［J］．金属功能材料，2003，10（5）：42-43.

[3] 東邦亜鉛株式会社．電解鉄厚板の製造法：JPA1987240786［P］.
Toho Zinc Co.，Ltd. Electrolytic iron thick plate manufacturing method：JPA1987240786［P］.

[4] 住友金属鉱山株式会社．塩化鉄水溶液から電解鉄の製造方法：JP2007217735A［P］.
Sumitomo Metal Mining Co.，Ltd. The manufacturing method of electrolytic iron oxide in the aqueous solution of salinized iron：JP2007217735A［P］.

[5] ソニー株式会社．高純度金属の製造方法：JP2006193821［P］.
Sony Group Corporation. Manufacturing method of high purity metal：JP2006193821［P］.

［6］Shindo Y, Yamaguchi S, Takemoto K. Method of producing a higher-purity metal: US20056896788［P］. 2005.

［7］東邦亜鉛株式会社．電解鉄の製造方法：JP2005105334［P］.
Toho Zinc Co., Ltd. Preparation of electrolytic iron: JP2005105334［P］.

［8］Toho Zinc Co., Ltd. characteristics of electrolytic iron (high-purity iron)［EB/OL］. https://www.toho-zinc.co.jp/eng/business/electronic/iron/features.html.

［9］编辑部．兰州金川科技园自主研发成功高纯铁［J］．粉末冶金工业，2022，32（2）：114.

［10］黄红兵．高纯电解铁粉的制备及压缩性研究［D］．武汉：武汉科技大学，2018.

［11］张焯凯．低碳钢电解制备纯铁的工艺研究［D］．大连：大连海事大学，2022.

［12］刘琼．电解法制备高纯铁及其电化学过程研究［D］．北京：北京有色金属研究总院，2013.

［13］刘琼，陈松．电解法制备高纯铁的工艺研究［J］．湿法冶金，2013，32（2）：105-108.

［14］秦岩，谈定生，万石保，等．离子交换膜电解法处理氯化亚铁浸出液试验研究［J］．湿法冶金，2016，35（6）：503-506.

［15］郭琳．在 $FeSO_4$-$FeCl_2$ 体系中电解制取铁箔［J］．广东第二师范学院学报，1999（3）：85-87.

［16］Abd El Meguid E A, Abd El Rehim S S, Moustafa E M. Electroplating of iron from alkaline gluconate baths［J］. Thin Solid Films, 2003, 443 (1/2): 53-59.

［17］艾柳庭，王以庄．以废钢铁屑为原料制造优质电解铁粉［J］．中国物资再生，1994，13（4）：17-20.

［18］姜松．电解铁生产工艺浅析［C］//第 26 届全国铁合金学术研讨会．贵州，2018：3.

［19］Louie M W, Bell A T. An investigation of thin-film Ni-Fe oxide catalysts for the electrochemical evolution of oxygen［J］. Journal of the American Chemical Society, 2013, 135 (33): 12329-12337.

［20］李占军，杨晓涵，张红军，等．镀银滚筒的改进和优化［J］．电镀与精饰，2017，39（6）：41-43.

［21］Dobák S, Füzer J, Kollár P, et al. A comprehensive complex permeability approach to soft magneticbulk cores from pure or resin coated Fe and pulverized alloys at elevated temperatures［J］. Journal of Alloys and Compounds, 2017, 695: 1998-2007.

[22] 曹大为，宋文濂，许一心．电解铁生产工艺条件的探索［J］. 福州大学学报(自然科学版)，1961：107-111.
[23] 昭和電工株式会社．高純度電解鉄の製法：JPA1987158893［P］.
[24] 昭和電工株式会社．高純度電解鉄の製法：JPA1987161987［P］.
[25] 昭和電工株式会社．電解鉄の製法：JPA1987161979［P］.
[26] 昭和電工株式会社．電解鉄の製法：JP1987158894［P］.
[27] 昭和電工株式会社．高純度電解鉄の製法：JP1986000752［P］.
[28] 艾柳庭，宋福来，王建超，等．电解纯铁的制备、性能及用途［J］. 过程工程学报，1993，14（1）：76-78.
[29] 刘春泉，彭其春，薛正良，等．电解铁粉的制备及压缩烧结性能［J］. 钢铁研究学报，2019，31（9）：822-829.
[30] 彭坤，孙晨藤，许茜，等．一种电解制备高纯铁的方法：CN10936468［P］. 2021.
[31] 昭和電工株式会社．電解铁の製造装置：JPA1987161978［P］.
[32] 昭和電工株式会社．電解铁の製造装置：JPA1987161981［P］.
[33] 邱文涛，盛宇泽．一种自耗阳极电解沉积制备高纯铁的装置和方法：CN202010417630.4［P］.
[34] 昭和電工株式会社．電解鉄の製法：JPA1987161977［P］.
[35] 昭和電工株式会社．高純度電解鉄およびその製造方法ならびに電解槽：JP1989212788［P］.
[36] 昭和電工株式会社．電解鉄の製造方法：JP1997111488［P］.
[37] 陈恕华．气体的溶解度与温度的关系［J］. 大学化学，1993（4）：54-56.
[38] Bouzek K, Borve K, Lorentsen O A, et al. Current distribution at the electrodes in zinc electrowinning cells［J］. Journal of the Electrochemical Society, 1995, 142 (1): 64-69.
[39] Kimura H. Low temperature mechanical properties of high purity iron and effects of small amounts of solutes on them［J］. Transactions of the Japan Institute of Metals, 1985, 26 (8): 527-541.
[40] Okiyama T, Hara T, Takemoto T, et al. High permeability of Fe-Ni-Cr with ultra-high purity［J］. IEEE Transactions on Magnetics, 1992, 28 (5): 2790-2792.
[41] Jartych E, Jałochowski M, Budzyński M. Influence of the electrodeposition parameters on surface morphology and local magnetic properties of thin iron layers［J］. Applied Surface Science, 2002, 193 (1/2/3/4): 210-216.

[42] Jartych E, Żurawicz J K, Mączka E, et al. Preparation of thin iron films by electrodeposition and characterization of their local magnetic properties [J]. Materials Chemistryand Physics, 2001, 72 (3): 356-359.

[43] 印仁和，吕康，曹为民，等．杂质 Cu，Zn，Sn 离子与 Fe 共沉积的电化学行为［J］．过程工程学报，2000，21（2）：183-186.

[44] 印仁和，吕康，曹为民，等．杂质钴、镍、铅、镉对提取高纯度电解铁的影响［J］．华东理工大学学报（自然科学版），2000，26（2）：183-187.

[45] Abiko K. Ultra-high purity iron excellent inductility: JP2002105583A [P]. 2002.

[46] Degauque J, Astie B, Porteseil J L, et al. Influence of the grain size on the magnetic and magnetomechanical properties of high-purity iron [J]. Journal of Magnetism and Magnetic Materials, 1982, 26 (1/2/3): 261-263.

[47] Astie B, Degauque J, Porteseil J, et al. Influence of the dislocation structures on the magnetic and magnetomechanical properties of high-purity iron [J]. IEEE Transactions on Magnetics, 1981, 17 (6): 2929-2931.

[48] Moravej M, Amira S, Prima F, et al. Effect of electrodeposition current density on the microstructure and the degradation of electroformed iron for degradable stents [J]. Materials Science and Engineering: B, 2011, 176 (20): 1812-1822.

[49] Murray A, Khakbaz H, Pranowo A, et al. Effects of process parameters on the adhesive strength of copperelectrodeposits in a bench-scale electrowinning cell [J]. Mineral Processing and Extractive Metallurgy, 2016, 125 (1): 10-16.

[50] 卢维昌，徐永兰，刘平安，等．电解成型纯铁箔［J］．过程工程学报，1988，9（3）：7-13.

[51] 卢维昌，徐永兰，刘平安，等．电解成型纯铁箔研制成功［J］．过程工程学报，1987，8（4）：90-91.

[52] Abbar A H, Abdul-Ridha J Y, Kareem S H. Electrolytic preparation of iron powder with particle size less than 106 μm [J]. Iraqi Journal of Chemical and Petroleum Engineering, 2007, 8 (1): 51-57.

[53] Minami S, Katou A, Tanaka Y. Manufacture of electrolytic iron: JP59118894 [P]. 1984.

[54] Wang Q, Sun C, Gu Y, et al. Synergistic promotion of ascorbic acid and sodium citrate to the stability of electrolyte for electrolytic iron production [J]. Journal of Applied Electrochemistry, 2024, 54: 2471-2484.

[55] Kawatra S K, Eisele T C. Process for the extracting oxygen and iron from iron oxide-

containing ores: US 4997533 [P].

[56] Samal P K, Klar E. Process for electrolytic iron powder: US4134800 [P]. 1979.

[57] 陈代明，谷林，陈培钰，等. 利用清洁能源在水溶液中电解提取纯铁的预试验 [J]. 钢铁研究学报，2011，23 (4): 56-59.

[58] 董洪波，侯明山，刘超，等. 利用太阳能在水溶液中电解制铁 [J]. 电镀与涂饰，2012，31 (6): 1-3.

CHAPTER 4

4

真空区熔制备5N级超纯铁

本项目成功设计并制造了超高真空垂直浮区感应区熔设备，优化工艺参数，稳定制备出纯度达5N2（99.9992%）的超纯铁。真空区熔法提纯铁的原理是利用杂质元素在熔融态的物理化学行为差异。具体机制为：P、S、Ti、As、Zr、Nb、Hf等杂质通过分凝效应去除；H、Li、Be、B、C、N、O、F、Na、Mg、Cl、K、Ca、Mn、Cu、Zn、Ga、Se、Br、Sn、Sb、Pb等杂质通过蒸发去除；Al、Si、Ge等杂质通过熔渣推移效应去除；而V、Cr、Co、Ni、Mo、W等杂质难以通过该法去除。5N级超纯铁的制备，为核工业、高端软磁、半导体、精密制造及科学研究等领域提供了关键超纯材料。

4.1 区熔铁技术的发展现状

区域熔炼技术是一种高效的超高纯材料提纯方法，主要应用于半导体材料以及高熔点金属的提纯。国内外科研团队已对纯铁的区熔提纯开展了较多研究工作。1957 年，美国 Smith 和 Rutherford 首次报道对铁进行区熔提纯，发现熔区头部 P 的含量明显减少，并观察到清晰的微观结构；1963 年，日本八幡钢铁的 Ooka 等对铁的区熔研究后，认为铁中 Ni 元素分凝系数接近 1，并且发现 Mn、C、O 和 S 等元素在区熔过程中还会因蒸发作用而减少；1986 年法国 Faudot 等对铁进行水平区熔后发现熔体表面有氧化物，并推测此现象对 Al、Si、C 和 S 的去除有促进作用。

20 世纪 90 年代后，日本东北大学两个科研团队在区熔提纯铁方面做了系统性的工作，实现了 5N 级超纯铁。Isshiki（一色石）等人以离子交换法和垂直感应区熔提纯制备出 RRR_H 最高为 9840 的高纯铁。约 20 年后其团队使用实际纯度为 4N3 的商业纯铁在氢气氛围下对制成的铁棒进行感应区熔提纯，最终样品纯度达到 5N8（77 种元素），排除表面氧化物对氧含量的贡献后，内部氧含量可低至测量极限 $0.1\times10^{-4}\%$。Abiko（安彦兼次）等使用了超高真空冷坩埚熔炼法将纯度为 99.996% 的电解铁提纯至 99.998%，然后进行超高真空垂直感应区熔，最终样品中 C、N、O、H 和 S 五种气体总量低于 $4.6\times10^{-4}\%$，纯度超过 5N6（共检测 64 种元素）。

1964 年，国内中国科学院冶金研究所王伟杰等对纯铁的垂直浮区区熔做了较为完整的研究，研究重点在于碳氧元素在纯铁区熔过程中变化。其研究认为，区熔对铁中 C 的去除效果不理想，对 O 有很好的去除效果，同时也提到了难熔氧化物如氧化铝、氧化硅等对提纯的不利影响。

区熔铁的研究情况见表 4-1。

表 4-1 区熔铁的研究情况

年份	团队	实验方式	样品纯度	实验收获
1957	Smith & Rutherford	垂直浮区区熔	—	P 在熔区头部明显减少，可被分凝
1963	大冈耕之等	垂直浮区区熔	—	Ni 在 Fe 中分凝系数接近 1，Mn、C、O、S 可因蒸发作用被去除
1964	王伟杰等	垂直浮区区熔	—	区熔对铁中 O 的去除较好，但要注意 Al、Si 等与氧结合较强元素的影响
1977	一色石等	真空垂直浮区区熔	RRRH=9840	提出多重提纯方法组合方案，最佳区熔次数介于 5~10 次之间
1986	Faudot 等	水平区熔	RRR>4000	熔区表面氧化物有助于去除 Al、Si、C、S 元素
1999—2000	安彦兼次等	超高真空垂直浮区区熔	5N 级	超高真空和氢气气氛有助于铁的区熔提纯
2000	一色石等	高真空垂直浮区区熔	5N 级	氢气对除氧有帮助；真空有利于蒸发除杂；Co、Ni、Mo 及 Al 很难在区熔中去除，需要在原料上控制
2024	上海大学/上善院 PI 项目组	超高真空垂直浮区区熔	5N 级	明确了区熔中三种主要的提纯作用，国内首次实现了 5N 铁的突破（共检测包含气体元素在内的 77 种元素）

国内迄今为止尚未有系统性区熔提纯铁的研究工作。本项目自主设计了一套超高真空垂直浮区感应区熔设备，通过优化工艺参数，制备出纯度达 5N2 的超纯铁，并全面分析了区熔提纯铁中各个杂质的提纯现象和机理。

4.2 真空区熔制备 5N 级超纯铁工艺流程

5N 级超纯铁的提纯需要多种方法配合。我们以 3N 级火法铁为原料，采用了“电解—真空熔炼—真空区熔”的组合式提纯方法，最终实现 5N 级超纯铁的提纯。提纯流程如图 4-1 所示：火法铁先经电解提纯，后经过真空熔炼成铁锭，再经过锻造、加工成需要的铁棒，将铁棒进行区熔提纯。

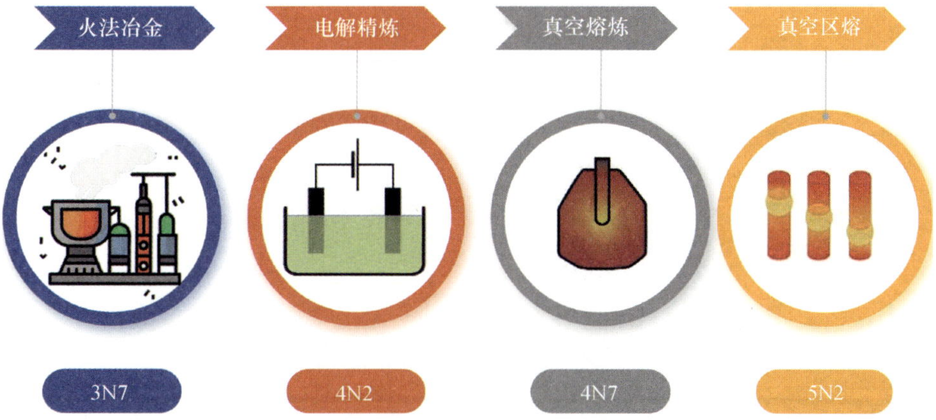

图 4-1　5N 级超纯铁的提纯流程示意图

在最后一步真空区熔前，原料铁棒需进行一定的前期处理，如打磨、酸洗、辉光放电清洁等，以便去除表面黏附的脏污和氧化物。通过预加热去除部分应力，避免区熔过程中出现材料弯折。实验中需调整实验参数，如腔内气氛（包括真空度）、区熔长度、区熔速度、区熔次数等，以研究区熔现象和原理。最终获得最优化的区熔效果，形成有效且经济可行的区熔提纯方案。

4.3 真空区熔装备的设计与制造

区别于常见的水平区熔，现有区熔铁实验方案绝大多数采用垂直浮区区熔方式，其主要差异在于垂直浮区区熔不使用坩埚，避免了坩埚带来的污染。这种方式常用于高熔点、高活性材料的提纯，如硅、钨、铁的提纯等。

我们设计并制造了 UHV 垂直浮区区熔设备，设备设计如图 4-2 所示，设备实物图和结构简图如图 4-3 所示。

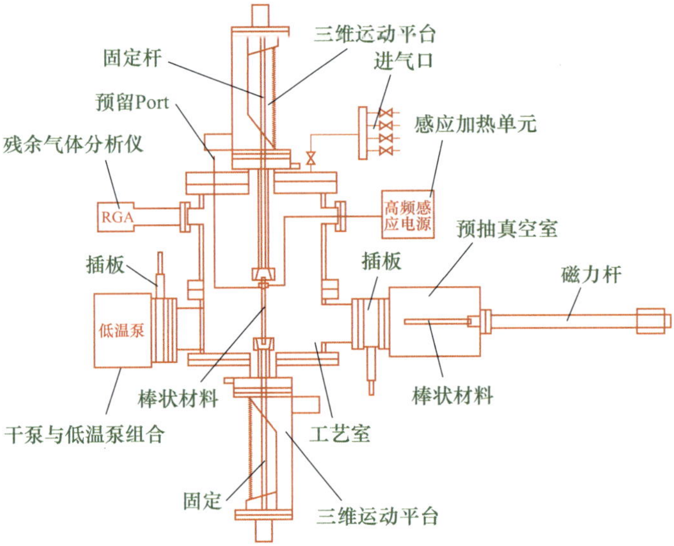

图 4-2　垂直浮区区熔设备二维图

主腔：主腔结构如图 4-4 所示。主腔有 2 个主观察口及若干小观察口。主腔室内部包含可通高频电流的感应线圈、送样组件、夹持样品棒的上下夹持组件、膜厚仪、残余气体分析仪等。

工作线圈可以 1.3～200 mm/min 的速度移动 145 mm。上下夹持组件

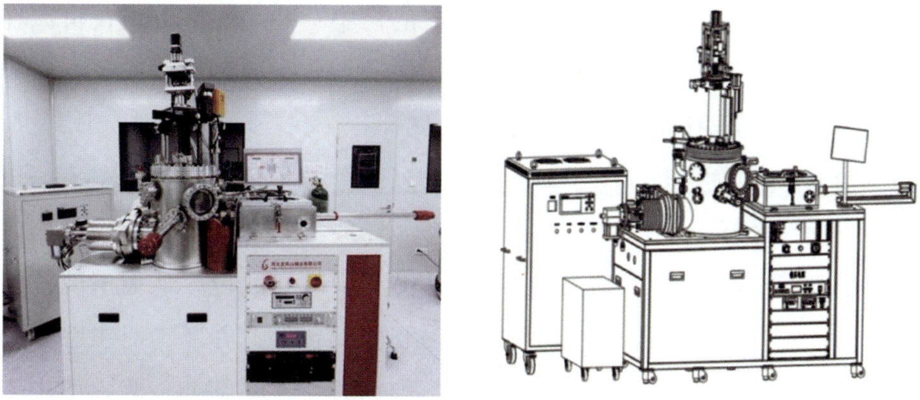

(a) (b)

图 4-3 设备实物图(a)和设备结构简图(b)

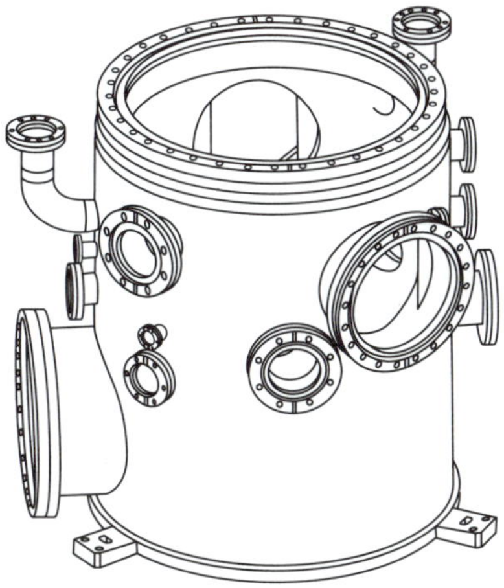

图 4-4 主腔示意图

可以 1.3~120 mm/min 的速度分别或同步移动 250 mm，可以 0~100 r/min 分别或同步旋转。

送样组件：由一块磁钢和一根旋转抓手组成，预抽真空室中的样品通过送样组件水平送入主腔后，由真空工艺室内的送样组件抓住并换位，退出送样组件后，可由夹持组件对其进行夹持。

另带有在位分析设备：膜厚仪跟随工作线圈同步运动，保证测量角度和距离，在需要时打开挡片，通过区熔时的沉积速率来间接判断样品是否融化，尽量减少金属蒸气对观察口的污染；残余气体分析仪可以在区熔时开启，用以检测并记录区熔时气氛的变化，通过气体成分判断释放的杂质，并可用于腔体的检漏。

（1）预抽真空室。图 4-5 显示了具有三个观察窗的预抽真空室，包含样品槽、送样组件、偏压电源。将样品棒放置于样品槽上，样品槽内接入 1000V 偏压电源，通高纯 Ar 气后可产生辉光放电，从而清洗样品棒表面，这样可以去除样品表面的沾污和薄氧化层，并减少对主腔室的污染。清洁完成后，打开真空工艺室与预抽真空室间的插板阀，使用送样组件将样品送入真空工艺室。

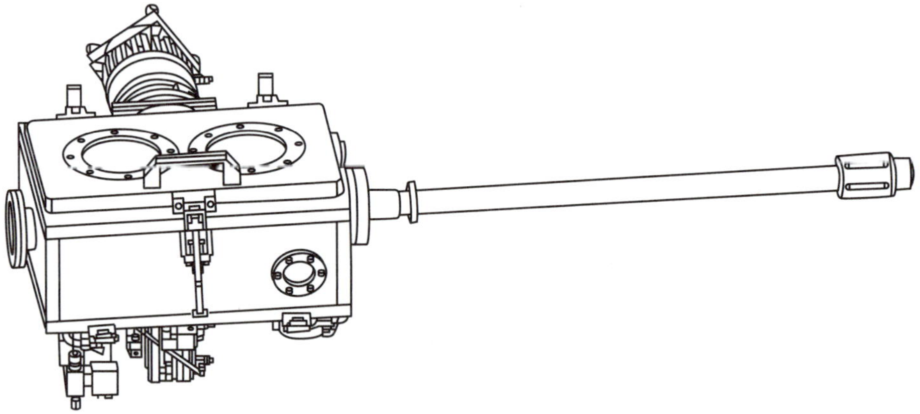

图 4-5 预抽真空室示意图

（2）超高真空实现。预抽真空室与机械泵和涡轮分子泵连接，真空工艺室与低温泵连接。实验开始前，使预抽真空室与真空工艺室连通，抽真空达到目标真空度后，关闭预抽真空室与真空工艺室间的插板阀，后使用低温冷凝泵继续降低真空工艺室的气压，可产生优于 1×10^{-7} Pa 的真空度。

（3）感应加热。该 UHV 垂直浮区区熔装置使用感应加热方式，对 5~20 mm 直径的样品棒进行区熔加热融化。为了提高加热效率，感应线圈设计为内外平行的 2 匝，由圆形中空紫铜管绕制而成，内通冷却水。感应电源采用高频感应电源（60~70 kHz），提供的最大功率为 60 kW，电流范围为 40~140 A。其能量密度集中，可实现的熔区较小（5 mm 以下），如图 4-6 所示。

图 4-6　正在区熔的铁棒

（4）气体供应。通入的气体可自由选择，连接超纯气体气瓶后，气体由气瓶经过减压阀通入流量计。由控制器精确控制气体流量的大小。主腔上装有 2 个微漏阀，可连接两种不同气体，打开微漏阀，即可使气体通入主腔。

4.4
真空区熔制备 5N 级超纯铁的工艺技术和机理

根据已有的研究和实验观测，目前认为纯铁真空熔炼和区熔中包含的提纯工艺及其机理主要分为分凝作用、蒸发作用和推移作用。

4.4.1　分凝作用

分凝作用是区熔中最主要的提纯作用，通过利用杂质在基体的固液相中有不同的溶解度来提纯杂质。

分凝系数，即某种杂质在基体的固相中浓度 C_S 和液相中浓度 C_L 的比值，一般使用 k 表示，可表示为：

$$k=\frac{C_S}{C_L} \tag{4-1}$$

使用二元相图来表示 k（$k<1$）的计算过程，如图 4-7 所示。

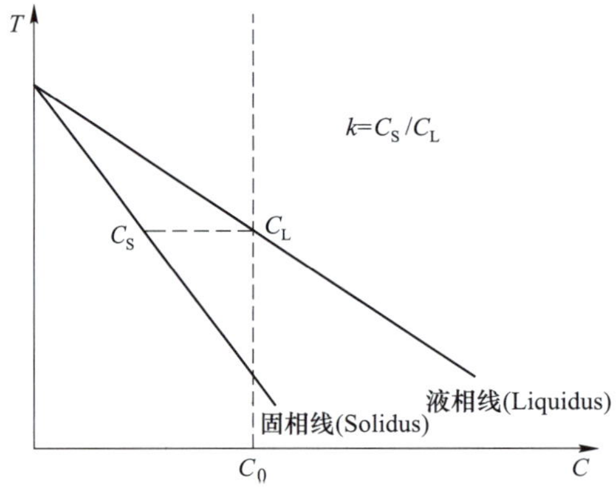

图 4-7　使用二元相图计算分凝系数

当 $k<1$，即 $C_S<C_L$ 时，即杂质在基体的液相中溶解度更大，其更趋向存在于基体的液相中，从而会随着熔区的移动向熔区尾部富集；反之，当 $k>1$，即 $C_S>C_L$ 时，杂质趋向存在基体的固相中，会在熔区的头部富集。而当 k 接近 1 时，这个作用就不明显，该杂质无法通过分凝作用被去除。

总体的分凝作用如图 4-8 所示，其中 x 为熔区移动长度，也为后续检测时的检测位置，l 为熔融区长度，L 为熔区总长，v 为熔区移动速度。

总体看来，区域熔炼里的分凝作用是通过利用杂质在基体的固液相中溶解度的差异来实现提纯效果，而在这个作用中关键因素是不同元素在基体（Fe）中的分凝系数。如上所述，分凝系数越小于（大于）1 越容易富集至尾部（头部），区熔效果越好。采用 Thermo-Calc 软件系统地分析了 Fe 与其他元素的二元相图，参考图 4-7 所示原理计算出对应元素的平衡分凝系数理论计算值，并按从小到大的顺序列举在表 4-2 中。

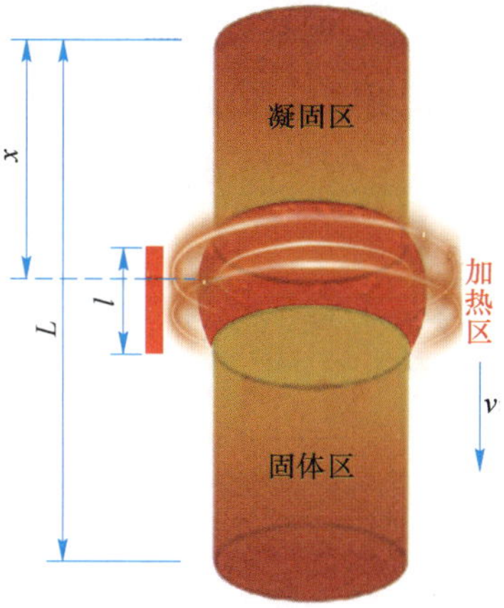

图 4-8　区熔过程示意图

表 4-2　铁中杂质元素理论分凝系数 k 参考

元素	S	Zr	As	Nb	P	Ti	Si	Mn	Mo
k	0.04	0.08	0.19	0.24	0.32	0.38	0.61	0.75	0.77
元素	V	Ni	Cu	W	Cr	Zn	Co	Al	
k	0.82	0.83	0.83	0.92	0.93	0.93	0.94	1.08	

而实际的分凝过程还与杂质元素的扩散行为有关，需定义有效分凝系数（k_{eff}）来包含扩散过程的贡献，其可简化表示为：

$$k_{eff}=\frac{k}{k+(1-k)e^{-\frac{v\delta}{D}}} \tag{4-2}$$

式中，D 为杂质在熔体中的扩散系数，体现杂质元素在熔体材料中的扩散能力；δ 为扩散边界厚度，主要取决于熔区边界上的温度梯度和熔区状态；v 为熔区移动速度，同时也是整个公式中最为可变的参数。不难看出，当 v 过大，k_{eff} 接近 1，分凝效果不明显；v 减小，k_{eff} 远离 1，但过慢的速度又会增加时间与功耗。

增大区熔总长度、减慢速度和增加区熔次数后会得到更好的提纯效果。但实际中也需考虑熔区的稳定性、实验总耗时与耗能。因此应该根据需要确定最优参数。

通过实验设计分析了铁中主要杂质的实际分凝效果。首先，由图 4-9

可知，P、S、As 在铁中平衡分凝系数 k 小于 1 且数值较小，根据分凝原理，经区熔后应倾向于聚集在熔区尾端，并在最后一个熔区内杂质越聚集程度最高，因此应能表现出明显的纵向位置分布特征。

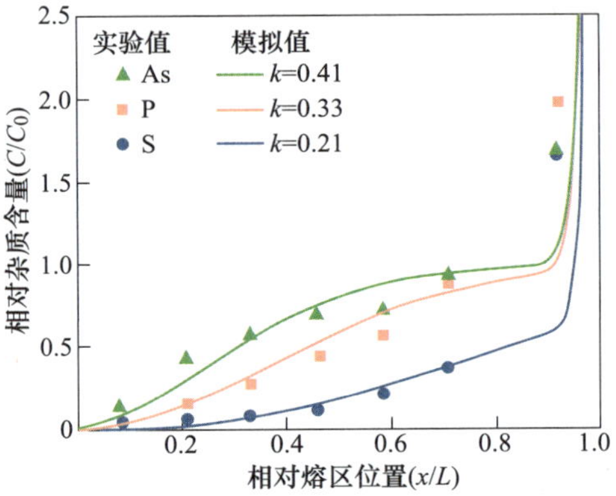

图 4-9　实际熔区中 P、S、As 的实际测试含量与模拟结果对比

图 4-9 中，横坐标为归一化熔区位置 $X' = \dfrac{x}{L}$，纵坐标为归一化杂质浓度 $C' = \dfrac{C}{C_0}$。散点为熔区中实际测得的 P、S、As 元素含量相对值，实线为根据实验条件进行数值模拟后的模拟曲线，并由此得出有效分凝系数。图中的实验结果来自气压为 300 Pa 的区熔实验，以抑制蒸发作用带来的影响，最大程度体现出分凝作用。从图 4-9 中可见，实验测得数值与模拟值相吻合，杂质含量在区熔首端至尾端呈现逐渐上升的纵向分布特征，尤其是在尾端，杂质大量聚集，呈现非常典型的分凝提纯效果。其中，P 的结果与 Smith 和 Rutherford 报道结果一致，其研究中 P 的有效分凝系数在 0.2~0.5 之间。

该现象表明以 P、S、As 为代表的这类元素的去除原理是分凝作用，通过分凝作用实现了头部区域的显著提纯。此外，根据不同原料进行区熔实验后实际测得值，Ti、Zr、Nb、Hf 元素也有明显的分凝效果。但这些元素在原料中含量较低，因此不能得出准确的非平衡分凝系数数值。

对于难以通过分凝作用提纯的元素，即 k 接近 1 的元素，如 Cr、

Co、Ni、Mo、W 等，其浓度随纵向位置分布的特征不明显，但有向尾部聚集的趋势。如表 4-3 所示，头部区域区熔前后元素含量变化不大，并在不同的原料中得到了相似的结果，表明这些元素确实难以通过区熔过程中的分凝作用去除。

表 4-3 难分凝元素区熔前后含量对比 (%)

元素	Cr	Co	Ni	Mo	W
区熔前	0.48×10^{-4}	0.74×10^{-4}	0.39×10^{-4}	0.26×10^{-4}	0.06×10^{-4}
区熔后	0.37×10^{-4}	0.92×10^{-4}	0.49×10^{-4}	0.37×10^{-4}	0.10×10^{-4}

由式（4-2）和分凝原理可知，区熔速度 v 越慢，有效分凝系数 k_{eff} 越远离 1；区熔次数 n 越多，越能在上一次的基础上再一次提纯，则最终区熔的提纯效果也越好，下面将从实验上验证上述部分论点。

图 4-10 以杂质元素 P 为例，对比了在三种不同区熔条件下的提纯效果。从图中可见，次数相同时，则慢速提纯效果更明显；但速度慢会增加实验时间和功耗等，需根据需求优化参数。值得注意的是，拟合不同速度时，我们采用了相同的 δ/D（参考式（4-2）），验证了模拟结果的有效性，后续可直接采用这些参数进行模拟，预测不同速度和次数的实验结果。

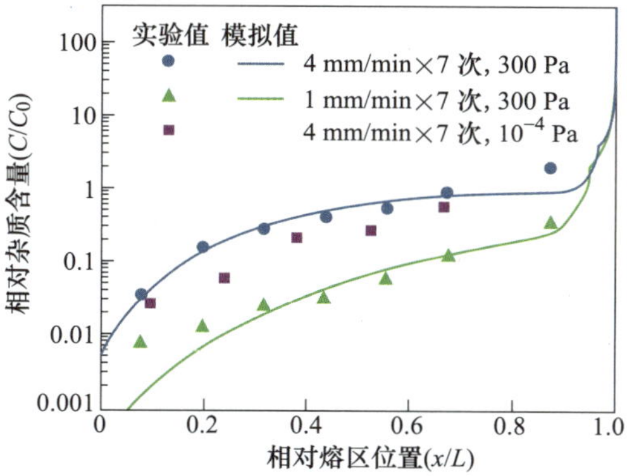

图 4-10 三种条件下 P 的实际提纯效果与模拟结果对比

从图 4-10 也可看出，次数和速度相同时，气压越低效果越好，这是因为高真空环境下区熔时，P 元素也可以通过蒸发方式去除，这对于 S 和 As 也具有相同的效果。同时，也要考虑降低气压会带来 Fe 基质元素的大量蒸发，从而污染加热线圈和观察窗。参考一色石的研究，其认为最佳区熔次数在 5~10 次之间，过少过多均有负面作用。在实现 5N 级纯铁目标的过程中，在 10^{-4} Pa 的真空下以 4 mm/min 的速度区熔 7 次，即可实现所需的提纯效果。

另外，在硅、碲、铝的提纯中，剪切重连再区熔技术值得参考，即将已经区熔提纯的样品去除头尾杂质富集区后，连接成新的样品并再次区熔，达到更好的提纯效果。这也是我们后期的实验方案之一。

4.4.2 蒸发作用

一种物质在当前条件下蒸发情况取决于其饱和蒸气压（P）。这个原理利用不同元素的饱和蒸气压的差异来进行蒸发除杂，可明显去除一些饱和蒸气压较高的杂质，如气体元素 C、N、O、H 等，以及高饱和蒸气压的金属元素，蒸发在真空熔炼和区熔过程均有发生。饱和蒸气压（P）是一个关于温度（T）的函数，其计算有多种近似方法，这里使用式（4-3）：

$$\lg P = 5.006 + A + BT^{-1} + C\lg T + DT^{-3} \tag{4-3}$$

其中，A、B、C、D 为各个物质（元素）的常数，使用 Alock 研究中给出的参数计算铁中主要杂质元素的饱和蒸气压随温度变化值，并绘制成图 4-11。

图 4-11 也标注出了实验中常用的两种气氛压力参考线和铁的融化温度近似线（m. p. ）。结合实验结果可以得出以下的结论：

以 Mn、Zn、Cu 为代表的元素饱和蒸气压较高，区熔后会有很好的去除效果（熔区中这些元素含量为原料中的 1/50 甚至更低），且没有首尾聚集，结果如图 4-12 所示。注意图 4-12 中所用的原料并不是提纯 5N 超纯铁最终原料，使用这些数据只是为了更直观体现蒸发作用对这些元

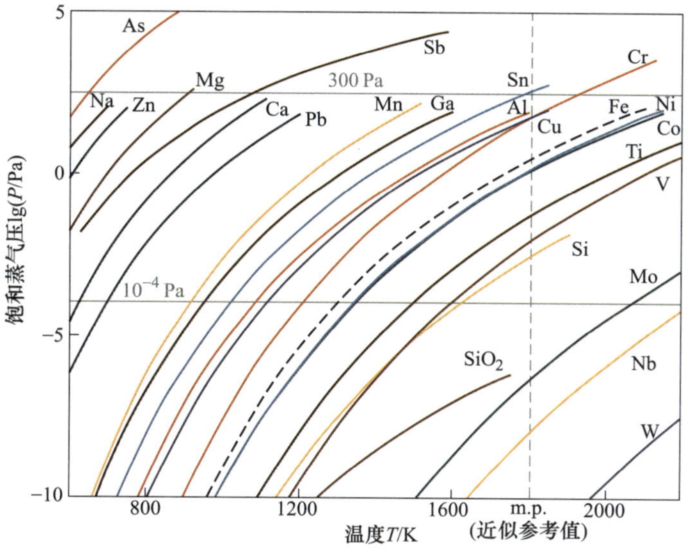

图 4-11 Fe 中常见元素的饱和蒸气压与温度关系

素的影响。制备 5N 级超纯铁的原料中这些元素含量更低。与此类似的元素还有 Pb、Sn、Sb、Ga，活泼金属 Na、Mg、Ca 及第一、第二主族元素的 H、N、Cl 等气体元素、卤素元素，以及 B、Se 等。因此，多数元素都有比较好的蒸发效果。

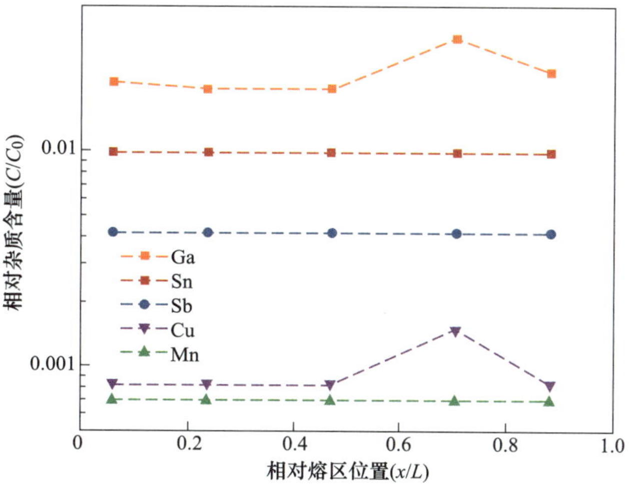

图 4-12 易蒸发元素在熔区中的含量

与多数元素不同的是，Al、Cr 从计算结果看应与 Cu 类似，可被蒸发有效去除。但实验中测得熔区中 Cr 含量仅有轻微降低，Al 的去除量也很少。推测是因为 Al 和 Cr 与 Fe 之间存在较强的相互作用。因此 Al、Cr 会区别于 Mn、Cu，很难或不能通过蒸发被去除。也检测了蒸发过程中沉积在加热线圈上的沉积物，发现其中 Cr 含量明显高于原料，说明 Cr 确实比 Fe 更易蒸发，熔区中 Cr 含量的轻微减少也基本是因为蒸发作用，只是达不到预期的提纯效果。

而以 As、P、S 为代表的具有明显区熔作用的元素，其饱和蒸气压也明显高于 Fe。P 元素在高真空中提纯效果明显优于低真空，两者之间的差异是由高真空环境下更有效的蒸发作用所导致的。

Co、Ni、Mo、W、V、Si 的饱和蒸气压都明显低于 Fe 的，实验也证明这些元素没有明显的蒸发提纯作用。而 Si 被提纯的原理跟 Al 接近，会在下面进一步叙述。

高真空区熔后 O 含量明显更低，表明 O 有明显的蒸发作用，这一点与其他元素相似。考虑到 O 在铁内通常以溶解氧和化合氧的形式存在，两种形式在高温低压下都会有很好的蒸发效果。比如铁的氧化物会出现高温分解行为，反应如下：

$$6Fe_2O_3(s) = 4Fe_3O_4(s) + O_2(g) \quad \Delta G^{\ominus} = 500600 - 280.7T \tag{4-4}$$

$$2Fe_3O_4(s) = 6FeO(l) + O_2(g) \quad \Delta G^{\ominus} = 858200 - 392.6T \tag{4-5}$$

$$FeO(l) = Fe(l) + O_2(g) \quad \Delta G^{\ominus} = 256061 - 53.681T \tag{4-6}$$

以上反应数据均在开放体系下计算，$\Delta G^{\ominus}$ 为反应的吉布斯自由能；T 为反应温度，采用了熔区铁液温度。当体系中 O_2 分压越低，温度越高，反应越容易进行。因此在高真空区熔条件下，铁中的氧化铁会存在分解行为，生成的 O_2 一部分会直接逸出，一部分会参与其他物质的反应。

除了明显的蒸发作用外，O 也同时出现了明显的尾部聚集效应，参考表 4-4，注意此表所用原料并非制备 5N 铁原料。研究认为，O 在铁中大部分以化合物的形式存在，很多元素的分凝、蒸发及后续的推移作用均会伴随 O 的移动和去除，因此会有明显尾部聚集效应。

表 4-4　不同气压下氧元素在不同熔区位置（相对）的含量　（%）

气压/Pa	相对熔区位置（x/L）					
	0.25	0.40	0.55	0.70	0.85	0.90
300	22.3×10^{-4}	35.7×10^{-4}	46.6×10^{-4}	64.6×10^{-4}	62.6×10^{-4}	261×10^{-4}
10^{-4}	2.65×10^{-4}	3.51×10^{-4}	4.31×10^{-4}	4.07×10^{-4}	19.8×10^{-4}	334×10^{-4}

C 的去除主要依赖蒸发作用，在熔区头尾都未检测到 C 的聚集。C 的蒸发大部分建立在化学反应的基础上，与传统冶金相似。C 还原性较强，易与腔内的 O_2（少数）及铁液中游离 O（大多数）发生反应，反应如下：

$$[C]+[O]=\!=\!=CO(g)\quad \Delta G^{\ominus}=-1324.8-10.16T \tag{4-7}$$

该过程是脱碳反应。热力学计算表明，设备气压越低、温度越高，反应越容易进行。从实验结果来看，经 300Pa 下区熔，C 就可以有效去除到仪器检测极限，这与式（4-7）热力学计算的结果互相印证。

从整体来看，对于 Fe 这样的较高熔点金属，大部分杂质元素都能很好地被蒸发提纯，这一点与常见的真空蒸馏、真空气化等提纯制备高纯金属的方法相似，达到了良好的提纯效果。大冈耕之等的研究工作中也强调了 C、O、S 和 Mn 等在 Fe 区熔过程中的蒸发作用。从总体上看，使用高真空气氛进行区熔是十分有必要的，蒸发作用对提纯帮助极大，这也与安彦兼次区熔研究团队通常使用高真空方式的现状一致。但可惜的是，Cr、Co、Ni、Mo、V、W 这 6 个不能被分凝的元素，在蒸发作用中也因为饱和蒸气压过小等原因不能被蒸发提纯。

4.4.3 推移作用

推移作用指的是在区熔过程中，不熔性颗粒会受铁液的浮力作用漂浮在熔区表面，并在区熔过程中随熔区移动至尾端，从而完成除杂的过程，其本质与传统冶金中使用熔渣除杂方式很接近。其现象如图 4-13 所示，随着熔区的下移，熔区表面漂浮的不熔物越聚越多。而随着区熔次数的增加，不熔性颗粒的数量也会迅速减少，基本上只发生在第 1~2 次区熔过程中。对富集在尾部表面的铁熔渣成分的研究，认为这些不溶物主要是铁的氧化物组成，同时有部分氧化硅和氧化铝，因此区熔在特定条件下会对以 Al 和 Si 为代表的元素有去除作用，并同时伴随着对 O 元素有较为明显的去除。

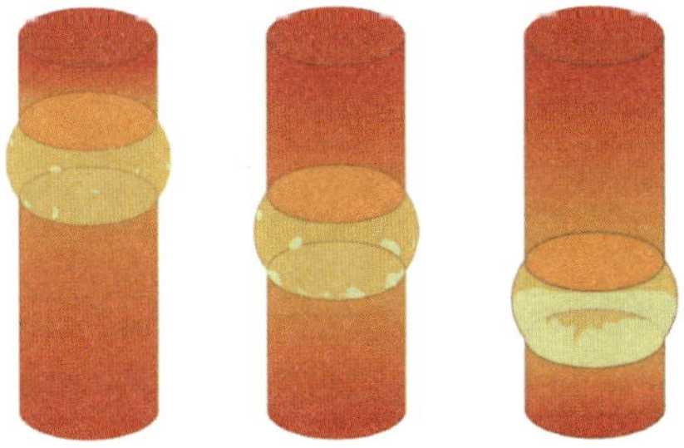

图 4-13 区熔过程中炉渣的形成和运动示意

（a）刚熔化的状态；（b）熔区移动一段距离后；（c）第一次区熔结束

在前面有提及，以 Al、Si 为主的部分元素在原料中含量相对过多时，基本不能去除，如表 4-5 所示。主要因其既不能分凝（$k \approx 1$），也不能明显蒸发。

表 4-5 Al、Si 不能去除的样品区熔前后部分杂质含量对比 （%）

元素	C	N	O	Al	Si	P	S	Ge
区熔前	17×10^{-4}	35×10^{-4}	30×10^{-4}	150×10^{-4}	33×10^{-4}	74×10^{-4}	35×10^{-4}	6.9×10^{-4}
区熔后	7×10^{-4}	0.2×10^{-4}	5.7×10^{-4}	120×10^{-4}	32×10^{-4}	2.6×10^{-4}	0.12×10^{-4}	4.8×10^{-4}

在这种原料中，区熔前后的 Al、Si、Ge 含量均无明显变化。区熔前 O 在原料中仅为 $30\times10^{-4}\%$，这样的原料中部分 O 与一小部分 Al、Si 形成了高熔点的 Al_2O_3、SiO_2，并会以固体小颗粒形式浮在区熔熔区表面，从而随着熔区移动实现了极少量 Al、Si 的去除。

与表 4-5 形成对照的表 4-6，为这些元素可以去除的原料中，相关元素区熔前后含量对比表。可见，在这类原料中 Al、Si、Ge 可以被部分去除。事实上，在熔区尾部清晰地观察到以 Al、Si 为主要成分的夹杂物，并推测熔渣主要是由 Al_2O_3、SiO_2 及铁的氧化物组成的，这也跟冶铁中的熔渣相似。使用 SIMS 对熔渣进行了径向元素浓度分布表征，证明了 Al、Si 浮于熔区尾部的表面。表 4-5 和表 4-6 的结果表明，推移现象确实需要原料中有相对较多的 O 存在，才能对原料中部分元素（如 Al、Si）有明显的去除作用。

表 4-6 Al、Si 可以去除的样品区熔前后部分杂质元素含量对比 （%）

元素	C	N	O	Al	Si	P	S	Ge
区熔前	3.67×10^{-4}	1.76×10^{-4}	90.97×10^{-4}	0.11×10^{-4}	0.16×10^{-4}	9.9×10^{-4}	6.9×10^{-4}	0.22×10^{-4}
区熔后	$<1\times10^{-4}$	$<1\times10^{-4}$	2.65×10^{-4}	0.03×10^{-4}	0.02×10^{-4}	0.62×10^{-4}	0.1×10^{-4}	$<0.05\times10^{-4}$

因此，熔渣的推移作用在一定前提下可以实现对 Al、Si、Ge 等部分元素的有效去除，并且因此带走了一部分 O 元素。对于 O 元素而言，因其较强的氧化性，会伴随着多种元素因不同的方式而被去除，整体来看高真空下区熔一定次数后，O 既完成了脱硫、碳、铝、硅的任务，也实现了自我去除。这些结果与 Faudot 的研究结论一致。

根据现有信息，我们将 Fe 中常见元素按主要的提纯方式分类并汇总，形成元素周期表示，对区熔提纯纯铁有很好的参考意义。图 4-14 中虚线部分是因原料中此元素含量过少导致数据不充分，根据现有信息和元素特性进行的推测。O 元素以蒸发为主，多种方式共同作用。空白元素为区熔原料中检测不到的元素。整体来看，相近或同族的元素在区熔中被提纯的方式也趋同。

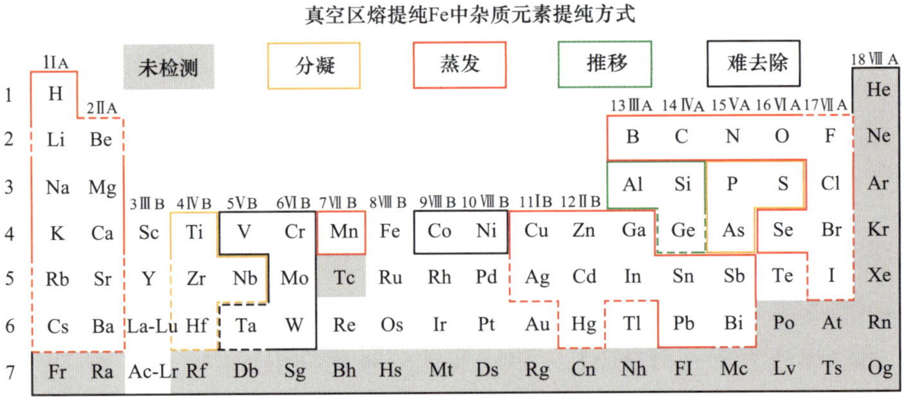

图 4-14 纯铁区熔提纯中杂质元素对应的提纯方式

4.5 5N 级超纯铁的纯度质量

基于上述区熔提纯原理的理解，采用低 Cr、Co、Ni 含量（3 种元素总和小于 $2\times10^{-4}\%$）、纯度为 4N2 的电解铁，并经过真空熔炼后（纯度达到 4N7），再锻造和机加工成棒状后进行真空区熔。经检测 77 种杂质元素，表明其总杂质含量为 $7.6\times10^{-4}\%$，纯度为 5N2，达到了 5N 级超纯铁水平。并将超纯铁制备过程中不同状态下的样品纯度检测结果汇总成表 4-7（表中没有体现的元素为全过程中均检测不到的元素）。

表 4-7 5N 级超纯铁制备过程中不同阶段杂质含量对比 （%）

元素	状态		
	电解（Ce）	真空熔炼（Cv）	区熔（Cz）
C	2.9×10^{-4}	2.17×10^{-4}	2.64×10^{-4}
N	1.9×10^{-4}	2.49×10^{-4}	0.086×10^{-4}
O	39×10^{-4}	6.86×10^{-4}	1.7×10^{-4}

续表4-7

元素	状态		
	电解（Ce）	真空熔炼（Cv）	区熔（Cz）
Na	0.06×10^{-4}	0.05×10^{-4}	0.05×10^{-4}
Mg	$<0.01\times10^{-4}$	0.01×10^{-4}	$<0.01\times10^{-4}$
Al	0.03×10^{-4}	0.1×10^{-4}	0.09×10^{-4}
Si	0.26×10^{-4}	0.64×10^{-4}	0.01×10^{-4}
P	9.5×10^{-4}	4×10^{-4}	0.53×10^{-4}
S	1.1×10^{-4}	0.38×10^{-4}	0.16×10^{-4}
Cl	0.88×10^{-4}	0.32×10^{-4}	$<0.05\times10^{-4}$
Ti	$<0.01\times10^{-4}$	0.04×10^{-4}	0.01×10^{-4}
Cr	0.21×10^{-4}	0.48×10^{-4}	0.37×10^{-4}
Mn	0.09×10^{-4}	0.35×10^{-4}	$<0.05\times10^{-4}$
Co	0.55×10^{-4}	0.74×10^{-4}	0.92×10^{-4}
Ni	0.16×10^{-4}	0.39×10^{-4}	0.49×10^{-4}
Cu	14×10^{-4}	5.6×10^{-4}	$<0.05\times10^{-4}$
Zn	4.7×10^{-4}	$<0.1\times10^{-4}$	$<0.1\times10^{-4}$
Ge	4.1×10^{-4}	3.5×10^{-4}	0.11×10^{-4}
Mo	0.22×10^{-4}	0.26×10^{-4}	0.37×10^{-4}
W	$<0.05\times10^{-4}$	0.06×10^{-4}	0.1×10^{-4}
Cr/Co/Ni/Mo/W	1.14×10^{-4}	1.93×10^{-4}	2.25×10^{-4}
C/N/O/H	43.8×10^{-4}	11.52×10^{-4}	4.426×10^{-4}
其他	34.78×10^{-4}	15.05×10^{-4}	1.02×10^{-4}
总计	79.72×10^{-4}	28.5×10^{-4}	7.696×10^{-4}
纯度（排除 C、N、O、H）	99.9964	99.9983	99.9997
纯度	99.9920	99.9972	99.9992

由表 4-7 可见，区熔表现出显著的提纯效果，制备出了 5N 级超纯铁。需要指出的是，实验数据也表明高的氧含量有利于去除 Al、Si，与上面推移作用的结论相互印证。

样品中，占杂质含量主体的是 C、O，其总量由区熔前 $9.03\times10^{-4}\%$ 减少到 $4.34\times10^{-4}\%$，减少了 $4.69\times10^{-4}\%$。值得注意的是，表面吸附的 C 和 O，以及表面氧化层的氧也会起到贡献，这与一色石的观点一致。该含量已接近测试方法的极限，不够准确，实际体内的 C 和 O 会更低，除 C、O、Cr、Co、Ni、Mo 之外，其余杂质在区熔前总量为 $16.44\times10^{-4}\%$，区熔后为 $3.11\times10^{-4}\%$，减少了 $13.33\times10^{-4}\%$；总体杂质由 $25.47\times10^{-4}\%$ 减少到 $7.45\times10^{-4}\%$，实现了 5N2 超纯铁的制备（采用 GDMS 和 EGA 可测量的 77 种杂质元素含量合计）。

4.6 5N 级超纯铁的应用技术

5N 区熔铁现已应用于 Fe 同位素比值标物认证分析。

铁是地壳中含量居第四的元素，在金属元素中仅次于铝，同时也是太阳系最重要的金属元素和类地行星的主要构成元素。铁有 4 个稳定同位素，其丰度分别为 54Fe（5.845%）、56Fe（91.754%）、57Fe（2.119%）和 58Fe（0.282%）。铁同位素作为非传统稳定同位素体系之一，在自然界不同物质间具有一定的差异。由于铁的广泛分布，铁同位素组成变化对于研究成矿作用、岩浆过程、天体化学、古环境演化和生物化学等方面显示巨大的潜力。比如组成地球的化学元素与月球一样，但月球上化学元素的含量及分布特征与地球不同。随着高精度金属同位素分析技术的发展，金属同位素组成为研究太阳系中行星物质的来源、不同星体之间的成因联系以及各种行星形成过程的重要手段。其中同位素异常已经成为研究行星物质来源的指纹，为月球的成因提供重要的参考。

在质谱分析中，为精细化研究样品中 Fe 同位素比值或差异，需要 Fe 同位素标物进行质控，但国内缺乏供应，且美国地质调查局已经停止生产原来用的 Fe 同位素标准，给国内外科研带来了制约。因此，本研究的 5N 级超纯铁可作为 Fe 同位素标准物质，正进行相关研究和分析认证工作，将来可为国内外提供精准的 Fe 同位素标物，并进一步为深空探测和地球地质演化研究奠定物质基础。

除此以外，5N 超纯铁也将用于基础科研，如高纯含 Fe 材料的薄膜生长；特殊合金领域，如特殊高熵合金及非晶合金等。超纯铁更是认识铁本性的重要物质。

结　语

本项目提出了“电解—真空熔炼—真空区熔”三阶段组合式提纯流程，设计并制造了适用于 Fe 提纯的超高真空垂直浮区感应区熔设备，实现了铁中全杂质元素（77 个元素）的提纯，铁的纯度达到 99.9992%（5N 级超纯铁）。本章系统总结了区熔法提纯 Fe 的原理和方法，研究结果表明：

（1）P、S、Ti、As、Zr、Nb 和 Hf 等在铁中分凝系数小于 0.5 的元素主要依靠分凝作用提纯。

（2）H、Li、Be、B、C、N、O、F、Na、Mg、Cl、K、Ca、Mn、Cu、Zn、Ga、Se、Br、Sn、Sb 和 Pb 等饱和蒸气压大于铁的元素主要通过蒸发提纯。

（3）Al、Si 和 Ge 等与氧结合能力高于铁的元素可通过熔渣移动方式去除。

（4）V、Cr、Co、Ni、Mo 和 W 等元素难以在真空区熔中实现提纯。

研究工作证实了真空区熔法在超纯铁制备中的作用，为超高纯铁的制备及产业化提供了可靠理论依据和实验工艺参数。

参考文献

[1] Sawatani T, Tanigawa K, Ochi H, et al. The preparation and some properties of ultra

pure iron developed by the application of organic processes [J]. Journal of the Japan Institute of Metals, 1974, 38 (12): 1137-1143.

[2] Uchikoshi M, Yokoyama N, Kekesi T, et al. High purity iron, method of manufacturing thereof, and high purity iron targets: US20020117022A1 [P]. 2002-08-29.

[3] Uchikoshi M, Shibuya H, Kékesi T, et al. Mass production of high-purity iron using anion-exchange separation and plasma arc melting [J]. Metallurgical and Materials Transactions B, 2009, 40 (5): 615-618.

[4] Yu L, Kang X, Chen L, et al. Research status of high-purity metals prepared by zone refining [J]. Materials, 2021, 14 (8): 2064.

[5] Smith R L, Rutherford J L. Zone purification of reactive metals [J]. JOM, 1957, 9 (4): 478-484.

[6] Ooka T, Mimura H, Yano S, et al. The floating zone refining of iron [J]. Proceedings of the Japan Academy, 1963, 39 (5): 294-299.

[7] Faudot F, Rouchaud J C, Debove L, et al. Elaboration of high purity iron (RRR>4000) by horizontal zone melting—attempts for chemical characterization [J]. Journal of Physics and Chemistry of Solids, 1987, 48 (8): 761-765.

[8] Isshiki M, Igaki K. Preparation of high purity iron and its recrystallization temperature [J]. Transactions of the Japan Institute of Metals, 1977, 18 (5): 412-422.

[9] Ishikawa Y, Mimura K, Isshiki M. Floating zone refining of iron under reduced pressure with dynamic hydrogen flow [J]. Materials Transactions, JIM, 2000, 41 (3): 420-424.

[10] Takaki S, Abiko K. Ultra-purification of electrolytic iron by cold-crucible induction melting and induction-heating floating-zone melting in ultra-high vacuum [J]. Materials Transactions, JIM, 2000, 41 (1): 2-6.

[11] Takaki S, Abiko K. Ultra-purification of iron by three types of melting furnaces constructed using ultra-high vacuum technology [J]. Vacuum, 1999, 53 (1/2): 97-100.

[12] 王伟杰. 碳、氧在纯铁浮区熔化过程中的行为 [J]. 金属学报, 1965 (2): 197-203.

[13] Zhang X, Friedrich S, Friedrich B. Production of high purity metals: a review on zone refining process [J]. Journal of Crystallization Process and Technology, 2018, 8 (1): 33-55.

[14] 散同玉, 孔祥峰, 刘大春, 等. 真空气化提纯制备高纯金属研究进展 [J]. 有

色金属科学与工程，2024（5）：1-19.

［15］Alcock C B，Itkin V P，Horrigan M K. Vapour pressure equations for the metallic elements：298-2500K［J］. Canadian Metallurgical Quarterly，1984，23（3）：309-313.

［16］陈维铅，喇培清，李亚明，等 . Fe-Al 金属间化合物的第一性原理研究综述［J］. 材料保护，2024，57（7）：142-153.

［17］叶怀波，孙琨，李六六，等. 合金元素（Cr、Ni、Mn、Cu）增强 T91 钢耐蚀性机理的第一性原理计算研究［J］. 西安交通大学学报，2024，58（9）：205-212.

［18］Qu Y，Yang Y，Zou Z，et al. Thermal decomposition behaviour of fine iron ore particles［J］. ISIJ International，2014，54（10）：2196-2205.

［19］赵俊学，李林波，李小明，等 . 冶金原理［M］. 北京：冶金工业出版社，2012.

［20］刘建民，姜彩伟，胡显军，等 . 工业纯铁铝氧含量控制工艺［J］. 中国冶金，2023，33（9）：87-95.

［21］张莱平 . 真空感应炉熔炼超低碳纯铁的 C-O-Si 反应的研究［J］. 特殊钢，1988（2）：88-102.

［22］齐江华 . 超纯净工业纯铁生产工艺研究［D］. 武汉：武汉科技大学，2007.

［23］Uchikoshi M，Imai K，Mimura K，et al. Oxidation refining of iron using plasma-arc melting［J］. Journal of Materials Science，2008，43（16）：5430-5435.

CHAPTER 5

5

高超纯铁的特性

高超纯铁因其极低的杂质含量，展现出与传统纯铁截然不同的理化性能。研究发现，纯铁的电导率主要受合金元素的影响，纯度越高，电导率越高；在直流软磁性能方面，低纯度时受Al、Si含量及纯度的共同影响，而高纯度时则主要由纯度决定；高超纯铁的耐蚀性显著优于普通钢铁材料，表面不易形成氧化层；高超纯铁的强度主要来源于派纳力和位错强化，纯度越高，强度反而越低。这些特性赋予高超纯铁在高端应用领域独特的优势和广阔的应用前景。

5.1 导电性能

研究纯铁导电性能一方面可为各类导电材料的选择提供科学依据，在保证基本导电需求的同时实现成本优化；另一方面涉及自由电子输运机制、晶体缺陷效应以及温度依赖性等关键因素，构成了金属导电理论的重要研究内容。纯度与导电性能的构效关系研究对于揭示纯铁的电荷传导微观机制具有重要价值。

电导率是用来描述物质中电荷流动难易程度的参数。电导率用希腊字母 σ 来表示。电导率 σ 的标准单位是西门子/米（S/m），为电阻率 ρ 的倒数，即 $\sigma=1/\rho$。通过上、下电极给样品通电流 I，由侧面探针测得样品上两点之间的电压 U，由 $R=U/I$ 可得到两点间这段样品的电阻，侧面探针距离 L 和样品截面积 S 已知，可由 $R=\rho L/S$ 得到电阻率 ρ 进而得到电导率。ZEM-3M10 型电导率测量设备如图 5-1 所示。

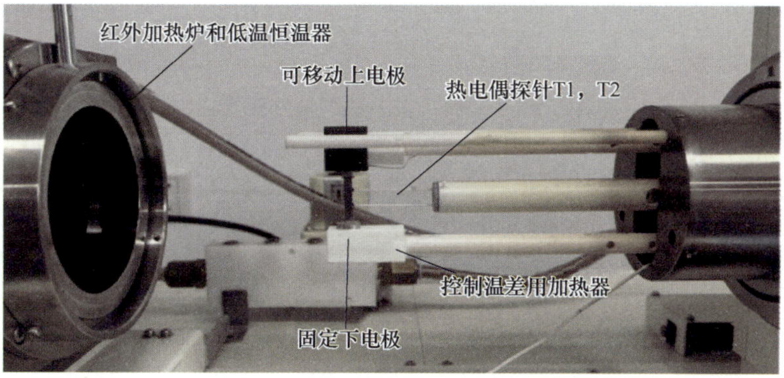

图 5-1　ZEM-3M10 型电导率测量设备

棱柱或圆柱形样品设置在加热炉中上下块之间的垂直位置。当样品被加热并保持在指定温度时，它被下部块中的加热器加热以提供温度梯度。

电阻通过直流四端方法测量，其中将恒定电流 I 施加到样品的两端，通过减去引线之间的热电动势来测量和确定热电偶相同导线之间的压降 dV。

样品为规则的长方体，样品的截面为 4 mm×4 mm 的方形，长度为 20 mm，六个端面磨平，粗糙度 $R_a<0.4$。测试前，样品用砂纸轻微打磨，酒精擦拭，确保样品表面的洁净。

图 5-2 所示为低碳钢 Q235B、Q195、SAE1006、某钢企纯铁 HYT2、龙凤山纯铁 HYT2（分别代表纯度 1N9、2N2、2N8、3N2、3N5）在不同温度下（室温、200 ℃、400 ℃、600 ℃、700 ℃、750 ℃、800 ℃、850 ℃、900 ℃、950 ℃、1000 ℃）的电导率。可知，在 25~1000 ℃温度范围内，随着温度的升高，电导率不断降低。

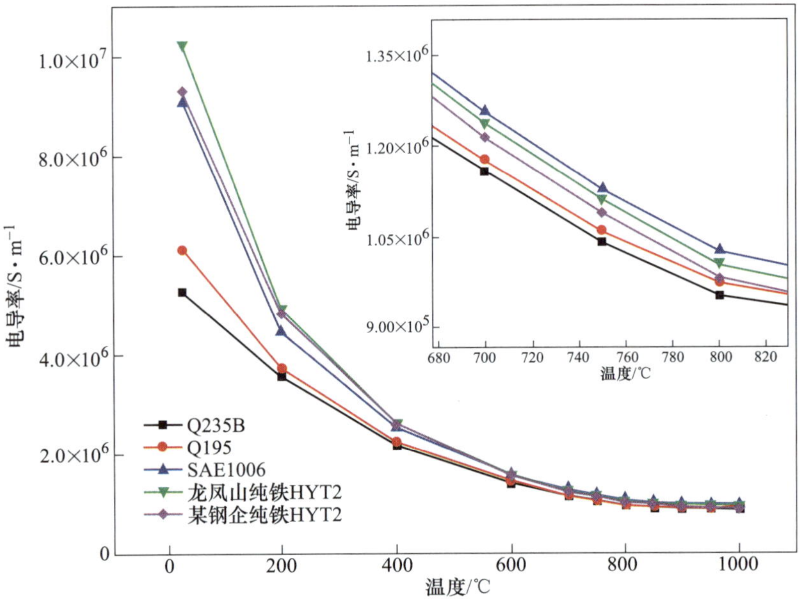

图 5-2 各试样电导率随温度变化的曲线

从图 5-2 中可以看出，随着温度的升高，5 种金属的电导率都呈下降的趋势，下降速度先快后慢。纯铁的电导率整体高于 Q195 钢、Q235B 钢和 SAE1006 钢的电导率。

金属电阻的根本原因在于电子被晶格散射。电极扁钢试验材料的电导率受晶体中原子热振动引起的缺陷产生杂质散射的影响。因此，结构中晶格畸变越严重，电子散射越强，材料的电导率越低。

根据 Mattiessen 定律，电极扁钢的电阻率可由方程表示：

$$\rho_{\mathrm{EFB}} = \Delta\rho_{\mathrm{Fe}} + \Delta\rho_{\mathrm{GB}} + \Delta\rho_{\mathrm{dis}} + \Delta\rho_{\mathrm{vac}} + \Delta\sum_{i}\rho_{i\mathrm{sol}}$$

式中，ρ_{EFB} 为电极扁钢的总电阻率；$\Delta\rho_{\mathrm{Fe}}$ 为无晶格缺陷的纯铁的电阻率（室温下为 97.1 nΩ · m），仅与温度有关；$\Delta\rho_{\mathrm{GB}}$ 为晶界散射引起的电阻率；$\Delta\rho_{\mathrm{dis}}$ 为位错引起的电阻率增量；$\Delta\rho_{\mathrm{vac}}$ 为空位造成的缺陷散射引起的电阻率增量；$\Delta\sum_{i}\rho_{i\mathrm{sol}}$ 为溶质原子造成的缺陷散射引起的电阻率增量，在研究中主要为除 Fe 元素外的其他元素所引起的。

根据以前的工作，晶界的单位密度电阻率ρ_{gb}^{0} 测得为 2.6×10^{-7} nΩ · m^2。因此，根据以下公式，可求得晶界对电阻率的贡献。

$$\rho_{\mathrm{gb}} = 3\frac{\rho_{\mathrm{gb}}^{0}}{d}$$

式中，d 为晶粒尺寸，可从 6.3 节的 EBSD 数据中得到。

由表 5-1 可知，在电极扁钢中，由于晶粒平均尺寸在 40～200 μm，晶界引起电阻率变化在 10^{-3}～10^{-2} nΩ · m 级别，即比 $\Delta\rho_{\mathrm{Fe}}$ 低几个数量级。在本研究的材料中，晶粒尺寸越大，对电阻率的贡献越小，但是数量级太低。因此在电极扁钢中，晶粒尺寸不是电阻率变化的主要影响因素，晶界的贡献可以被忽视。研究表明，如果晶粒尺寸比体电子平均自由程大得多，则与电子-声子散射相比，晶界处的电子散射可以忽略不计。具体来说，如果晶粒尺寸超过 200nm，则来自晶界的电阻率贡献可忽略不计。

表 5-1 晶粒尺寸对电阻率的影响

项 目	Q195	SAE1006	HYT2
平均晶粒尺寸/μm	44.6	92.5	158.9
电阻率/nΩ · m	1.75×10^{-2}	8.43×10^{-3}	4.91×10^{-3}

由于位错引起的电阻率增加可以计算为：

$$\rho_{dis} = \mathscr{R}_d N_d$$

式中，$\mathscr{R}_d$ 为位错散射功率；N_d 为位错密度。Miyajama 及其合著者对晶体缺陷与电阻率的关系进行了综述和实验研究。他们的数据显示出与他们的理论预测相对较好的一致性，我们对常数使用类似的估计：$\mathscr{R}_d = 2.7\times 10^{-25}\ \Omega\cdot m^3$。

经过应变速率为 $10^{-3}\ s^{-1}$ 的拉伸变形后，纯度在 3N2～5N2 的纯铁位错密度为 $10^{14}\ m^{-2}$ 级别，经计算位错对电阻率增加的贡献与其他散射机制的影响相比几乎可以忽略不计。

研究表明，只有当位错密度很大（$10^{17}\sim10^{18}\ m^{-2}$）时，位错对材料电阻率的影响才比较明显，因为位错散射能力小。位错散射功率小是由于位错通过局部位错核心而不是其长程弹性应力场各向同性地散射电子的事实。因此，如果位错密度不超过 $10^{18}\ m^{-2}$，则位错散射功率应被视为与位错密度无关的常数。

本研究材料中的空位浓度尚未测量。众所周知，在严重变形的材料中，它可能高达 $10^{-3}\%$。然而，即使在 6101 合金的 HPT 期间实现了很高的空位浓度，那么它引起电阻率仅增加 $2.6\times10^{-9}\ \Omega\cdot cm$，即比 $\Delta\rho_{Fe}$ 低几个数量级。因此，电极扁钢中空位的贡献可以被忽视。

在这些因素中，溶质原子的散射对总电阻率起决定性作用。在相同的条件下，金属的电导率主要由金属的成分来决定。合金元素加入基体金属时，如果形成了间隙固溶体或者代位固溶体，则合金的电阻增大；如果形成了有序的固溶体，以有序代无序，则合金的电阻率下降。

综上所述，晶粒平均尺寸在 10 μm 以上的纯铁电导率，不随晶粒尺寸、位错密度和空位数量的变化而变化。纯铁的电导率主要的影响因素为合金元素。纯度越高，合金元素越少，电导率越高。

5.2 直流软磁性能

高纯金属早期以学术研究目的为主，提纯金属以揭示其固有属性。纯铁纯度提高，基体中杂质及有害元素含量明显降低，纯铁的磁学性能会出现明显的变化。

软磁材料具有高磁导率和低矫顽力，易于磁化，也易于退磁，广泛用于电工设备和电子设备中。纯铁由于塑韧性好，强度、硬度低，磁导率高，很早就作为材料用于磁铁芯等高软磁性的设备。目前市场上关于软磁材料采用较多的是取向硅钢、无取向硅钢（CRNO）和电磁纯铁（$w(\mathrm{Fe}) \geqslant 99.5\%$），国内电磁纯铁的主要牌号有 DT4、DT4A、DT4E、DT4C 等。因此，随着纯铁冶炼技术和纯度的提高，研究纯度改变后纯铁的软磁性能十分必要。

邢钢的郭明仪等认为电磁纯铁中的 Si 和 Al 均是有益元素，Si 和 Al 在电磁纯铁中具有相似作用，可以缩小奥氏体相区；含量适当时可以降低矫顽力，提高磁性等级。F. Koichiro 等阐述了低杂质元素含量（Al、S）的纯铁直流软磁性能明显优于高杂质含量（Al、S）的纯铁。Qing 等研究了不同 C/Si 比和晶粒尺寸的 2N8 纯铁磁性，结果表明，在 C/Si <1 的情况下，当平均晶粒对角线尺寸从 122 μm 减小到 38 μm 时，矫顽力从 2.7842 Oe 增加到 3.6682 Oe；在 C/Si>1 的情况下，平均晶粒对角线尺寸从 150 μm 减小到 51 μm，矫顽力从 2.9662 Oe 增加到 3.7126 Oe，可以看出，平均晶粒对角线尺寸以反比例显著影响矫顽力。

项目开展 2N~4N 级纯铁的直流软磁性能的研究，探讨纯铁纯度变化对其性能的影响。

直流软磁性能测试试样尺寸如图 5-3 所示，测试之前清除表面线切割痕迹、毛刺、油污等。

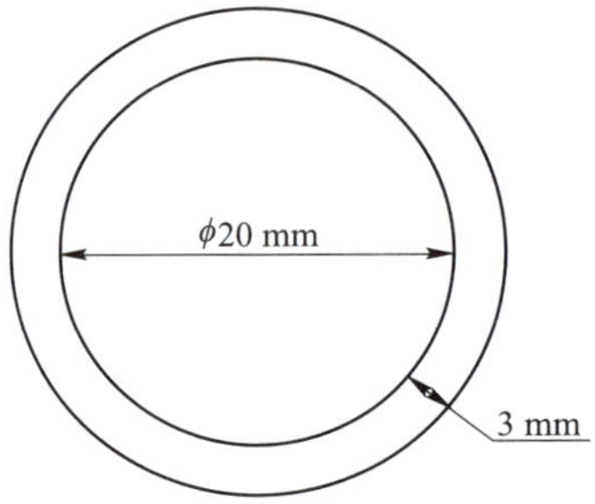

图 5-3 软磁性能测试样品示意图

测试采用直流软磁测试系统（FE-2100SD），两组样品分别为 2N8、3N5 和 4N4 纯铁和 3N1、3N6 和 4N3 纯铁，对比试样为无取向硅钢、Q235 和 Q235RE 钢，测试条件：直流 800 A/m，步长 4 A/m，磁场 800 A/m，温度 25 ℃，闭路测试。

图 5-4 所示为 Q235，Q235RE，无取向硅钢，2N8、3N5 和 4N4 纯铁在直流条件下测试的磁滞回线。软磁材料的磁滞回线越窄越陡说明材料的软磁性能越好。

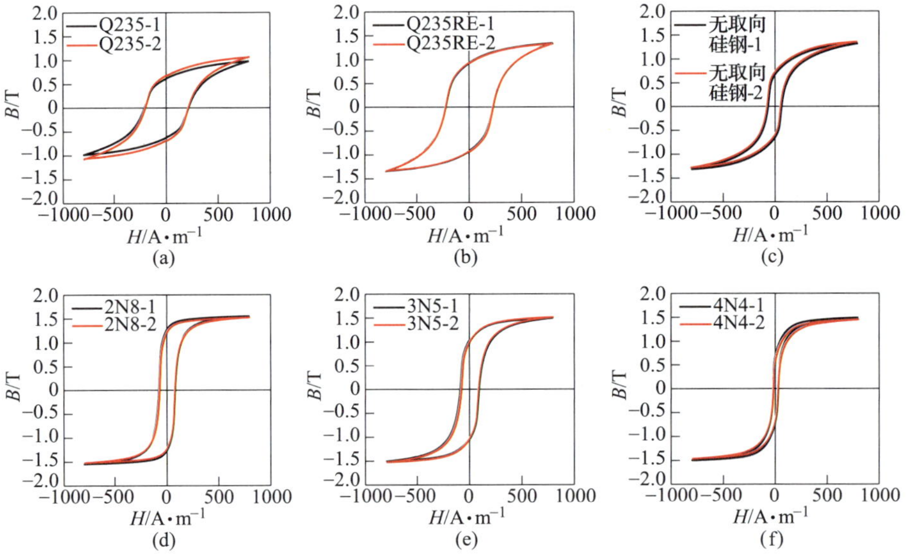

图 5-4 Q235，Q235RE，无取向硅钢，2N8、3N5 和 4N4 纯铁的磁滞回线

(a) Q235；(b) Q235RE；(c) 无取向硅钢；(d) 2N8 纯铁；(e) 3N5 纯铁；(f) 4N4 纯铁

由图 5-4 可以看出，Q235 和 Q235RE 钢的磁滞回线宽且平缓，无取向硅钢次之，2N8、3N5 和 4N4 纯铁的磁滞回线窄而陡，说明高纯铁表现出了较好的软磁性能。所有试样中，4N4 粗晶纯铁的磁滞回线最窄，直流软磁性能最佳，说明纯度提高，晶粒粗化，纯铁的软磁性能显著提高。

对于软磁性能，材料的化学成分和晶粒大小能够显著影响其磁学特性，如矫顽力、磁导率等，晶界和析出物能够阻碍畴壁移动，晶粒粗化，晶界面积减少，能够降低畴壁移动阻力，从而提高材料的软磁性能。在电磁纯铁中，Si 和 Al 均被认为有益元素，Si 和 Al 在电磁纯铁中具有相似作用，可以缩小奥氏体相区，含量适当时可以降低矫顽力，提高磁性等级。电磁纯铁中的杂质元素是指溶于铁素体的除 Si 和 Al 以外的元素，常见的有 C、Mn、P、S，也包括冶炼时带入的 Ni、Cr、Cu、Ti 等元素，这些杂质元素溶入铁素体后将造成较大的内应力场，其中以间隙元素 C 最为显著；其次是 N、P，会使矫顽力显著增大，同时降低磁感应强度。

4N4 纯铁晶粒粗大，晶界面积少，磁化阻力小；同时由于纯度高，杂质元素含量很低，尤其是不利于软磁性能的 C、Mn 等元素。因此，在测试过程中 4N4 纯铁表现出了最佳的磁滞回线。从图 5-4 中可以看出，4N4 纯铁表现出了最高的磁导率和最低的矫顽力，磁导率 $\mu_m = 11.22 \times 10^3$，接近无取向硅钢的 3 倍；矫顽力 $H_c = 23.04$ A/m，接近无取向硅钢的 1/3，说明 4N4 粗晶纯铁的直流软磁性能远远优于商业化的无取向硅钢。

为了进一步证明纯度提高，能够提高纯铁的软磁性能，将经过热处理调控且晶粒大小相近的 3N1、3N6 和 4N3 样品再次进行软磁性能测试，结果如图 5-5 所示。从图 5-5 中可以看出，高纯度的 4N3 依旧表现出了良好的软磁性能。由图 5-5 知，试样的平均晶粒尺寸 3N1(63 μm)>3N6(58 μm)>4N3(55 μm)，可以推断出晶界面积 3N1<3N6<4N3。研究表明，晶界比率不同，以及溶入铁素体中的杂质元素含量

不同，引起纯铁内应力场不同，从而会影响矫顽力和磁导率。由表5-2可知，在晶粒差异较小的情况下，高纯的4N3纯铁表现出了最佳的软磁性能。

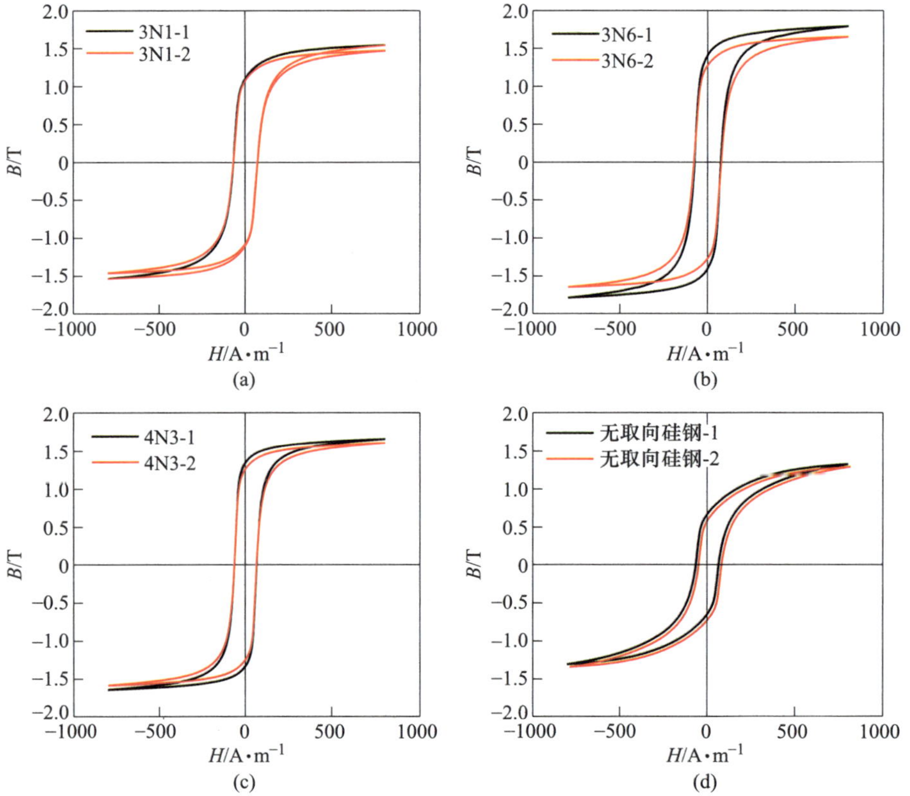

图5-5 3N1、3N6、4N3纯铁和无取向硅钢的磁滞回线

(a) 3N1纯铁；(b) 3N6纯铁；(c) 4N3纯铁；(d) 无取向硅钢

此外，4N3细晶纯铁的矫顽力与无取向硅钢的十分接近，但是在磁导率方面，4N3细晶纯铁仍旧是无取向硅钢的两倍，优于无取向硅钢。

值得注意的是，两轮测试发现2N8和3N1纯铁的矫顽力分别小于3N5和3N6纯铁（表5-2），而4N3和4N4纯铁的矫顽力均小于2N8~3N6纯铁。两轮测试样品Al、Si有益元素含量，2N8和3N1纯铁分别高于3N5和3N6纯铁。说明在纯度低于4N，纯铁直流软磁性能受Al、Si有益元素含量和纯度共同影响；纯度高于4N，纯铁直流软磁性能主要受

表 5-2　试样直流软磁性能测试结果

材料名称		μ_m	P_u/J·m^{-3}	B_s/T	B_r/T	H_c/A·m^{-1}
一轮	Q235	(1.25±0.06) ×10^3	780.6±29.75	1.03±0.04	0.65±0.03	208.10±1.40
	Q235RE	(1.66±0) ×10^3	1101.0±2.00	1.33±0	0.92±0	224.60±0.30
	无取向硅钢	(3.85±0) ×10^3	374.70±1.56	1.32±0	0.66±0	64.83±0.18
	2N8	(5.73±0.01) ×10^3	531.05±20.7	1.53±0.02	1.23±0.03	74.39±1.25
	3N5	(4.31±0.18) ×10^3	570.50±20.9	1.51±0.01	1.02±0	85.13±4.13
	4N4	(11.22±0.18) ×10^3	164.85±3.75	1.48±0.03	0.65±0.03	23.04±0.88
二轮	3N1	(5.56±0.09) ×10^3	474.6±7.65	1.50±0.04	1.09±0.01	69.44±0.13
	3N6	(6.26±0.43) ×10^3	597.0±13.15	1.72±0.07	1.34±0.07	75.91±1.34
	4N3	(7.30±0.21) ×10^3	476.6±7.40	1.62±0.03	1.30±0.04	64.14±0.14

注：μ_m 为最大磁导率；P_u 为磁滞损耗；B_s 为饱和磁感应强度；B_r 为剩磁；H_c 为矫顽力。

纯度影响。

综上所述，晶粒尺寸、Al 和 Si 有益元素含量、纯度均会影响纯铁的直流软磁性能。4N4 粗晶纯铁和 4N3 细晶纯铁的直流软磁性能总体优于无取向硅钢。当纯铁纯度低于 4N 时，纯铁的直流软磁性能受 Al、Si 有益元素含量和纯度共同影响。当纯铁纯度高于 4N 时，纯铁的直流软磁性能主要受纯度影响。

5.3 纯铁的腐蚀特性

普碳钢、耐候钢和不锈钢在日常生活中有广泛使用。耐候钢是在普碳钢的基础上加入适量的合金元素 Cu、P、Cr、Ni 等，促进生成致密的腐蚀产物，从而使钢材具备优良的耐腐蚀能力。不锈钢由于具有高含量的合金元素如 Cr 等，从而具有特别优异的耐蚀性能。目前对普碳钢、耐候钢和不锈钢的耐蚀性已开展了大量研究，但有关纯铁耐蚀性的研究相对较少。开展纯铁耐蚀性的研究，对确定纯铁的腐蚀规律及研发新型耐蚀合金具有重要意义。

本研究采用的实验材料为纯铁 3N2（99.92%）、4N2（99.992%）、5N2（99.9992%）、普碳钢 Q235B、耐候钢 SPA-H 和不锈钢 304L。实验钢中夹杂物类型主要包括 $(Mn,Ca,Mg)_xS_y$，$(Al,Ca,Mg,Si)_xO_y$，$(Mn,Ca,Mg)_xS_y$-$(Al,Ca,Mg,Si)_zO_w$。使用 OTS 夹杂物分析系统统计了试验钢中各类型夹杂物的数量，结果见表 5-3。相比于普碳钢、耐候钢和不锈钢，纯铁中的夹杂物数量大幅度减少，特别是 4N2 和 5N2 中纯铁未检测到夹杂物。不锈钢 304L 中硫化夹杂物数量较少，Q235B 钢中氧化夹杂物较少。一般而言，钢中夹杂物越多越易诱发腐蚀。

表 5-3 样品中夹杂物数量

材料	$(Mn,Ca,Mg)_xS_y$	$(Al,Ca,Mg,Si)_xO_y$	$(Mn,Ca,Mg)_xS_y$-$(Al,Ca,Mg,Si)_zO_w$
Q235B	260	23	43
SPA-H	344	128	132
304L	4	135	6
3N2	—	12	—

续表5-3

材料	$(Mn,Ca,Mg)_xS_y$	$(Al,Ca,Mg,Si)_xO_y$	$(Mn,Ca,Mg)_xS_y$-$(Al,Ca,Mg,Si)_zO_w$
4N2	—	—	—
5N2	—	—	—

图 5-6 为碳钢和纯铁氧化膜及 304L 钝化膜的 X 射线光电子能谱（XPS）图谱。其中，Fe $2p_{3/2}$ 的能谱主要显示了 3 个峰，分别是 706.8 eV 左右的金属 Fe、709.6 eV 左右的 FeO 以及 710.8 eV 左右的 Fe_2O_3。304L 由于具有较高的铬含量，还能观察到 Cr $2p_{3/2}$ 能谱，显示为两个峰，分别是 574.3 eV 左右的金属 Cr 和 576.0 eV 的 Cr_2O_3。

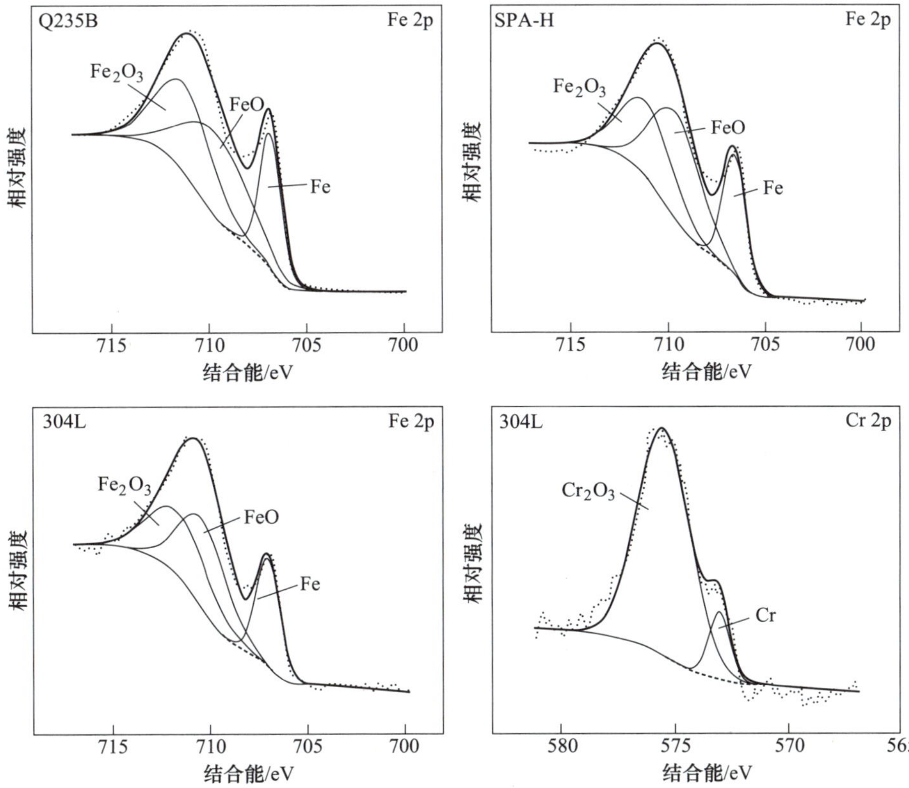

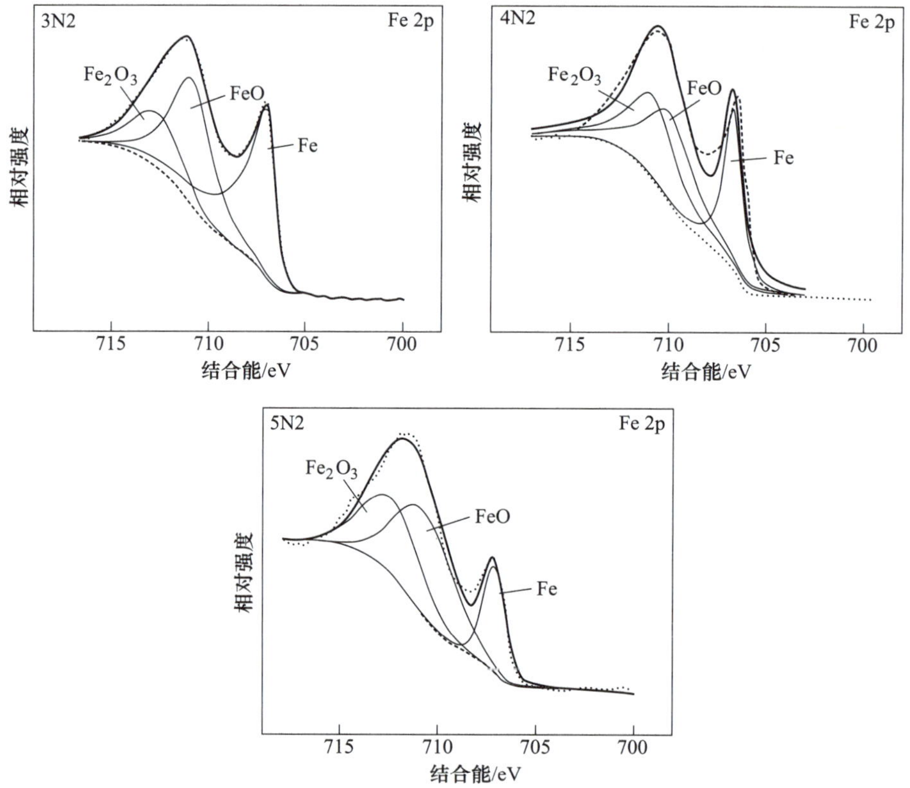

图 5-6 样品表面钝化膜和氧化膜的 XPS 分析

图 5-7 是根据图 5-6 中对 Fe $2p_{3/2}$ 进行 XPS 定量分析得到的统计结果。对于纯铁样品，Fe^{2+}/Fe^{3+}比值随着纯度的提升而逐渐增加。一般而言，Fe^{2+}/Fe^{3+}值越高，氧化膜保护效果越好。随着纯铁样品纯度的提高，夹杂物和缺陷减少。这将影响形成氧化膜的连续性、微观组织和化学成分等，从而进一步影响材料的抗氧化性。三种参比样中 Fe^{2+}/Fe^{3+}比依次为 SPA-H>Q235B>304L。SPA-H 较 Q235B Fe^{2+}/Fe^{3+}值更高，这可能是受到了 Cu、Cr 等元素的影响。而对于 304L 不锈钢，由于 Cr 会抑制生成保护性强的 Fe^{2+}，并将其氧化为保护性弱的 Fe^{3+}，因而 XPS 结果中的 Fe^{2+}/Fe^{3+}值低于 SPA-H 钢。304L 不锈钢钝化膜中铬氧化物的存在使其钝化作用占主导地位。文献显示，不同材料的表面氧化物种类和比例不同，将直接影响氧化膜的质量和保护效果。在 304L 不锈钢中，由

于其铬含量高，表面形成的 Cr_2O_3 和金属 Cr 的双峰结构表明其钝化膜稳定且连续，这有助于抵抗腐蚀介质的侵蚀。

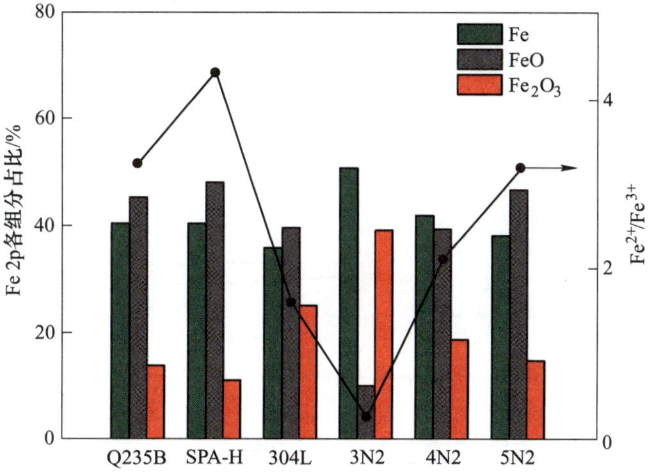

图 5-7 样品钝化膜和氧化膜中 Fe 2p 各组分占比及 Fe^{2+}和 Fe^{3+}比

图 5-8 为各样品在 3.5%NaCl 溶液中浸泡 1 h 的开路电位。该图反映的是试样浸泡在 NaCl 溶液后的表面稳定过程。样品表面膜的稳定性主要通过开路电位稳定前的时间长短来体现。Q235B 和 SPA-H 钢的 OCP 持续下降，逐渐达到稳定值，分别为-0.65 V 和-0.60 V。纯铁 3N2、4N2 和 5N2 的 OCP 在下降后有一定程度的上升，开路电位在 3600 s 时分别为-0.55 V、-0.49 V 和-0.48 V。304L 不锈钢的 OCP 最快达到稳定值，为-0.1 V。该结果表明，从热力学角度，各样品的耐蚀性为 304L 不锈钢>5N2 纯铁>4N2 纯铁>3N2 纯铁>SPA-H 钢>Q235B 钢。

各样品在 3.5%（质量分数）NaCl 溶液中浸泡 1 h 后的电化学阻抗谱（EIS）结果如图 5-9（a）和（b）所示。各样品的 Nyquist 曲线均由单一的容抗弧组成。容抗弧的半径能反映出钢的腐蚀速率，通常半径越大，耐腐蚀性能越好。5N2 纯铁的容抗弧明显大于 Q235B，SPA-H 和纯铁 3N2、4N2 的。各样品的容抗弧并不都完全为圆弧状，而是有些许偏移，说明电极双电层电容偏离了理想电容。为了更清楚地解释腐蚀机制，对 EIS 结果进行等效电路拟合，如图 5-9（c）所示。其中 R_s 为溶

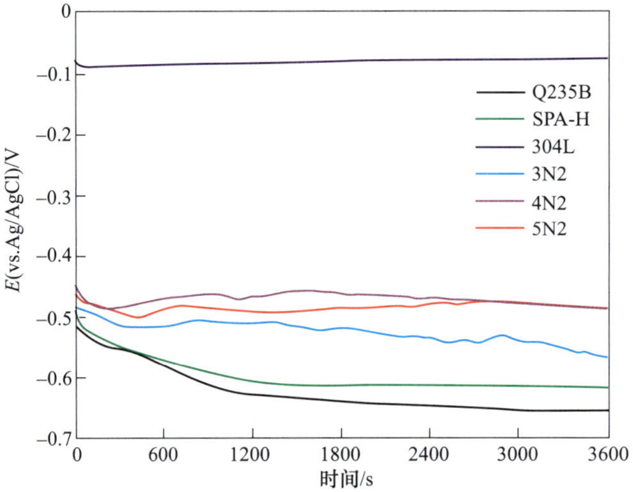

图 5-8 样品在 3.5%NaCl 溶液浸泡 1 h 的开路电位

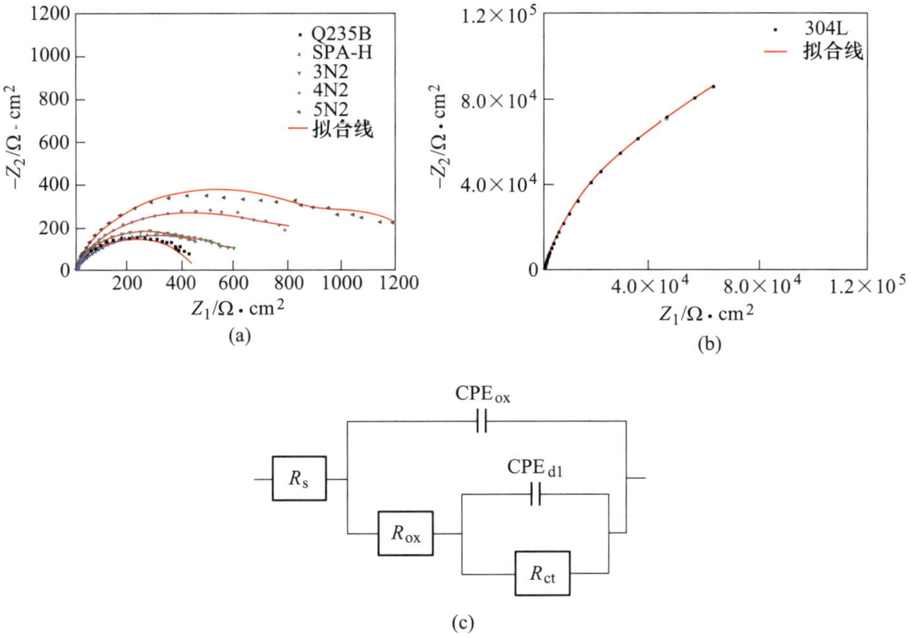

图 5-9 样品在 3.5%NaCl 溶液浸泡 1 h 的 EIS 及等效电路图

液电阻，R_{ox} 为锈层电阻，R_{ct} 为电荷转移电阻，CPE_{ox} 表示锈层与渗入锈层的溶液构成的电容，CPE_{dl} 表示电极表面与溶液的双电层电容，对于 304L 不锈钢，R_{ox} 为其表面的钝化膜电阻。样品在 3.5%NaCl 溶液浸泡 1 h 的 EIS 拟合数据如表 5-4 所示。R_p 为极化电阻（$R_p=R_{ox}+R_{ct}$），被广泛地用于解释钢的腐蚀行为动力学。在浸泡 1 h 后，极化电阻 R_p 的值为 304L（237 kΩ · cm²）>5N2（1153.3 Ω · cm²）>4N2（940.8 Ω · cm²）>3N2（682.1 Ω · cm²）>SPA-H（527.5 Ω · cm²）>Q235B（455.4 Ω · cm²）。极化电阻与腐蚀速率成反比，由 EIS 结果可知，不锈钢 304L 腐蚀速率明显低于其他材料。纯铁的纯度越大，腐蚀速率越低。

表 5-4 样品在 3.5%NaCl 溶液浸泡 1 h 的后 EIS 拟合数据

材料	R_s /Ω · cm²	CPE_{ox} /Ω^{-1} · cm^{-2} · S^n	n	R_{ox} /Ω · cm²	CPE_{dl} /Ω^{-1} · cm^{-2} · S^n	n	R_{ct} /Ω · cm²	R_p /Ω · cm²
Q235B	8.5	14.5×10^{-4}	0.74	46.7	0.9×10^{-4}	0.85	408.7	455.4
SPA-H	9.6	16.4×10^{-4}	0.70	15.6	4.5×10^{-4}	0.71	511.6	527.5
3N2	4.8	53.6×10^{-4}	0.81	430.7	75.2×10^{-4}	0.70	251.4	682.1
4N2	5.2	11.1×10^{-4}	0.76	770.1	229.5×10^{-4}	0.91	170.7	940.8
5N2	4.8	7.2×10^{-4}	0.82	882.5	291.0×10^{-4}	0.92	270.8	1153.3
304L	11.6	0.6×10^{-4}	0.99	7800.0	0.1×10^{-4}	0.94	229600.0	237400.0

动电位极化测试结果如图 5-10 所示。除 304L 外，试样的极化曲线具有相似形状，阳极曲线均没有钝化趋势。304L 不锈钢在阳极区存在钝化区，这是不锈钢表面钝化膜导致的。304 极化曲线的后半段，由于发生了点蚀，存在腐蚀电流骤升现象。根据塔菲尔外延法，可以得自腐蚀电位 E_{corr} 和腐蚀电流密度 i_{corr} ，如表 5-5 所示。E_{corr} 的具体值为：Q235B（−0.73 V）<SPA-H（−0.63 V）<3N2（−0.57 V）<5N2（−0.55 V）<4N2（−0.42 V）<304L（−0.12 V）。从热力学角度判断，不锈钢 304L 不易发生腐蚀。相比普碳钢和耐候钢，纯铁更不易腐蚀。在同一阴极电位下，纯铁对应的电流密度相比 Q235B 和 SPA-H 钢更高。本试验条件下各样品的阴极反应主要为氧的还原反应，这说明在纯铁上氧化还原反应速率更快。同一阳极电位下，纯铁对应的电流密度相比 Q235B 和 SPA-H 钢更低，这表明在纯铁中铁的溶解反应更慢。各钢材的腐蚀电流密度具体值为：304L（0.05 μA/cm²）<SPA-H（6.14 μA/cm²）<5N2（8.34

μA/cm²) < Q235B (8.84 μA/cm²) < 4N2 (14.18 μA/cm²) < 3N2 (21.34 μA/cm²)。结果表明，304L 不锈钢不易发生腐蚀；纯铁的纯度越高，腐蚀电流密度越低。

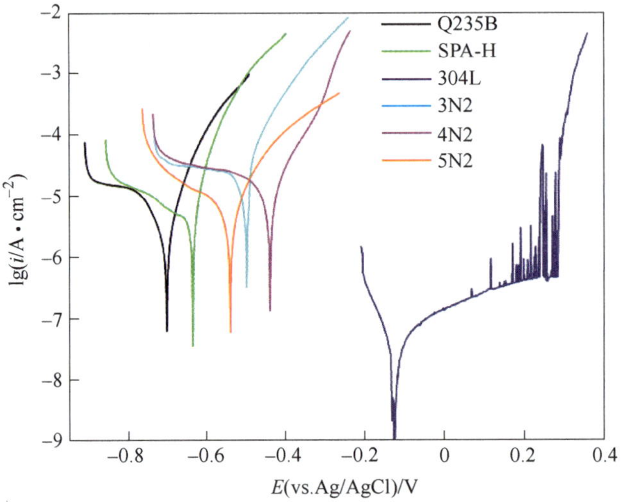

图 5-10 样品在 3.5%NaCl 溶液中浸泡 1 h 后的动电位极化曲线

表 5-5 浸泡于 3.5%NaCl 溶液 1 h 后样品的自腐蚀电位和腐蚀电流密度

样 品	E_{corr}/V	i_{corr}/μA·cm^{-2}
Q235B	−0.70	8.84
SPA-H	−0.63	6.14
3N2	−0.57	21.34
4N2	−0.42	14.18
5N2	−0.57	8.34
304L	−0.12	0.05

全浸实验中，样品浸泡在 3.5%NaCl 溶液中 1 h（开路电位下）。利用扫描电镜和 3D 轮廓仪，对除锈后的点蚀坑进行了分析。结合图 5-11 的典型腐蚀坑电镜图和表 5-6 的点蚀坑统计，304L 无明显蚀坑，其他试样均表现出局部腐蚀。从最大蚀坑深度来看，Q235B（29.8 μm）蚀坑最深，304L（8.1 μm）最大蚀坑深度最小。纯铁纯度越大，蚀坑越浅，具体为 5N2（20.4 μm）<4N2（22.5 μm）<3N2（26.1 μm）。从蚀坑平

均宽度来看，Q235B（82.7 μm）蚀坑最宽，304L（6.2 μm）蚀坑最小。纯铁纯度越大，蚀坑宽度越小，具体为 5N2（18.5 μm）<4N2（32.5 μm）<3N2（57.4 μm）。从蚀坑数量来看，SPA-H（98）数量最多，304L（30）蚀坑数量最少。纯铁 3N2（64）和 4N2（67）蚀坑数量相近且均大于 5N2（48）。

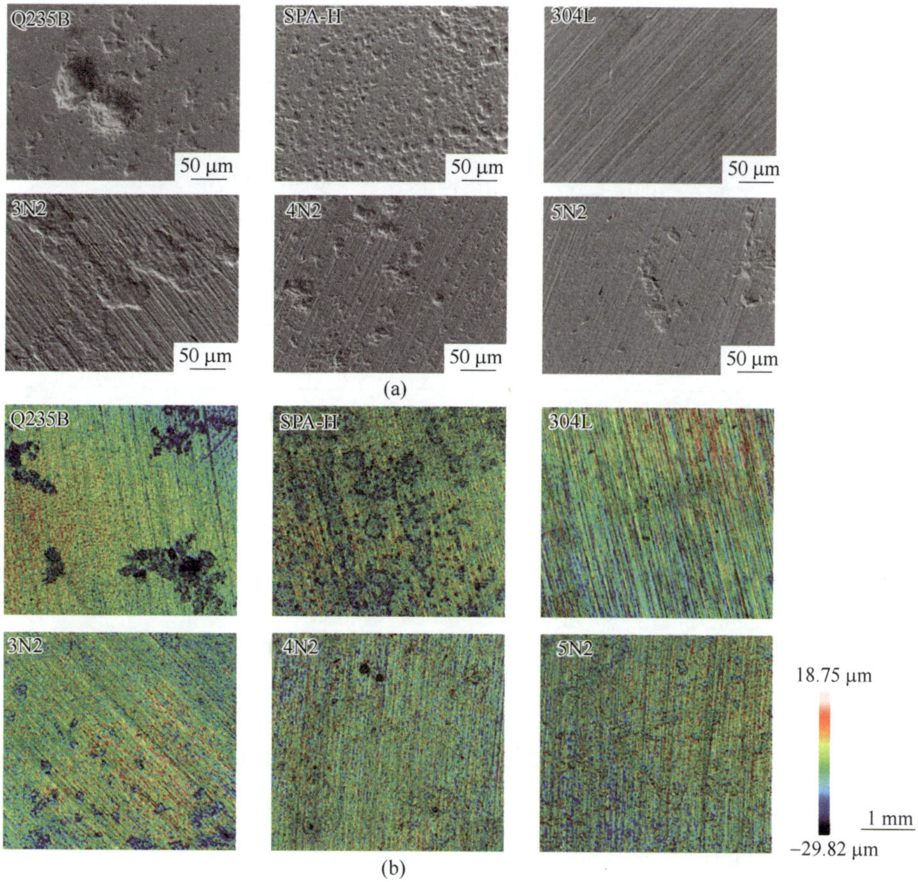

图 5-11 样品在 3.5%NaCl 溶液中浸泡 1 h 并除锈后的电镜图和 3D 轮廓仪图
（a）电镜图；（b）3D 轮廓仪图

腐蚀坑的形成与材料的微观结构特征密切相关。从全浸试验后腐蚀坑的统计数据可以看出，具有较好钝化膜的 304L 不锈钢样品在 NaCl 溶液中的腐蚀坑数量最少，且坑的尺寸最小，这说明钝化膜有效地限制了腐蚀的萌生和扩展。Q235B 钢中蚀坑最宽最深，很可能与夹杂物数量较多易诱发局部腐蚀有关。耐候钢 SPA-H 钢的夹杂物数量最多，且未有良好保护性的钝化膜，蚀坑易萌生，因而其蚀坑数量最多。但 SPA-H 钢的蚀坑深度和宽度均比普碳钢和纯铁小，可能和生成致密稳定锈层相关，所形成锈层抑制了蚀坑的进一步生长。纯度越高，夹杂物数量越少，蚀坑越不易萌生，因而 5N2 纯铁的蚀坑数量最少。同时，由于 5N2 钝化膜中 Fe^{2+}/Fe^{3+} 比值高，保护性好，有利于抑制蚀坑的进一步生长。因而，5N2 纯铁的蚀坑宽度远小于 3N2 和 4N2 的。

表 5-6 浸泡于 3.5%NaCl 溶液中 1 h 后样品的腐蚀坑特征

材料	最大点蚀坑深度/μm	平均点蚀坑深度/μm	平均点蚀坑宽度/μm	点蚀坑数量
Q235B	29.8	7.4±6.1	82.7±43.5	43
SPA-H	19.1	7.3±3.4	11.2±8.5	98
304L	8.1	3.4±1.5	6.2±3.2	30
3N2	26.1	8.3±5.6	57.4±20.4	64
4N2	22.5	4.9±2.6	32.5±18.4	67
5N2	20.4	5.6±2.6	18.5±14.5	48

电化学阻抗谱和动电位极化结果表明，纯铁的纯度越高，腐蚀速率越低。浸泡 1 h 后，纯铁的腐蚀速率小于普碳钢和耐候钢，但大于不锈钢。

全浸 1 h 样品的腐蚀形貌表明，不同纯度的纯铁中，3N2 纯铁最大蚀坑深度和平均宽度均最大。这可能是由于纯铁的纯度越高，夹杂物数量越少，越不易诱发腐蚀萌生。且纯铁氧化膜中的 Fe^{2+}/Fe^{3+} 值（即耐蚀性）随着纯度的增加而提高。

5.4 纯铁的力学性能特征

高纯金属的研究表明纯度提高，基体中杂质及有害元素含量明显降低，金属的室温拉伸性能会出现明显的变化。

E. Lucon 等研究表明，3N、4N 和 6N 纯铁在 10^{-5} ~ 5×10^{-3} s^{-1} 应变速率下的室温屈服强度和抗拉强度随着纯度增加明显降低，其中应变速率的影响在超纯铁中最为显著。日本的 H. Kimura 教授研究了商业纯铁、高纯铁、超纯铁在低温下的拉伸力学性能发现：商业纯铁的断裂方式是沿晶断裂，高纯铁（RRRH = 3800）是韧性断裂，而超纯铁（RRRH = 5000）则是解理断裂。日本京都大学的 Gao 等研究了高纯铁连续/不连续屈服与霍尔-佩奇斜率的相关性，结果表明，同一高纯铁具有不同的屈服行为，即不连续屈服和连续屈服。Hall-Petch 斜率 k_y 明显依赖于屈服行为，不连续屈服比连续屈服导致了更高的 k_y。通过对真实应力-应变曲线的外推处理，消除了不连续屈服对 k_y 的影响，发现高纯铁中 k_y 值在 100~200 MPa · $\mu m^{1/2}$ 之间极低。日本东北大学的 R. Onodera 等研究铁的屈服应力-温度关系曲线发现，在氧含量低于 10×10^{-4}%的样品中存在驼峰，但在氧含量 450×10^{-4}%的样品中则没有，其认为驼峰不是由残余氧引起的，而是铁的固有特性。北京科技大学的包卫平等研究 10^{-3} ~ 8500 s^{-1} 应变速率下 3N6 纯铁的力学性能发现，试样的绝热温度随着应变率的增加而增加，绝热温升带来的热软化和加工硬化的竞争结果导致在应变率范围在 6000~8500 s^{-1} 时，流动应力随着真实应变的增加呈现先增大后减小的现象。B. Liu 等研究 4N 纯铁材料用于冠状动脉支架的设计发现，元素 Mn、Co、W、B、C 和 S 可以改善轧制铁中的屈服强度和抗拉强度，并增加铁的屈服强度与抗拉强度之间的差值，而元素 Sn 导致力学性能严重降低。

本项目以 3N~5N 级纯铁为基础，开展 3N~5N 级纯铁的室温单轴拉伸性能研究，探讨纯铁纯度变化对其性能的影响。

5.4.1 纯铁的加工处理与组织结构

3N2、4N2 和 5N2 纯铁的化学成分别如表 5-7、表 5-8 和表 5-9 所示。

为方便后期试验的开展，将 3N2、4N2 和 5N2 级纯铁进行冷拉拔，拉拔后直径为 $\phi5$ mm。图 5-12、图 5-13、图 5-14 分别为 3N2、4N2 和 5N2 纯铁锻态和冷拉拔后的宏观形貌以及光学组织形貌，由于 5N2 纯铁试样有限，未经锻造直接进行冷拉拔。

表 5-7 3N2 纯铁化学成分 （%）

C	H	Mn	P	S	Cr	Ni	Al
17×10^{-4}	$<3\times10^{-4}$	75×10^{-4}	74×10^{-4}	35×10^{-4}	73×10^{-4}	46×10^{-4}	150×10^{-4}
Cu	O	N	Co	Si	Ge	As	Mo
66×10^{-4}	30×10^{-4}	35×10^{-4}	13×10^{-4}	33×10^{-4}	6.9×10^{-4}	42×10^{-4}	12×10^{-4}

表 5-8 4N2 纯铁化学成分 （%）

C	H	Mn	P	S	Cr	Ni	Al
1.77×10^{-4}	$<3\times10^{-4}$	1.1×10^{-4}	8.9×10^{-4}	6.9×10^{-4}	2.2×10^{-4}	7.3×10^{-4}	0.17×10^{-4}
Cu	O	N	Co	Si	Ge	As	Mo
10×10^{-4}	3.88×10^{-4}	3.3×10^{-4}	19×10^{-4}	0.56×10^{-4}	1.3×10^{-4}	0.23×10^{-4}	0.22×10^{-4}

表 5-9 5N2 纯铁化学成分 （%）

C	H	Mn	P	S	Cr	Ni	Al
2.64×10^{-4}	$<0.4\times10^{-4}$	$<0.05\times10^{-4}$	0.53×10^{-4}	0.16×10^{-4}	0.37×10^{-4}	0.49×10^{-4}	0.09×10^{-4}
Cu	O	N	Co	Si	Ge	As	Mo
$<0.05\times10^{-4}$	1.7×10^{-4}	0.086×10^{-4}	0.92×10^{-4}	0.01×10^{-4}	0.11×10^{-4}	$<0.05\times10^{-4}$	0.37×10^{-4}

由图 5-12（b）和图 5-13（b）可知，锻态的 3N2 和 4N2 纯铁组织均为粗晶铁素体，混晶现象比较严重。3N2、4N2 和 5N2 纯铁在经过冷拉拔后，拉拔前较规则的组织均沿变形方向被拉长，组织呈纤维状。

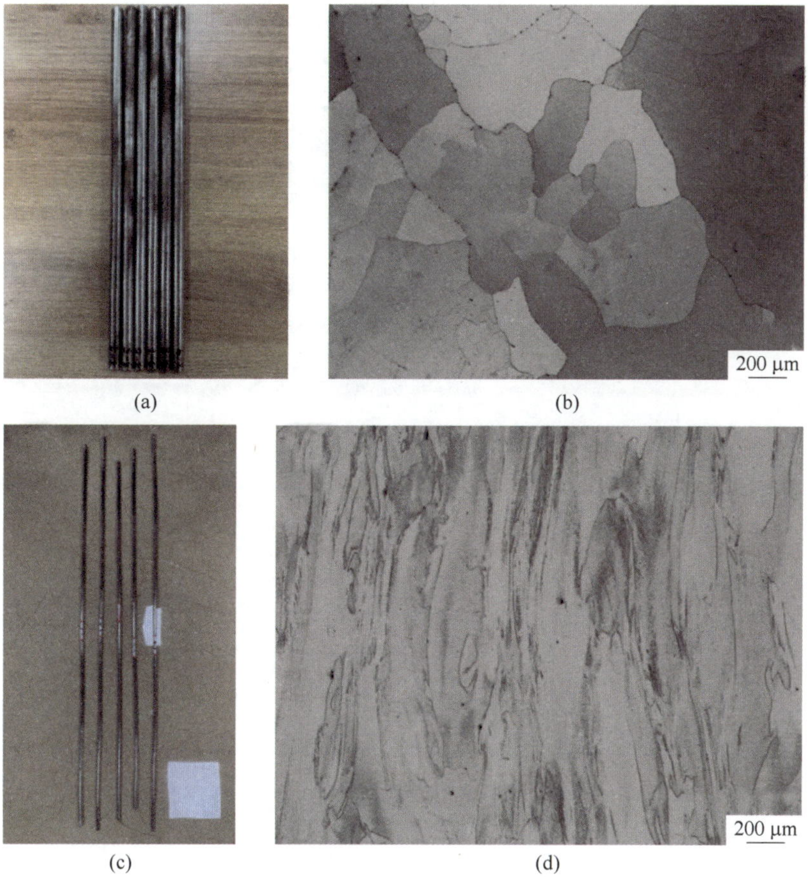

图 5-12 3N2 纯铁锻态和拉拔态形貌

（a）锻态宏观形貌；（b）锻态光学显微组织；（c）拉拔态宏观形貌；（d）拉拔态光学显微组织

为避免晶粒尺寸不统一造成试验结果缺乏可靠对比，通过热处理调控 3N2、4N2 和 5N2 纯铁的晶粒尺寸。图 5-15 为 3N2、4N2 和 5N2 纯铁经过多次热处理试验后所确定的最佳热处理后的光学组织，根据 GB/T 6394—2017《金属平均晶粒度测定方法》，采用截点法计算图 5-15 显示出的平均晶粒尺寸，结果如表 5-10 所示。由图 5-15 可知，热处理后 3N2、4N2 和 5N2 纯铁获得了较为均匀的等轴铁素体晶粒，且组织均完成了再结晶过程。其中，3N2、4N2 纯铁热处理后晶粒度比较接近，5N2 纯铁由于纯度高，杂质元素含量低，热处理过程晶粒容易长大，形成粗大的等轴晶。

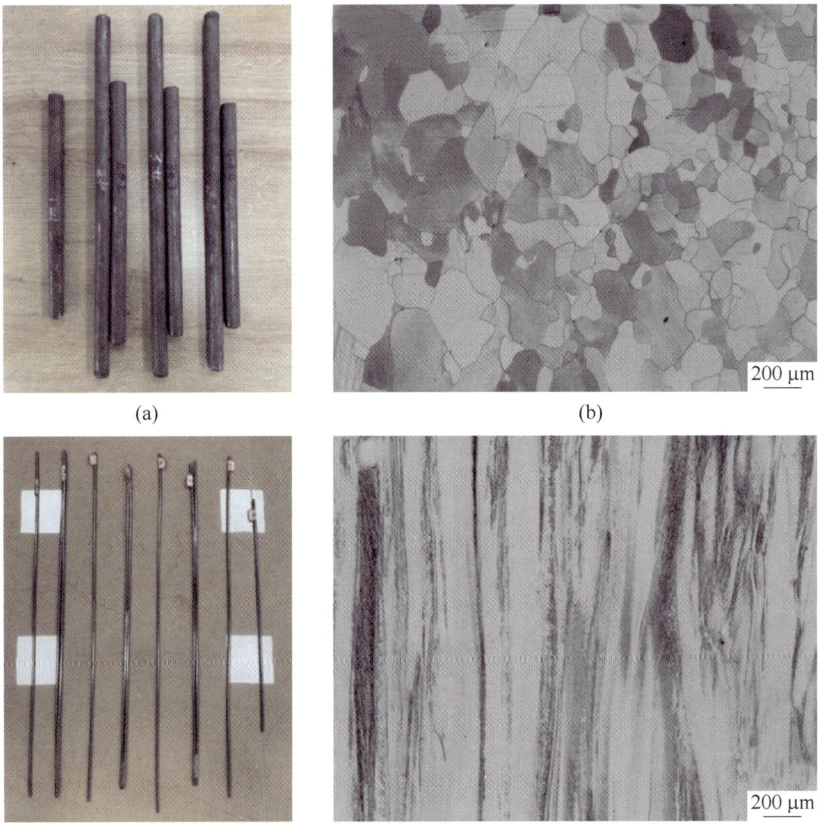

(a) (b)

(c) (d)

图 5-13　4N2 纯铁锻态和拉拔态形貌

（a）锻态宏观形貌；（b）锻态光学显微组织；（c）拉拔态宏观形貌；（d）拉拔态光学显微组织

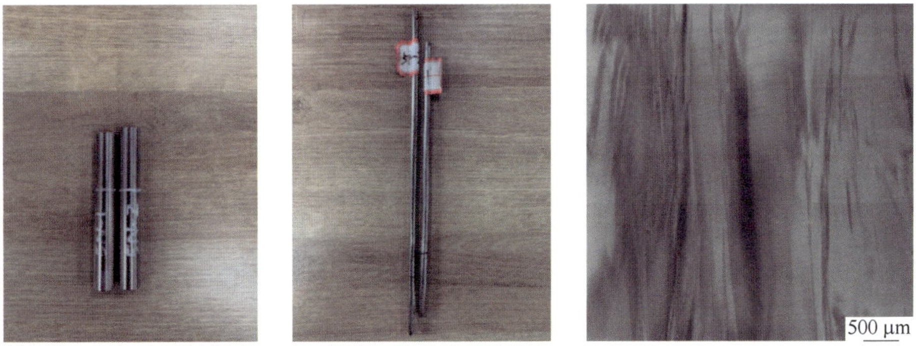

(a) (b) (c)

图 5-14　5N2 纯铁锻态和拉拔态形貌

（a）锻态宏观形貌；（b）拉拔态宏观形貌；（c）拉拔态光学显微组织

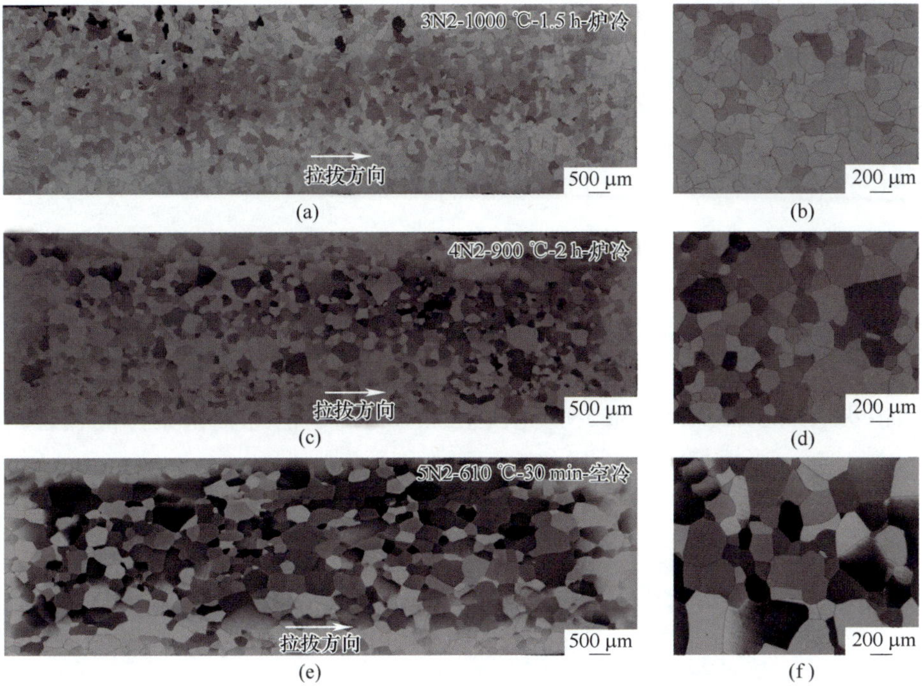

图 5-15　3N2、4N2 和 5N2 纯铁退火态光学组织

（a）（b）3N2 宏观和局部组织；（c）（d）4N2 宏观和局部组织；（e）（f）5N2 宏观和局部组织

表 5-10　3N2、4N2 和 5N2 纯铁的热处理工艺与平均晶粒尺寸

材质	热处理工艺	晶粒度等级/级	平均晶粒尺寸/μm
3N2 纯铁	1000 ℃-保温 1.5 h-炉冷	2	225
4N2 纯铁	900 ℃-保温 2 h-炉冷	2	249
5N2 纯铁	610 ℃-保温 30 min-空冷	0.5	407

5.4.2　纯铁的拉伸力学性能及形变织构

通过 Instron 100 kN 静态试验机测试 3N2、4N2 和 5N2 纯铁在 10^{-5}～10^{-2} s^{-1} 应变速率下的常温力学性能，力学测试试样尺寸如图 5-16 所示。

组织观察时取 15×ϕ5 mm 的圆柱状试样沿轴向剖开，定义观察面为样品的法向 ND 面，长度方向为轴向 WD（即拉拔方向），宽度方向为径向 TD。图 5-17 为退火态 3N2、4N2 和 5N2 纯铁光学组织，由图 5-17 可

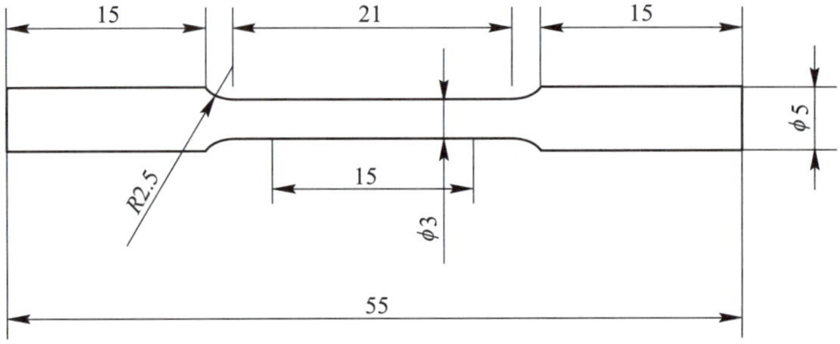

图 5-16 力学测试试样尺寸图

知退火后的 3N2、4N2 和 5N2 纯铁组织均为均匀的等轴铁素体晶粒，均完成了再结晶过程。

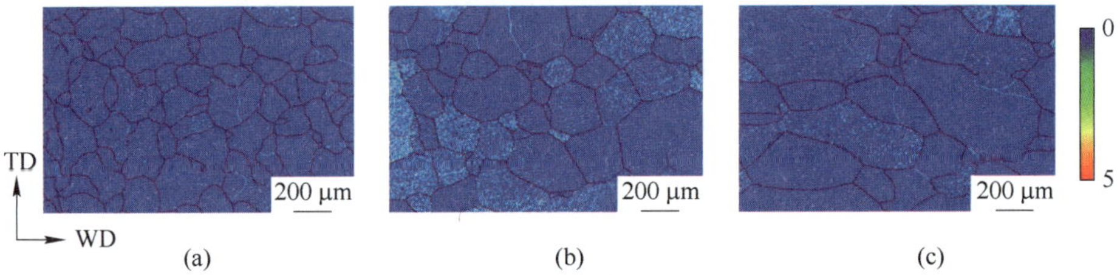

图 5-17 退火态纯铁样品的局部取向差分布

（a）3N2；（b）4N2；（c）5N2

位错使得晶体产生变形，晶体变形会随位错的增加而积累，累积的变形会使材料局部出现小角度的取向变化，从而形成位错墙，甚至亚晶界等亚结构。局部取向差是指 EBSD 面扫描数据中每个晶粒内部任一数据点与相邻数据点之间的取向差，利用局部取向差可以研究塑性变形金属中晶粒内部的取向变化，尽管不能直接测量位错密度，但可以通过取向变化来衡量应变能的相对大小。

图 5-18 为退火态纯铁样品的局部取向差分布图，其中，不同颜色深度代表不同程度的应变集中，可反映各区域应变能的相对情况。可以看出 3N2 纯铁、4N2 高纯铁以及 5N2 超纯铁样品的组织均为等轴铁素体，表明样品基本完成了再结晶过程；且样品晶粒内部无明显应变集中，进一步表明退火态纯铁样品再结晶过程完全。

对于多晶体材料，晶粒偏离随机分布而发生择优取向的结果被称为织构，而织构的存在使材料的力学性能产生各向异性，导致材料具有不同的变形能力。图 5-18 所示为退火态纯铁样品反极图，由于观察区域有限，不具备统计性，因此从图中 EBSD 数据能够观察到只反映局部区域的微观取向，3N2、4N2 和 5N2 纯铁都有较稳定的晶粒取向。3N2 纯铁样品主要具有〈111〉∥ND 的晶粒取向；4N2 高纯铁样品主要具有〈$\bar{1}\bar{4}2$〉∥WD 的取向，其次是〈$4\bar{1}0$〉∥TD 的晶粒取向；5N2 超纯铁样品的织构主要是〈$\bar{1}\bar{4}3$〉∥WD 的晶粒取向，其次是〈104〉∥ND、〈223〉∥ND 的取向。由此可知，随着纯铁纯度的升高，杂质原子对晶粒取向的阻碍程度减弱，导致 5N2 超纯铁和 4N2 高纯铁产生异于低纯度 3N2 纯铁的晶粒微观取向特征。

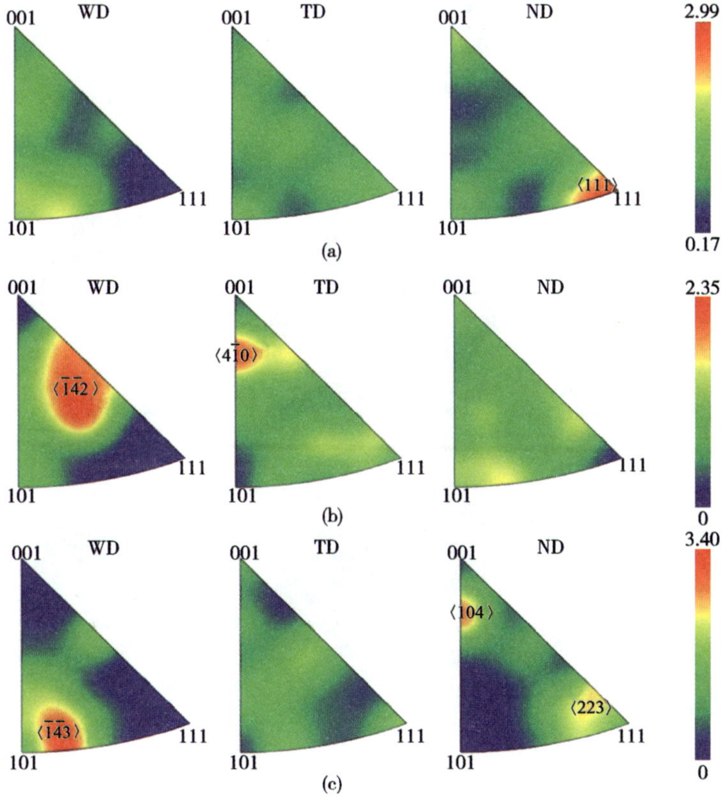

图 5-18　退火态纯铁样品反极图

（a）3N2；（b）4N2；（c）5N2

图 5-19 是退火态纯铁样品的｛100｝、｛110｝、｛111｝极图。可见，3N2、4N2 和 5N2 纯铁均显示出了较为明显的织构特征。其中，随着纯度的增加，纯铁样品织构特征集中，随机织构较少，这是由于溶质原子（对于纯铁则为杂质原子）倾向于在位错及晶界等晶体缺陷处偏聚，阻碍位错运动、晶界迁移和晶粒转动等，使晶粒取向的变化和再结晶织构的形成变得困难。由此可知，随着纯铁纯度的提升，杂质原子对晶粒取向的阻碍程度减弱，导致其织构形成更为集中。

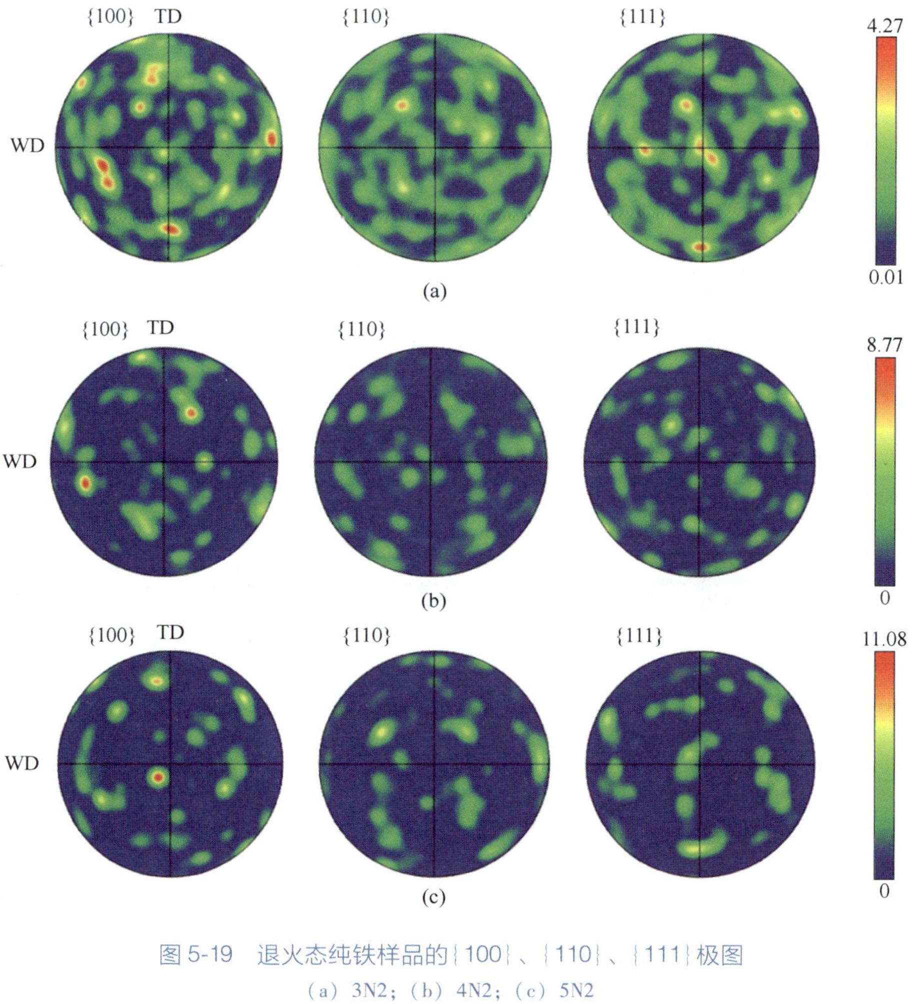

图 5-19 退火态纯铁样品的｛100｝、｛110｝、｛111｝极图

（a）3N2；（b）4N2；（c）5N2

一个滑移面和此面上的一个滑移方向合称为一个滑移系，当晶体滑移时，位错在滑移面上沿滑移方向相对滑动，这需要在滑移面上沿滑移方向上有适当的分切应力，而滑移系开动所需要的分切应力 τ 与拉伸应力 σ 的关系满足下式：

$$\tau \geqslant \tau_c = \sigma m$$

式中，m 为取向因子或 Schmid 因子，取值范围为 0~0.5；τ_c 为临界分切应力，其与晶体的类型、纯度等有关，也把该式称为 Schmid 定律，即当滑移面上沿滑移方向作用的分切应力达到某一临界值 τ_c 时，单晶体便开始滑移；公式中 Schmid 因子 m 的计算式为：

$$m = \cos\varphi \cdot \cos\lambda$$

式中，φ 为外加载荷方向与滑移面法向的夹角；λ 为外加载荷方向与滑移方向的夹角。根据上述公式的 Schmid 定律可知，晶粒 Schmid 因子能够一定程度反映晶粒开始变形的难易程度。

已知，体心立方晶体的滑移面通常是｛110｝，还有可能是｛112｝和｛123｝，而滑移方向都是〈111〉，那么在 AZtecCrystal 软件中设置外加载荷方向为样品拉拔方向，则可测定晶粒在特定滑移系下的 Schmid 因子。

图 5-20 为在｛110｝〈111〉、｛112｝〈111〉和｛123｝〈111〉滑移系下退火态纯铁样品的晶粒 Schmid 因子。可以看出，退火态 3N2、4N2 和 5N2 纯铁样品晶粒都具有较高的 Schmid 因子，表明退火态纯铁样品的晶粒中易发生塑性变形的占绝大多数。对晶粒 Schmid 因子大于 0.45 部分所占的比例进行了统计，如表 5-11 和表 5-12 所示，发现三个滑移系下 3N2 纯铁样品的占比跨度较大，最低占比 0.66，最高占比 0.81，表明其在变形时晶粒间的协调程度将变大；4N2 纯铁样品占比跨度也较大，最低占比 0.65，最高占比 0.91；5N2 超纯铁样品的三个滑移系的占比均在较高值 0.75 以上，且晶粒 Schmid 因子大于 0.45 的占比最高，为 2.49，其晶粒均表现出了极大的“软取向特征”，表明 5N2 超纯铁在外力作用下晶粒易发生塑性变形。

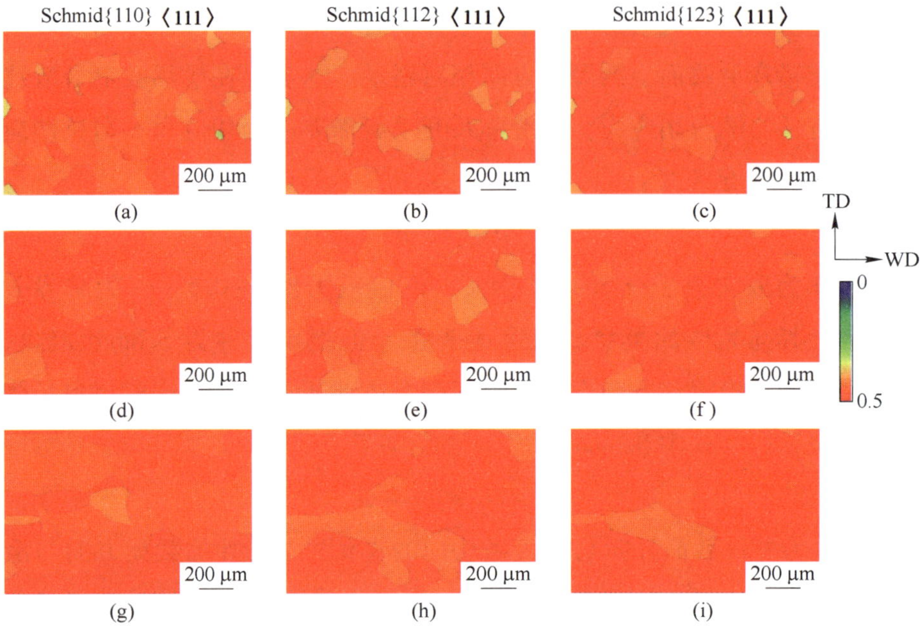

图 5-20 退火态纯铁样品在三种滑移系下的晶粒 Schmid 因子分布图
(a)~(c)3N2；(d)~(f)4N2；(g)~(i)5N2

表 5-11 退火态纯铁样品在三种滑移系下晶粒 Schmid 因子大于 0.45 所占的比例

滑移系	晶粒 Schmid 因子大于 0.45 所占的比例		
	3N2	4N2	5N2
{110}⟨111⟩	0.66	0.91	0.80
{112}⟨111⟩	0.81	0.65	0.78
{123}⟨111⟩	0.89	0.89	0.91
总计	2.37	2.45	2.49

表 5-12 退火态纯铁样品在三种滑移系下的晶粒 Schmid 因子平均值

滑移系	晶粒 Schmid 因子平均值		
	3N2	4N2	5N2
{110}⟨111⟩	0.46	0.47	0.47
{112}⟨111⟩	0.47	0.46	0.47
{123}⟨111⟩	0.48	0.48	0.48
平均值	0.47	0.47	0.48

表5-12为计算出的三种滑移系下退火态纯铁样品的晶粒 Schmid 因子总和平均值。可见，退火态3N2、4N2和5N2纯铁样品晶粒 Schmid 因子平均值均大于0.45，表明三种纯度纯铁样品均具有良好的变形能力，且5N2超纯铁的晶粒 Schmid 因子平均值总和最大，表明杂质原子含量将对纯铁退火处理中的晶粒转动过程产生一定影响。

对3N2、4N2和5N2纯铁进行室温单轴拉伸试验。根据 GB/T 228.1—2021 对纯铁进行室温单轴拉伸试验，应变速率为 $10^{-5} \sim 10^{-2}\ s^{-1}$。图5-21是3N2、4N2和5N2纯铁在不同应变速率下的室温单轴拉伸工程应力-应变曲线。由表5-13及图5-21可以看出，当应变速率为 $10^{-4} \sim 10^{-2}\ s^{-1}$ 时，随着应变速率的增加，3N2、4N2和5N2纯铁的工程应力-应变曲线整体上呈现升高趋势，屈服强度和抗拉强度也不断升高。这是因为在应变速率较高时将产生大量的位错缠结，使得位错的运动被严重阻碍，导致应力增加。这里值得注意的是，3N2纯铁在应变速率为 $10^{-5}\ s^{-1}$ 时的强度反而高于 $10^{-4} \sim 10^{-2}\ s^{-1}$ 时的，与4N2和5N2纯铁呈现出不一样的趋势，这种反常现象需要后续继续验证，属于操作误差还是3N级纯铁的本征现象。较高应变速率拉伸过程中，由于材料的变形存在局部性和不等温性，使得应变产生的热量不能及时扩散到环境中，从而引起拉伸试样局部温度升高，导致加工软化现象发生。在低应变速率下主要是加工硬化起主导作用，而加工软化则主要影响高应变速率下的拉伸性能。3N2、4N2和5N2纯铁的杂质原子逐渐减少，使得对位错的钉扎作用减弱，导致屈服平台逐渐变短甚至消失。另外，屈服平台的长度与材料的应变速率关系密切，当应变速率变小时，屈服平台的长度变短。

当应变速率相同时，随着纯铁纯度的提高，材料的屈服强度和抗拉强度呈下降趋势，表明纯铁纯度提高，杂质原子的减少会对位错的钉扎作用减弱，加工硬化程度下降，强度降低。

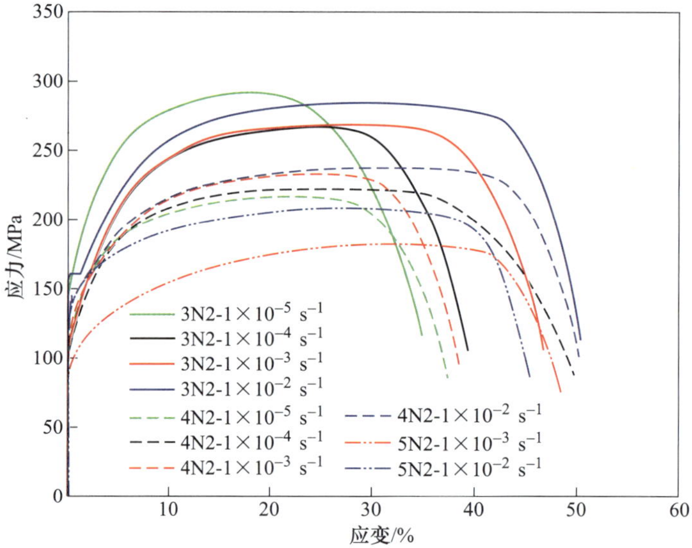

图 5-21　不同应变速率下纯铁的工程应力-应变曲线

表 5-13　不同应变速率下 3N2、4N2 和 5N2 纯铁的室温拉伸力学性能

力学性能	材料	应变速率/s^{-1}			
		1×10^{-5}	1×10^{-4}	1×10^{-3}	1×10^{-2}
屈服强度/MPa	3N2	153	123	129	162
	4N2	113	114	116	145
	5N2			94	142
抗拉强度/MPa	3N2	292	269	269	286
	4N2	216	227	233	238
	5N2			192	209
断后伸长率/%	3N2	35	39	47	50
	4N2	38	50	38	50
	5N2			49	45

图 5-22 是室温单轴拉伸不同应变速率下（$10^{-5}\sim10^{-2}\ s^{-1}$）的 3N2、4N2 和 5N2 纯铁的真应力-真应变曲线。由图可知，随着应变速率的增加，3N2、4N2 和 5N2 纯铁的真应力-真应变曲线的加工硬化阶段曲率有逐渐减小趋势，表明材料形变强化能力在不断减弱。在相同应变速率条

件下，观察 3N2、4N2 和 5N2 纯铁的真应力-真应变曲线发现，随着纯铁纯度的提高，真应力-真应变曲线的加工硬化阶段曲率逐渐减小，表明溶质原子的减少影响了材料的形变强化能力。

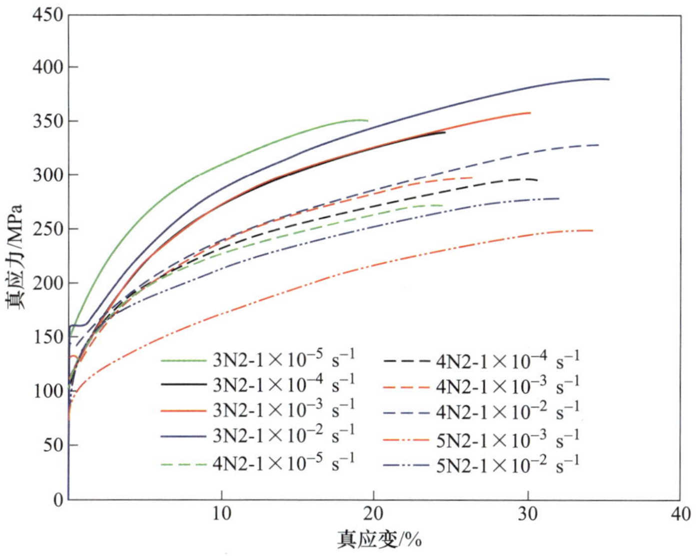

图 5-22　不同应变速率下纯铁的真应力-真应变曲线

图 5-23（a）（b）（c）分别是 3N2、4N2 和 5N2 纯铁的加工硬化速率曲线，加工硬化速率曲线表明了一种连续的加工硬化行为。由图可知，各应变速率条件下，3N2、4N2 和 5N2 纯铁的加工硬化速率曲线所表现出来的规律一致，即随着真应变的增加每条加工硬化速率曲线都拥有三个明显的变化阶段：快速下降阶段、缓慢下降阶段和快速下降至颈缩阶段。

在变形初期快速下降阶段，变形量不大。不管是何应变速率，随着变形程度的增加，3N2、4N2 和 5N2 纯铁的加工硬化速率均快速下降。这是因为 3N2、4N2 和 5N2 纯铁刚结束屈服变形，开始进入均匀塑性变形阶段，在该阶段的初期，滑移系大量启动、位错的交互作用加强以及位错密度的增加使得加工硬化速率增大；随着塑性变形的进行，螺型位错通过交滑移绕过障碍，异号位错发生交互作用抵消，这些行为降低了

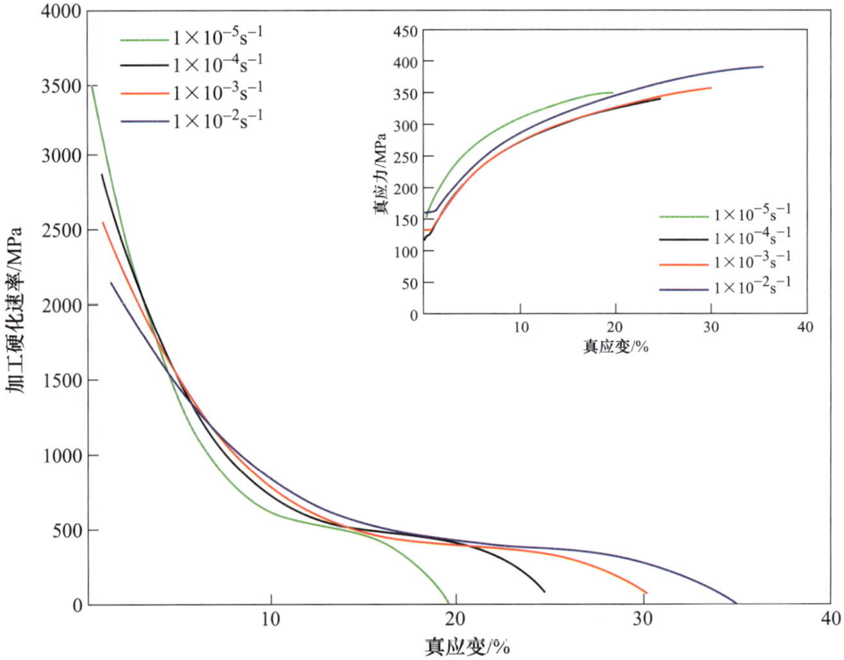
4000
3500
3000
2500
2000
1500
1000
500
0
10
20
30
40
加工硬化速率/MPa
真应变/%
1×10⁻⁵s⁻¹
1×10⁻⁴s⁻¹
1×10⁻³s⁻¹
1×10⁻²s⁻¹
真应力/MPa
450
400
350
300
250
200
150
100
50

(a)

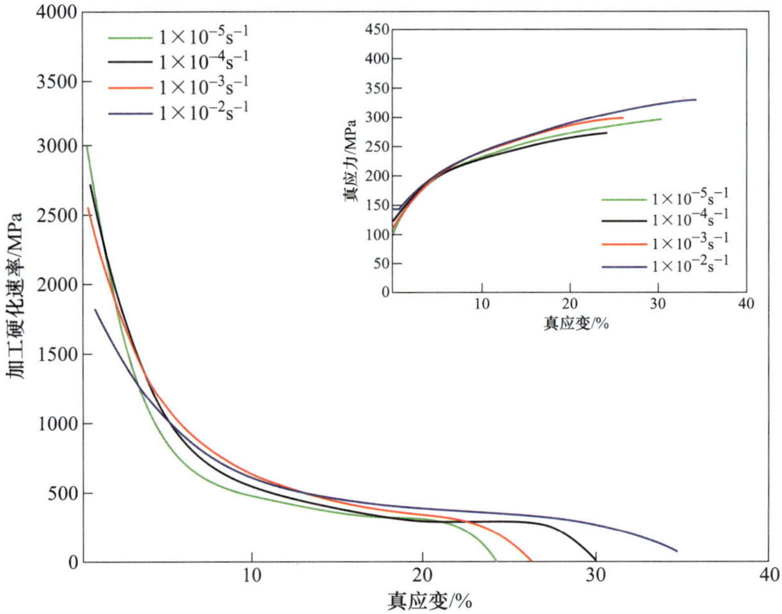
4000
3500
3000
2500
2000
1500
1000
500
0
10
20
30
40
加工硬化速率/MPa
真应变/%
1×10⁻⁵s⁻¹
1×10⁻⁴s⁻¹
1×10⁻³s⁻¹
1×10⁻²s⁻¹
真应力/MPa
450
400
350
300
250
200
150
100
50

(b)

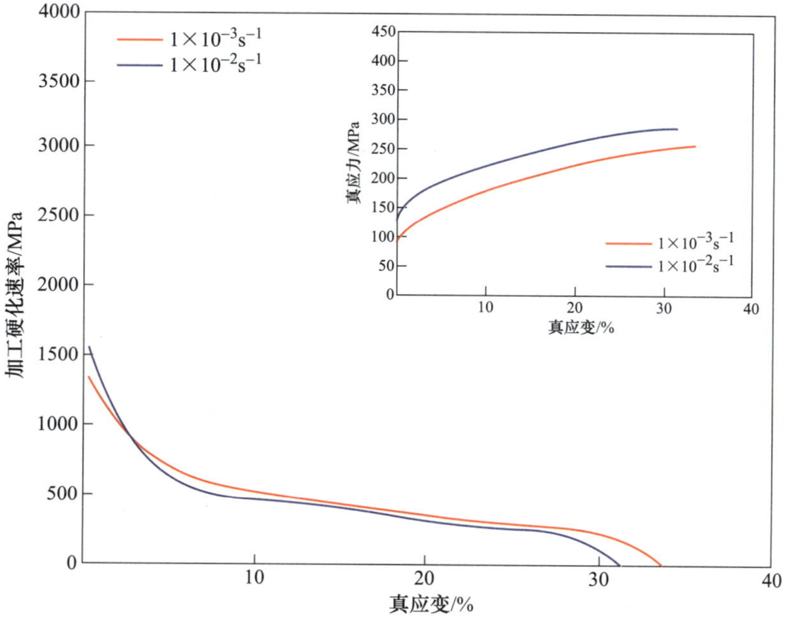

(c)

图 5-23　不同应变速率下纯铁的加工硬化速率曲线

（a）3N2；（b）4N2；（c）5N2

位错密度，导致加工硬化速率显著下降。

在缓慢下降阶段，由于变形量到达了一定程度，当变形量继续增大时，位错胞壁处位错变长，形成具有软化作用的亚晶界，导致加工硬化作用减弱，所以各应变速率下，3N2、4N2 和 5N2 纯铁的加工硬化速率继续缓慢下降。

在快速下降至颈缩阶段，各应变速率下，随着变形量继续增大，3N2、4N2 和 5N2 纯铁的加工硬化速率下降态势增强；这是因为，在缓慢下降阶段已经产生的大量位错缠结阻碍了位错的继续形成，新产生的位错越来越少，造成此阶段加工硬化速率下降加快，直至材料颈缩发生。

为了进一步研究 3N2、4N2 和 5N2 纯铁的变形行为，对 $1\times10^{-5}\ s^{-1}$、$1\times10^{-4}\ s^{-1}$、$1\times10^{-3}\ s^{-1}$、$1\times10^{-2}\ s^{-1}$ 四个应变速率下，纯铁拉伸变形后的试样断口进行形貌观察。其中低倍图观察区域为断口纤维区，高倍图观察区域为低倍图中的红色方框位置。

图 5-24 是不同应变速率下拉伸变形后 3N2 纯铁的断口形貌图。由图可知，3N2 纯铁在不同应变速率下的室温拉伸断口侧面呈波浪状，这是由试样发生颈缩造成的，且断口纤维区均表现出聚集小韧窝包围大韧窝的混合形貌，这些大韧窝的尺寸较大，深度很深，小韧窝则出现聚集现象，整体上所有试样表现为塑性断裂特征。已知韧窝的尺寸和深度可以表明试样在断裂前吸收能量的状况，吸能越大则会带来更多的塑性变形。进一步观察断口形貌高倍图 5-24（c）（f）（i）（l）发现，3N2 纯

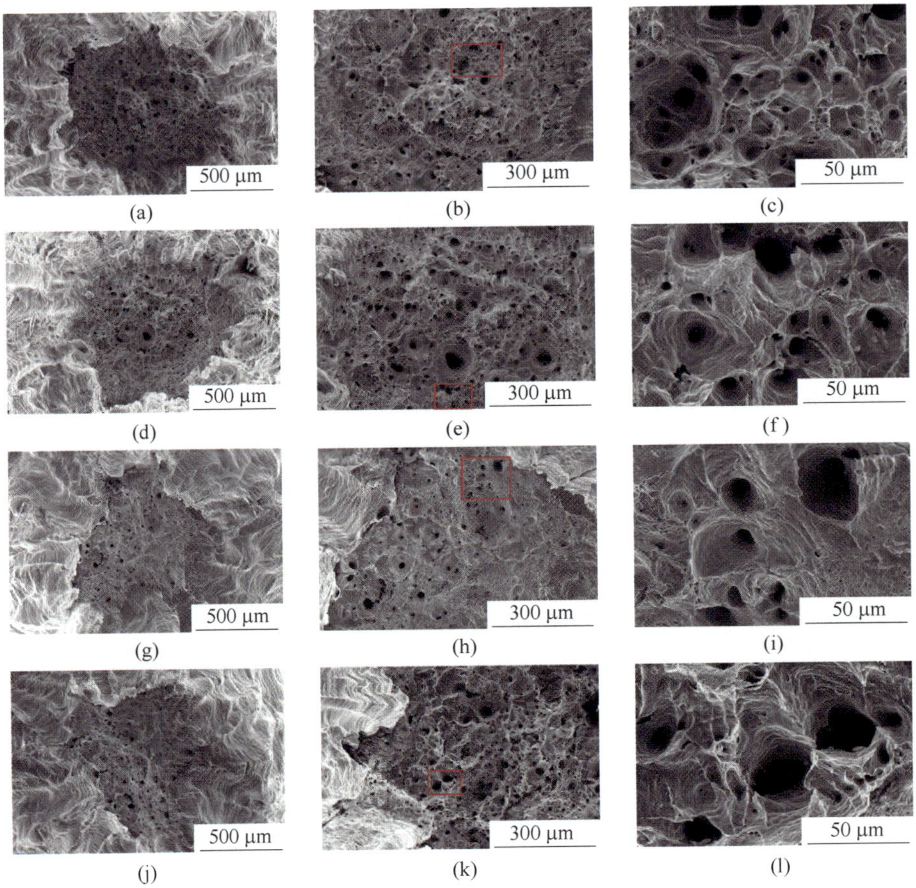

图 5-24　不同应变速率下拉伸变形后 3N2 纯铁的断口形貌

((a)(d)(g)(j)分别是断口宏观形貌；

(c)(f)(i)(l)分别是(b)(e)(h)(k)的高倍放大图)

(a)~(c) $1\times10^{-5}\ s^{-1}$；(d)~(f) $1\times10^{-4}\ s^{-1}$；

(g)~(i) $1\times10^{-3}\ s^{-1}$；(j)~(l) $1\times10^{-2}\ s^{-1}$

铁在 $1\times10^{-2}\ s^{-1}$ 较高应变速率下的大韧窝尺寸和深度最明显，表明其塑性变形能力最强，断后伸长率最大，这与测试的数据一致。

图 5-25 是不同应变速率下拉伸变形后 4N2 纯铁的断口形貌图。由图可知，4N2 纯铁不同应变速率下的室温拉伸断口形貌与 3N2 类似，断口侧面呈波浪状，纤维区均为聚集小韧窝包围大韧窝，且 4N2 纯铁在 $1\times10^{-2}\ s^{-1}$ 较高应变速率下的大韧窝尺寸和深度最明显，表明其塑性变形能力最强，断后伸长率最大，这也与试验数据相对应。

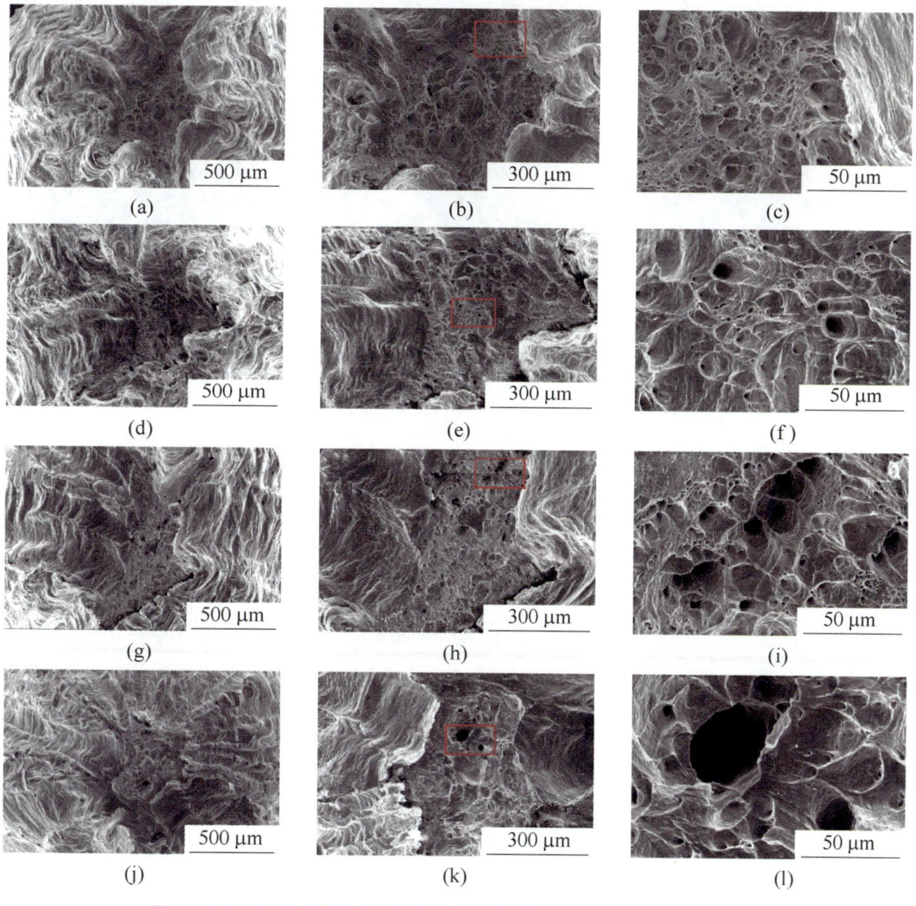

图 5-25　不同应变速率下拉伸变形后 4N2 纯铁的断口形貌

((a)(d)(g)(j)分别是断口宏观形貌；

(c)(f)(i)(l)分别是(b)(e)(h)(k)的高倍放大图)

(a)~(c)$1\times10^{-5}\ s^{-1}$；(d)~(f)$1\times10^{-4}\ s^{-1}$；

(g)~(i)$1\times10^{-3}\ s^{-1}$；(j)~(l)$1\times10^{-2}\ s^{-1}$

图 5-26 是不同应变速率下拉伸变形后 5N2 纯铁的断口形貌图。由断口低倍图可知，5N2 纯铁拉伸断裂后的断口呈扁平状态，断口两侧呈波浪状，在断口处也可以观察到小韧窝包围大韧窝的现象，5N2 纯铁在 $1\times10^{-3}\ s^{-1}$ 的应变速率下的大韧窝尺寸和深度最明显，表明其塑性变形能力最强，断后伸长率最大，与实验数据结果相符。

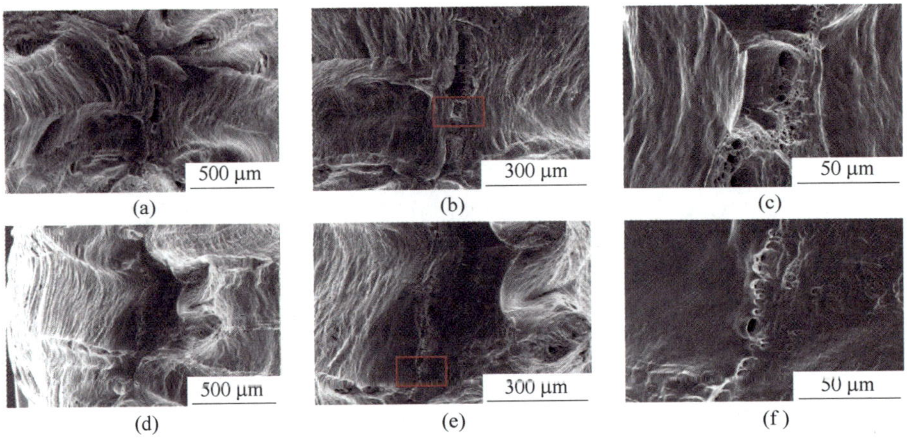

图 5-26　不同应变速率下拉伸变形后 5N2 纯铁的断口形貌

((a)(d)分别是断口宏观形貌;(c)(f)分别是(b)(e)的高倍放大图)

(a)~(c) $1\times10^{-3}\ s^{-1}$;(d)~(f) $1\times10^{-2}\ s^{-1}$

图 5-27（a）（b）（c）和图 5-28（a）（b）（c）分别为应变速率在 $1\times10^{-2}\ s^{-1}$ 和 $1\times10^{-3}\ s^{-1}$ 的变形态 3N2、4N2 和 5N2 纯铁样品的局部取向差分布图。观察晶粒可以看出，在应变速率为 $1\times10^{-2}\ s^{-1}$ 时，3N2、4N2 和 5N2 纯铁样品的等轴铁素体晶粒均发生了较大程度的塑性变形，导致其晶粒沿变形方向被拉长。而当应变速率为 $1\times10^{-3}\ s^{-1}$ 时，由于晶粒较粗且拉伸速率慢，晶粒变形程度相对 $1\times10^{-2}\ s^{-1}$ 时较小。观察晶粒内的局部取向差分布可知，3N2 纯铁各晶粒局部取向差的差别较大，均匀性较低，4N2 高纯铁次之，而 5N2 超纯铁较为均一。这是因为退火态 5N2 超纯铁晶粒 Schmid 因子大于 0.45 所占的比例和晶粒 Schmid 因子总和的平均值均为最大。那么对于数值较小的 3N2 纯铁而言，在变形过程中，那些“软取向”的晶粒更容易达到滑移的分切应力而先于“硬取向”

的晶粒发生塑性变形，使得“硬取向”晶粒对“软取向”晶粒滑移产生阻碍作用，从而导致3N2纯铁晶粒塑性变形不均匀。

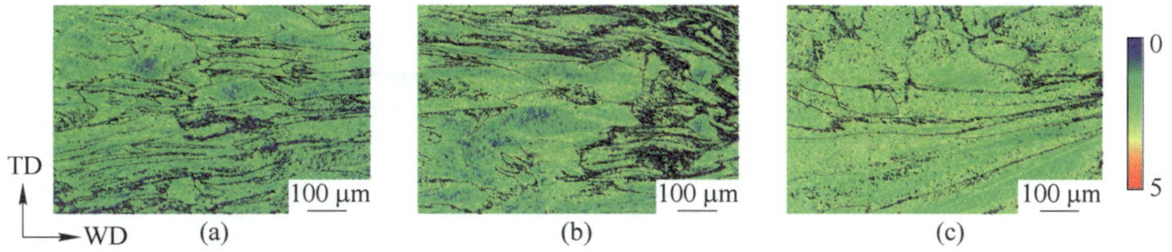

图 5-27 应变速率为 1×10^{-2} s^{-1} 变形态纯铁样品的局部取向差分布

(a) 3N2；(b) 4N2；(c) 5N2

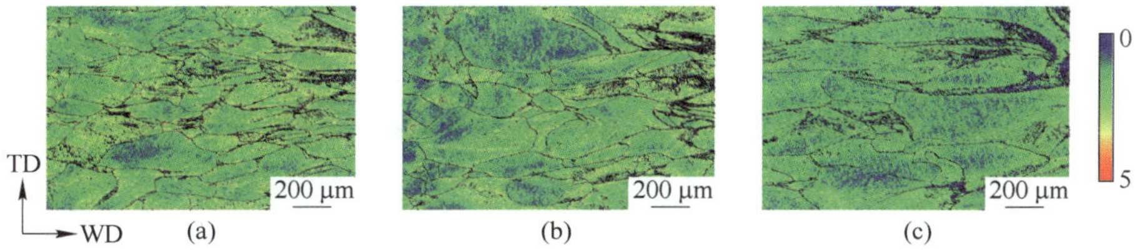

图 5-28 应变速率为 1×10^{-3} s^{-1} 变形态纯铁样品的局部取向差分布

(a) 3N2；(b) 4N2；(c) 5N2

图5-29和图5-30分别为经过应变速率为 1×10^{-2} s^{-1} 拉伸变形后纯铁样品拉伸方向WD、径向TD和法向ND分布的反极图和极图。可以看出3N2纯铁主要具有〈101〉//WD的取向，其次是〈111〉//ND的取向；4N2纯铁主要具有〈$\bar{1}10$〉//WD的取向，其次是〈$\bar{1}\bar{1}1$〉//TD的取向；而5N2纯铁的晶粒取向主要集中在〈111〉//ND的取向，其次是〈111〉//WD以及〈304〉//ND的取向。3N2和4N2纯铁变形后的主要局部微观取向为〈110〉‖WD，而5N2纯铁则是〈111〉‖ND，经过变形后5N2与3N2和4N2择优取向出现差异，有可能是局部区域或纯度提高等原因导致，需要后续从不同角度继续深入研究。

把变形态纯铁表现出的取向特征与退火态纯铁的取向特征对比发现，在经历了 1×10^{-2} s^{-1} 应变速率的拉伸变形后，变形态纯铁的晶粒取向逐渐集中化，表明纯铁晶粒随着塑性变形发生转动，晶粒取向发生择优分布，产生形变织构。

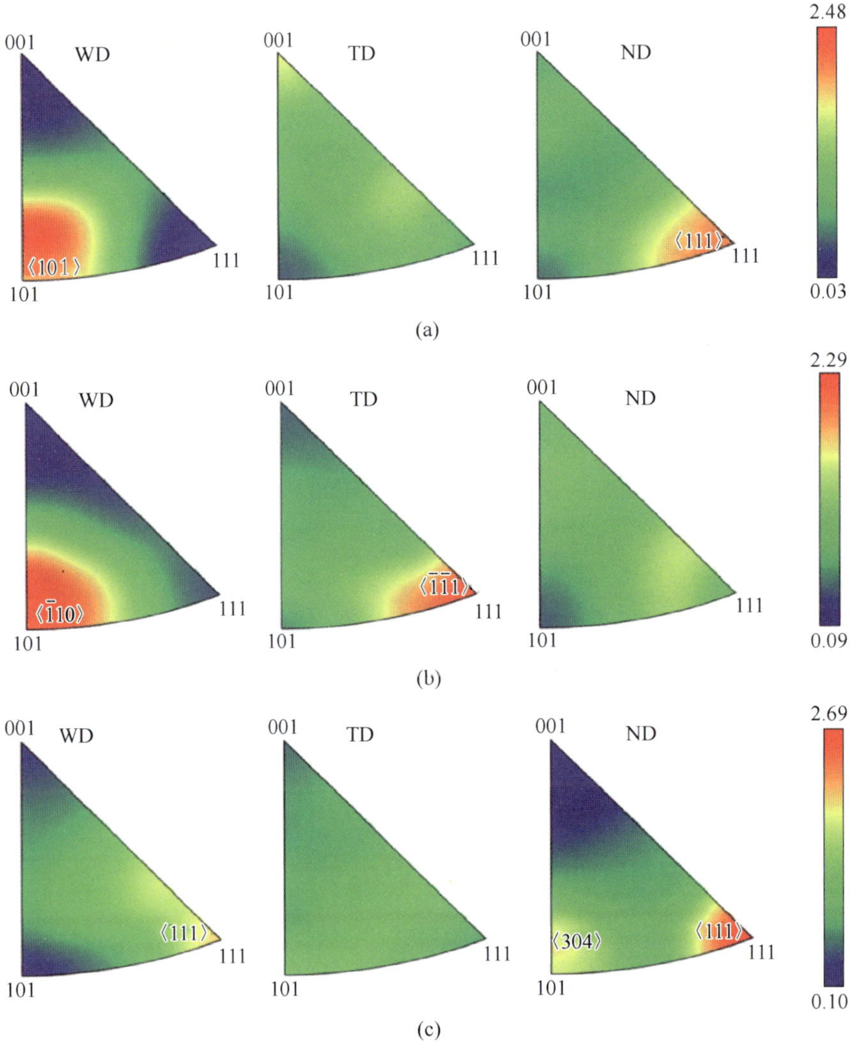

图 5-29　应变速率为 1×10^{-2} s^{-1} 变形态纯铁样品反极图

(a) 3N2；(b) 4N2；(c) 5N2

图 5-31 和图 5-32 分别为经过应变速率为 1×10^{-3} s^{-1} 拉伸变形后纯铁样品拉伸方向 WD、径向 TD 和法向 ND 分布的反极图和极图。可以看出 3N2 纯铁的晶粒取向主要集中在〈101〉//WD 方向；4N2 纯铁主要具有〈111〉//ND 方向的取向，其次是〈3$\bar{4}$1〉//WD 的取向；而 5N2 纯铁的晶粒取向主要具有〈101〉//WD 方向的取向，其次是〈111〉//TD、〈223〉//ND 的取向。可知，应变速率降低后，3N2 和 5N2 纯铁的局部微

观取向为〈110〉‖WD，而4N2纯铁为〈111〉‖ND，这种差异是局部区域还是应变速率等导致，仍需继续深入研究。

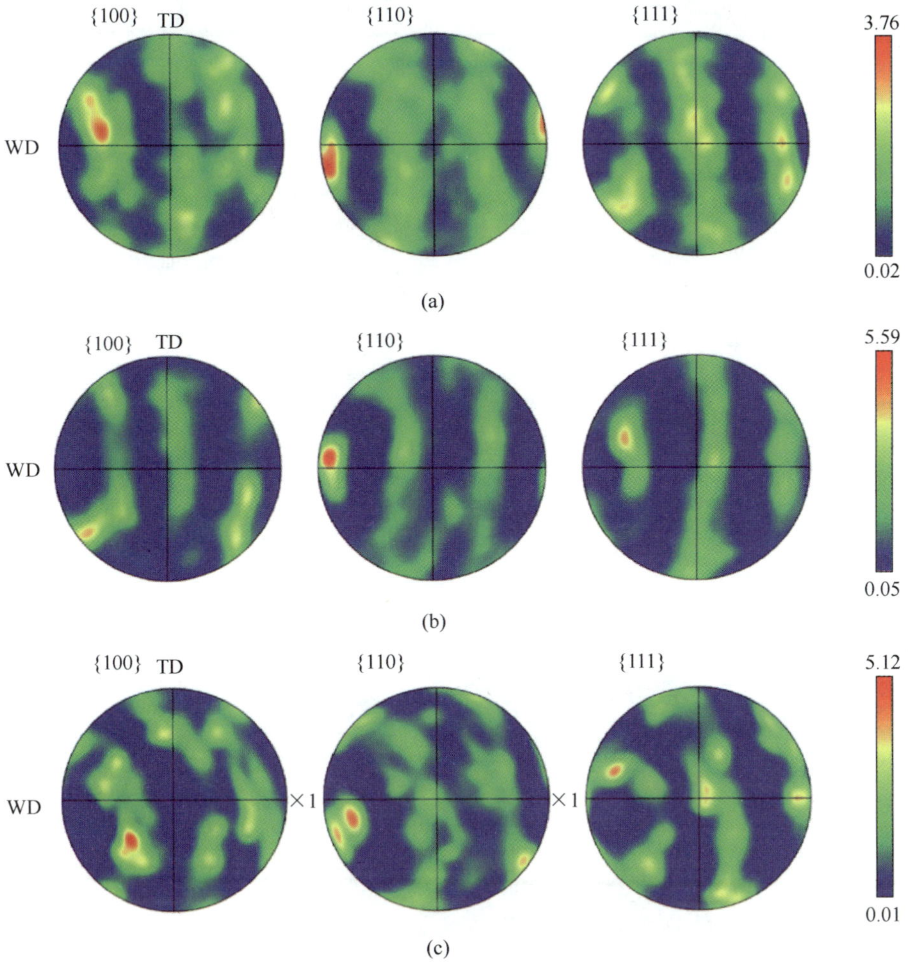

图5-30 应变速率为 $1\times10^{-2}\ s^{-1}$ 变形态纯铁样品极图

（a）3N2；（b）4N2；（c）5N2

与 $1\times10^{-2}\ s^{-1}$ 应变速率的拉伸变形后类似，在经历了 $1\times10^{-3}\ s^{-1}$ 应变速率的拉伸变形后，变形态纯铁的晶粒取向逐渐集中化，表明纯铁晶粒会随着塑性变形的进行而发生转动，使得晶粒取向发生择优分布，产生形变织构。

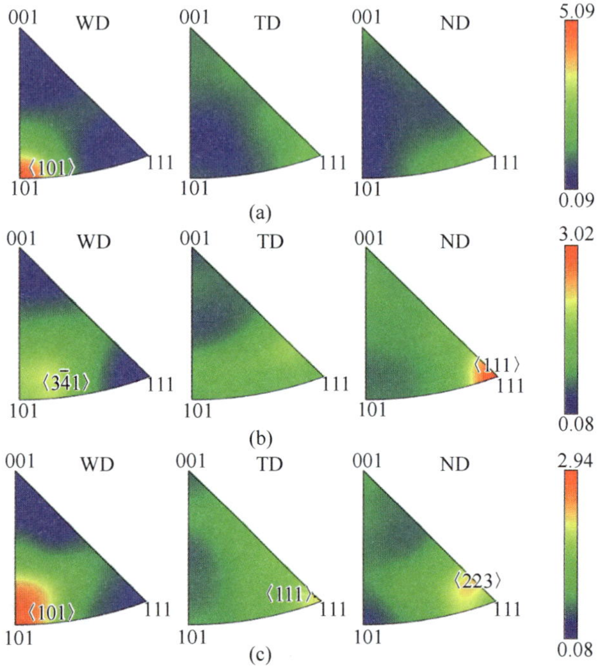

图 5-31 应变速率为 $1\times10^{-3}\ s^{-1}$ 变形态纯铁样品反极图
(a) 3N2; (b) 4N2; (c) 5N2

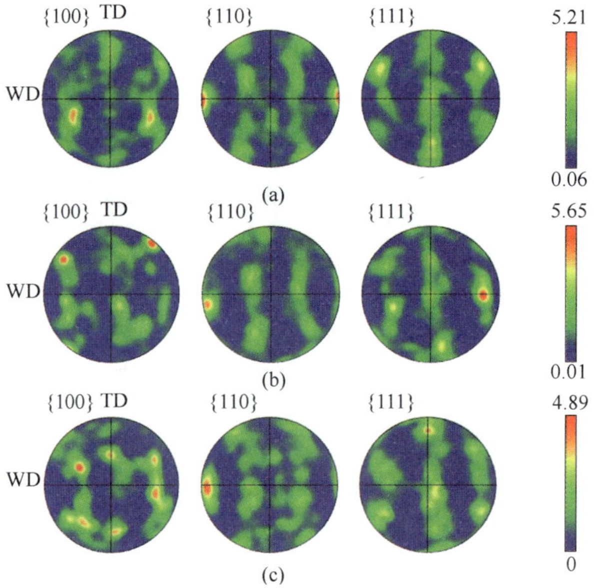

图 5-32 应变速率为 $1\times10^{-3}\ s^{-1}$ 变形态纯铁样品极图
(a) 3N2; (b) 4N2; (c) 5N2

5.4.3 纯铁的强度来源

分别利用 XRD 和 EBSD 对经过应变速率为 $1\times10^{-2}\ s^{-1}$ 和 $1\times10^{-3}\ s^{-1}$ 拉伸变形后的纯铁试样的大变形区进行位错密度的测量。

图 5-33 分别为应变速率 $1\times10^{-2}\ s^{-1}$ 和 $1\times10^{-3}\ s^{-1}$ 的 3N2、4N2 和 5N2 纯铁拉伸试样的 XRD 图谱。计算位错密度时利用 Jade 软件分别提取 3N2、4N2 和 5N2 纯铁的（110）、（200）、（211）、（220）、（310）衍射峰的衍射角 2θ 和 FWHM（$\Delta 2\theta$）。晶格应变和晶粒尺寸采用 Williamson-Hall 方程：

$$\frac{\Delta 2\theta\cos\theta}{\lambda}=\frac{0.9}{D}+2\varepsilon\frac{\sin\theta}{\lambda}$$

式中，λ 为 X 射线波长，$\lambda=0.154$ nm；D 为表观晶粒尺寸；ε 为晶格应变。位错密度计算公式为：

$$\rho=\frac{2\sqrt{3}\varepsilon}{Db}$$

式中，b 为伯氏矢量，$b_{\alpha\text{-Fe}}=0.248$ nm。表 5-14 为应变速率为 $1\times10^{-2}\ s^{-1}$ 和 $1\times10^{-3}\ s^{-1}$ 时的 3N2、4N2 和 5N2 纯铁的位错密度计算值，由表可知，随应变速率增加和纯度降低，位错密度略有增大。须进一步研究更大应变速率范围的位错密度变化。

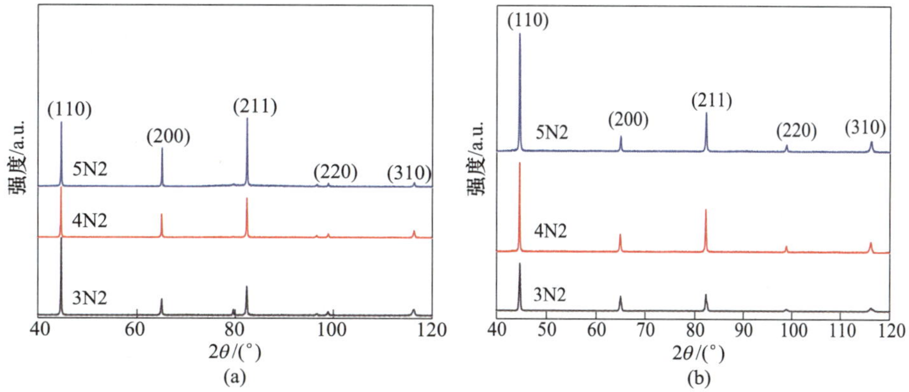

图 5-33 应变速率为 $1\times10^{-2}\ s^{-1}$（a）和 $1\times10^{-3}\ s^{-1}$（b）的纯铁拉伸试样的 XRD 图谱

表 5-14 应变速率为 1×10^{-2} s^{-1} 和 1×10^{-3} s^{-1} 时纯铁拉伸断口大变形区的位错密度计算值

应变速率/s^{-1}	试 样	位错密度/m^{-2}
1×10^{-2}	3N2	3.13×10^{15}
	4N2	6.88×10^{14}
	5N2	7.86×10^{14}
1×10^{-3}	3N2	2.13×10^{14}
	4N2	1.94×10^{14}
	5N2	1.10×10^{14}

根据 EBSD 的结果，几何必要位错密度 ρ_{GND} 可用下式进行计算：

$$\rho_{GND} = \frac{2\vartheta}{\mu b}$$

式中，ϑ 为局部取向差的平均值；μ 为 EBSD 的步长；b 为伯氏矢量，$b=0.248$ nm。因此，局部取向差（KAM）揭示了变形引起的局部取向梯度，可以用来评估累积的塑性应变。表 5-15 显示了应变速率为 1×10^{-2} s^{-1} 和 1×10^{-3} s^{-1} 的纯铁拉伸试样断口大变形区的几何必要位错密度值。由表可知，应变速率为 1×10^{-2} s^{-1} 和 1×10^{-3} s^{-1} 时，纯度的变化对位错密度影响不大。

表 5-15 应变速率为 1×10^{-2} s^{-1} 和 1×10^{-3} s^{-1} 时纯铁拉伸断口大变形区的位错密度计算值

应变速率/s^{-1}	试 样	几何必要位错密度/m^{-2}
1×10^{-2}	3N2	2.38×10^{14}
	4N2	2.60×10^{14}
	5N2	2.64×10^{14}
1×10^{-3}	3N2	1.20×10^{14}
	4N2	1.14×10^{14}
	5N2	1.04×10^{14}

使用聚焦离子束（FIB）在应变速率为 1×10^{-3} s^{-1} 的纯铁变形态

EBSD 测试样品上切取 3 μm×4 μm 的薄片，随后通过 JEM-F200 冷场发射透射电子显微镜（TEM）观察分析纯铁拉伸大变形区的位错分布、晶界位错塞积以及变形亚结构特征。进行 TEM 测试时采取〈100〉方向，作〈110〉的双数，聚光镜光阑 40 μm，加速电压为 200 kV。

应变速率为 $1\times10^{-3}\ s^{-1}$ 的 3N2、4N2 和 5N2 拉伸断口大变形区的 TEM 图像如图 5-34 所示。图 5-34（a）（c）（e）显示了宏观的位错分布情况，图 5-34（b）（d）（f）则显示了位错在晶界处塞积的情况。由图 5-34（a）（c）（e）可知，纯铁经拉伸变形后位错主要分布在晶粒内部，同时在晶内出现了许多亚晶，且随着纯度的升高，亚晶的数量减少。有研究表明，这种位错胞或亚晶一般出现在剧烈塑性变形的组织中，例如室温下的高压扭转和冷轧。位错亚结构的形成与材料的堆垛层错能有关，一般来说，具有高堆垛层错能的金属很容易形成亚结构。由于它们的位错在变形过程中不易分解，当遇到障碍物时，位错可以通过交叉滑移继续移动，直到与其他位错相遇并缠绕，从而形成位错聚集区（位错墙）和位错区（晶粒内）。由于纯度较低的 3N2 纯铁晶粒内部杂质元素较 4N2 高纯铁和 5N2 超纯铁的多，位错在晶粒内滑移的过程中被杂质原子钉扎，易形成亚晶。

从图 5-34（b）（d）（f）可以看出，3N2 纯铁中有大量位错塞积在晶界处，4N2 纯铁的晶界处也有少量位错，而 5N2 纯铁的晶界处只有极少量的位错。这是因为 3N2 纯铁中杂质元素更多，杂质元素倾向于在晶界处偏聚，位错在滑移过程中被晶界处的杂质元素所钉扎，因此 3N2 纯铁的位错在晶界处的塞积程度最大，4N2 高纯铁次之，纯度最高的 5N2 超纯铁塞积程度最轻。

为了探索纯铁的强度来源，计算了各强化机制的强化分量。屈服强度 σ_y 为：

$$\sigma_y = \sigma_0 + \sigma_d + \sigma_\rho + \sigma_{ss}$$

式中，σ_0 为派纳力；σ_d 为晶界强化量；σ_ρ 为位错强化量；σ_{ss} 为固溶强化量。

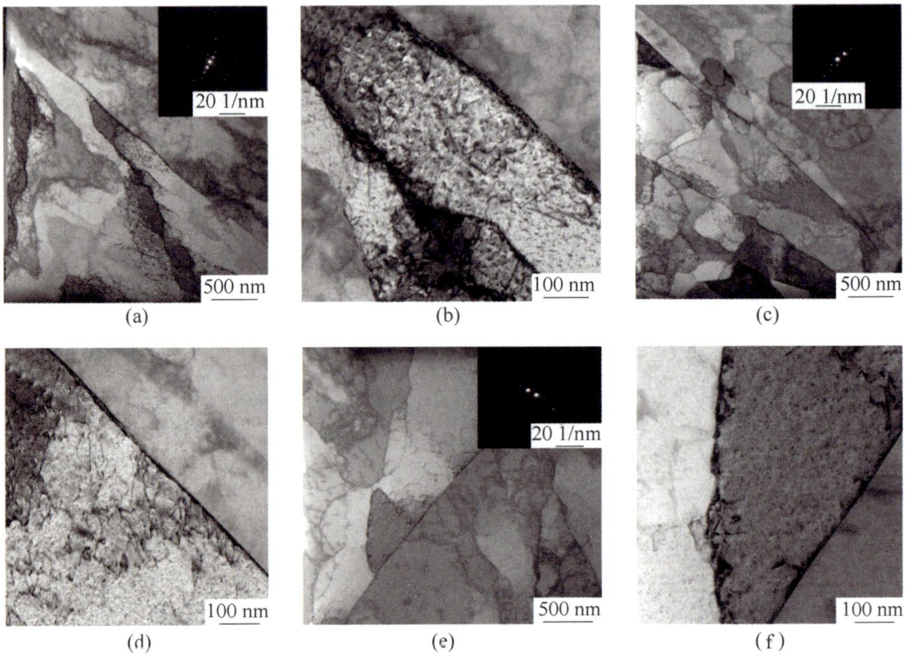

图 5-34　应变速率为 $1\times10^{-3}\ s^{-1}$ 的纯铁拉伸大变形区 TEM 形貌

(a)(b) 3N2；(c)(d) 4N2；(e)(f) 5N2

派纳力 σ_0 可用以下公式进行计算：

$$\sigma_0 = \frac{2\mu}{1-v}e^{\frac{-4\pi\zeta}{b}}$$

式中，μ 为剪切模量；v 为泊松比，$v=0.33$；b 为伯氏矢量，$b=0.248$ nm；ζ 为位错的半宽，$\zeta=\frac{d}{2(1-v)}$；d 为晶面间距，$d=\frac{a}{\sqrt{h^2+k^2+l^2}}$，$a$ 为晶格常数，$a=0.287$ nm。由 3N2、4N2 和 5N2 纯铁在不同滑移系下的派纳力 σ_0 计算值如表 5-16 所示。纯铁在（110）〈111〉滑移系下更容易发生变形，（112）〈111〉次之，在（123）〈111〉滑移系下启动滑移最难。需要注意的是，计算所采用的弹性模量是试样测试拉伸应力-应变曲线获得，并非材料真实模量。根据已有数据，铁的 $E=210$ GPa，计算 $\sigma_0=110$ MPa。

表 5-16 不同应变速率下 3N2、4N2 和 5N2 纯铁的派纳力 σ_0 计算值

应变速率 $/s^{-1}$	材料	弹性模量 E/GPa	剪切模量 G/GPa	派纳力 σ_0/GPa		
				{110}⟨111⟩	{112}⟨111⟩	{123}⟨111⟩
1×10^{-5}	3N2	203	76	0. 106	2. 716	12. 498
	4N2	197	74	0. 103	2. 635	12. 169
1×10^{-4}	3N2	223	84	0. 117	2. 991	13. 814
	4N2	209	79	0. 110	2. 813	12. 992
1×10^{-3}	3N2	246	92	0. 128	3. 276	15. 129
	4N2	218	82	0. 114	2. 920	13. 485
	5N2	169	64	0. 089	2. 279	10. 525
1×10^{-2}	3N2	225	85	0. 119	3. 027	13. 978
	4N2	218	82	0. 114	2. 920	13. 485
	5N2	175	66	0. 092	2. 350	10. 854

对于晶界强化 σ_d 可用以下公式进行计算：

$$\sigma_d = kd^{-1/2}$$

式中，k 为常数，$k=310\ \text{MPa}\cdot\mu\text{m}^{0.5}$；$d$ 为平均晶粒尺寸。由此，3N2、4N2 和 5N2 纯铁的晶界强化 σ_d 计算值如表 5-17 所示。由表可知，粗晶纯铁的晶界强化分量不大。

表 5-17 3N2、4N2 和 5N2 级纯铁的晶界强化 σ_d 计算值

材料	平均晶粒尺寸 d/μm	晶界强化 σ_d/MPa
3N2	225	20
4N2	249	19
5N2	407	15

固溶强化分为置换固溶和间隙固溶，间隙固溶主要是 C、N 等溶质原子固溶进入 α-Fe 晶格的八面体间隙中，固溶强化可用下式进行计算：

$$\sigma_{ss} = 32w(\text{Mn}) + 678w(\text{P}) + 83w(\text{Si}) + 39w(\text{Cu}) - 31w(\text{Cr}) + 11w(\text{Mo}) + 5544(\sigma_{ss}^{\text{N}} + \sigma_{ss}^{\text{C}})$$

式中，元素的固溶量单位为%，假设碳和氮元素在室温时固溶进入α-Fe晶格中的含量分别为0.0005%和0.0001%。由上式可知间隙原子强化效应要比置换原子的强化效应大得多，3N2、4N2和5N2纯铁的固溶强化σ_{ss}计算值如表5-18所示。由表可知杂质元素含量高，固溶强化大一些。但是由于高超纯铁中各种元素含量很低，固溶强化分量可忽略不计。

表5-18　3N2、4N2和5N2纯铁的固溶强化σ_{ss}计算值

材　料	固溶强化σ_{ss}/MPa
3N2	6.4
4N2	1.5
5N2	0.9

对于位错强化，可用下式进行计算：

$$\sigma_{\rho} = \alpha\mu Mb\rho^{\frac{1}{2}}$$

式中，α为常数，$\alpha=0.38$；ρ为位错密度；M为强〈110〉织构的取向因子，$M=2$；μ为剪切模量；b为伯氏矢量。由此，3N2、4N2和5N2纯铁在应变速率为$1\times10^{-3}\ s^{-1}$的位错强化σ_{ρ}计算值如表5-19所示。由表5-19可知，杂质元素含量越高，位错强化作用越强。

表5-19　应变速率为$1\times10^{-3}\ s^{-1}$时3N2、4N2和5N2纯铁的位错强化σ_{ρ}计算值

材　料	位错强化σ_{ρ}/MPa
3N2	253
4N2	215
5N2	127

3N2、4N2和5N2纯铁都有较稳定的晶粒取向，随着纯度增加，纯铁晶粒Schmid因子大于0.45所占比例随着纯铁纯度的提高不断增大，分别为2.37、2.45、2.49，且强度随着纯度增加整体呈现出下降的趋势。

高超纯铁强度来源主要包括派纳力和位错强化，以及少量的晶界强

化。高超纯铁的固溶强化分量可忽略不计。纯铁在（110）〈111〉滑移系下更容易发生变形，（112）〈111〉次之，在（123）〈111〉滑移系下启动滑移最难。

由晶界强化理论计算可知，晶粒尺寸越小，晶界强化作用越大。由位错强化计算结果可知，随着纯度升高，纯铁位错强化作用降低。位错强化采用了 10^{14} 位错密度，可能高于实际屈服时的位错密度。所计算的位错强化分量较实际高一些。

结　语

本章深入剖析了高超纯铁的特性，涵盖电磁特性、耐腐蚀性以及力学行为。在电磁性能方面，高超纯铁展现出优异的导电性，其直流软磁性能尤为突出，磁滞损耗低，磁导率高，可显著提升电磁设备的能效与性能。耐腐蚀性研究发现，高超纯铁在腐蚀环境下的稳定性好，抗腐蚀能力显著优于普通钢铁材料。

力学行为研究则揭示了高超纯铁的强度来源，最低强度可达 45 MPa。这一数值在于其超高的纯度和微观结构。杂质含量的大幅降低使得材料内部缺陷减少，从而显著降低了强度。这些研究成果表明，高超纯铁在高性能材料等领域具有广阔的应用前景，可为高端制造业提供关键原料和材料支撑。

参考文献

[1] Harold E Cleaves, Hiegel J M. Properties of high - purity iron [J]. Journal of Research of the National Bureau of Standards, 1942, 28 (5): 643-667.

[2] Zhang K, Li Z D, Sun X J, et al. Development of Ti-V-Mo complex microalloyed hot-rolled 900-MPa-Grade high-strength steel [J]. 金属学报（英文版）, 2015, 28 (5): 641-648.

[3] Huo X D, Li L J, Peng Z W, et al. Effects of TMCP schedule on precipitation, microstructure and properties of Ti-microalloyed high strength steel [J]. Journal of Iron and Steel Research, International, 2016 (6): 593-601.

[4] Iza-Mendia A, Altuna M A, Pereda B, et al. Precipitation of Nb in ferrite After austenite conditioning. Part Ⅰ: Microstructural characterization [J]. Metallurgical and Materials Transactions A, 2012, 43: 4553-4570.

[5] Miyajima Y, Komatsu S Y, Mitsuhara M, et al. Change in electrical resistivity of commercial purity aluminium severely plastic deformed [J]. Philosophical Magazine, 2010, 90 (34): 4475-4488.

[6] Tang X C, Kuang C, Zhou W L, et al. Effect of annealing process on microstructure and electrical conductivity of cold-rolled Ti microalloyed conductive steel [J]. Materials Characterization, 2023, 201: 112930.

[7] Gall D. The search for the most conductive metal for narrow interconnect lines [J]. Journal of Applied Physics, 2020, 127 (5): 050901.

[8] Kocer M, Sachslehner F, Müller M, et al. Measurement of dislocation density by residual electrical resistivity [J]. Materials Science Forum, 1996, 210/213: 133-140.

[9] Miyajima Y, Komatsu S Y, Mitsuhara M, et al. Change in electrical resistivity of commercial purity aluminium severely plastic deformed [J]. Philosophical magazine: Structure and Properties of Condensed Matter, 2010, 90 (33/34): 4475-4488.

[10] Sauvage X, Bobruk E V, Murashkin M Y, et al. Optimization of electrical conductivity and strength combination by structure design at the nanoscale in Al-Mg-Si alloys [J]. Acta Materialia, 2015, 98: 355-366.

[11] Tian L, Kim H, Anderson I, et al. The microstructure-strength relationship in a deformation processed Al-Ca composite [J]. Materials Science & Engineering A, 2013, 570: 106-113.

[12] Keith R K, Bevk J. Dislocation resistivity in in situ in situ formed Cu-Nb multifilamentary composites [J]. Scripta Metallurgica, 1980, 14 (4): 431-435.

[13] Keith R K, Bevk J. Normal-state resistivity of in situ-formed ultrafine filamentary Cu-Nb composites [J]. Journal of Applied Physics, 1981, 52 (3): 1370-1375.

[14] 郭明仪，樊晶，曹瑞春，等. 电磁纯铁 DT4 盘条的研发 [J]. 河北冶金，2012, 1: 26-27.

[15] Fujita K, Inoue T, Emoto H. Improvement of permeability and magnetic shielding

effect of pure iron magnetic shield materials [J]. Mater. Sci, 2005, 6: 24-28.

[16] Liu Q, Chen Z Y, Yang S F. Magnetic properties of pure iron with respect to different C/Si ratios and grain sizes [J]. Materials Science Forum, 2018, 193: 653-660.

[17] 高宏适. 纯铁系软磁材料的开发 [N]. 世界金属导报, 2016-04-26 (B03).

[18] Lucon E, Lucon E, Abiko K, et al. Tensile properties of commercially pure, high-purity and ultra-high-purity iron: Results of an international round-robin [M]. Gaithersburg, MD, USA: US Department of Commerce, National Institute of Standards and Technology, 2015.

[19] Kimura H. Low temperature mechanical properties of high purity iron and effects of small amounts of solutes on them [J]. Transactions of the Japan institute of metals, 1985, 26 (8): 527-541.

[20] Gao S, Shibata A, Chen M, et al. Correlation between continuous/discontinuous yielding and Hall-Petch slope in high purity iron [J]. Materials Transactions, 2014, 55 (1): 69-72.

[21] 孟杨, 任群, 鞠新华. 利用局域取向差衡量变形金属中的位错密度 [J]. 材料热处理学报, 2014, 35 (11): 122-128.

[22] 席国强, 邱建科, 雷家峰, 等. Ti-6Al-4V 合金的室温蠕变行为 [J]. 材料研究学报, 2021, 35 (12): 881-892.

[23] 胡赓祥, 蔡珣, 戎咏华. 材料科学基础 [M]. 上海: 上海交通大学出版社, 2010.

[24] 张瑶. 热处理条件对形变锆合金第二相粒子长大行为的影响 [D]. 上海: 上海交通大学, 2017.

[25] 杜玉洲. Ca 和 Ce/La 微合金化 Mg-Zn 合金显微组织及力学性能研究 [D]. 哈尔滨: 哈尔滨工业大学, 2015.

[26] 陈亮维, 李平安, 刘状, 等. 微量合金元素对电子铝箔坯料组织与性能的影响 [J]. 昆明理工大学学报 (自然科学版), 2017, 42 (1): 14-18.

[27] 曹栋. DP600 高强钢板材磁脉冲驱动变形行为研究 [D]. 湘潭: 湘潭大学, 2018.

[28] 邓攀. 高强高韧 ZrCoCu 合金的制备及强韧化机理 [D]. 昆明: 昆明理工大学, 2019.

[29] 彭伟. Fe-Mn-Al-C 双相轻质钢成分设计、性能及相变行为研究 [D]. 上海: 上海大学, 2018.

[30] 苏娟华, 韩亚玮, 任凤章, 等. 应用加工硬化率研究工业纯钛动态再结晶行

为［J］. 功能材料，2014，45（7）：7074-7078.

［31］ Williamson G K，Hall W H. X-ray line broadening from filed aluminium and wolfram［J］. Acta Metall，1953，1：22-31.

［32］ Williamson G K，Smallman R E. The use of Fourier analysis in the interpretation of X- ray line broadening from cold - worked iron and molybdenum［J］. Acta Crystallogr，1954，7：574-581.

［33］ Gao H，Huang Y，Nix W D，et al. Mechanism-based strain gradient plasticity—Ⅰ. Theory［J］. J Mech Phys Solids，1999，47（6）：1239-1263.

［34］ Calcagnotto M，Ponge D，Demir E，et al. Orientation gradients and geometrically necessary dislocations in ultrafine grained dual-phase steels studied by 2D and 3D EBSD［J］. Mater Sci Eng A.，2010：527（10/11）：2738-2746.

［35］ Bai J，Xue F，Alhajeri Saleh N，et al. Microstructural evolution of Mg-4Nd alloy processed by high-pressure torsion［J］. Mater Sci Forum，2011，667/668/669：391-396.

［36］ Chang L L，Shang E F，Wang Y N，et al. Texture and microstructure evolution in cold rolled AZ31 magnesium alloy［J］. Mater Char，2009，60：487-491.

［37］ Wei L，Teng X，Ding Z，et al. Formation and strengthening mechanism of kink bands in an ultra-coarse-grained Fe-Cr-Al alloy［J］. Journal of Materials Science & Technology，2024，186：1-14.

［38］ Kashyap K T，Anirudh B，Praveennath G K，et al. On Peierls Nabarro stress in Iron［J］. Computational Materials Science，2012，56：172-173.

［39］ Huang X，Wang H，Qiu S，et al. Cold-rolling & annealing process for nuclear grade wrought FeCrAl cladding alloy to enhance the strength and ductility［J］. Journal of Materials Processing Technology，2020，277：116434.

［40］ Cordero Z C，Knight B E，Schuh C A. Six decades of the Hall-Petch effect—a survey of grain - size strengthening studies on pure metals［J］. International Materials Reviews，2016，61（8）：495-512.

［41］ Gutierrez I，Altuna M. Work-hardening of ferrite and microstructure-based modelling of its mechanical behaviour under tension［J］. Acta Materialia，2008，56（17）：4682-4690.

［42］ Bhadeshia H K D H，Honeycombe R W K. Steels：microstructure and properties［M］. Butterworth-Heinemann，2017.

［43］ Chauhan A，Bergner F，Etienne A，et al. Microstructure characterization and strengthening mechanisms of oxide dispersion strengthened (ODS) Fe-9%Cr and Fe-14%Cr extruded bars [J]. Journal of Nuclear Materials, 2017, 495: 6-19.

[44] Feng H, Wang L, Cui S, et al. Microstructure and strengthening mechanisms of nanolamellar structures in ultrastrong drawn iron wires [J]. Scripta Materialia, 2021, 200: 113906.

CHAPTER 6

6

高超纯铁的典型应用

高超纯铁作为高端装备与国防领域关键原材料，其应用技术研究在本章得到深入探索。结果显示：电解铁制备的起落架用300M钢的有害元素（As、Sn、Sb、Bi、Pb）含量降低85%，有利于韧性的改善；4N级纯铁制备的航发主轴轴承M50钢夹杂与有害元素总量低于$60\times10^{-4}\%$，疲劳寿命达10^9次循环；4N级高纯铁凭借优异的导电导热性，作为电极扁钢可显著降低电解铝能耗；提高纯铁纯度可改善纳米晶带表面质量，降低氧铝含量能抑制非晶带材晶化。这些研究为高超纯铁在高端材料领域的应用提供了重要依据。

6.1
采用高超纯铁原料制备飞机起落架用 300M 钢

高纯净度是钢铁材料实现高性能化的基础性条件，而采用高超纯铁原料则是确保钢材高纯净度的关键措施。研究表明，钢中残余有害元素在凝固及固态相变过程中易发生偏析现象，从而导致材料性能劣化。这一现象在超高强度钢的生产中表现得尤为显著，因为此类钢材必须同时满足极高的强度与韧性指标要求。作为典型的高端结构材料，超高强度钢的应用领域包括飞机部件、火箭零部件、飞机起落架、防弹装甲等多个重要领域，并持续向机械制造、交通运输等军民两用领域延伸。

鉴于超高强度钢对杂质和有害元素具有极高的敏感性，即使微量杂质和有害元素的存在也会显著损害其韧性。因此，提升原材料纯净度，严格控制有害杂质含量已成为发展此类钢材的技术瓶颈之一。本项目以飞机起落架用 300M 钢为研究对象，研究原材料高纯化处理对钢材综合性能的影响。

目前，国内主要特钢企业（如抚顺特钢、大冶特钢、宝武特冶等）已采用精钢材原料技术生产 300M 钢，改善了钢材的强韧性匹配。然而，受限于原材料纯净度控制水平（特别是有害元素控制），国产 300M 钢在性能稳定性方面仍与进口产品存在差距。

通过系统提升原材料纯净度，可有效抑制有害元素的负面影响，这对推动超高强度钢的技术进步具有重要意义。深入探究纯净度对 300M 钢性能的影响规律，不仅有助于揭示材料微观组织与宏观性能的关联机制，更能为开发满足极端服役条件的高性能钢材提供理论依据，从而拓展其在高要求工业及军事领域的应用范围。此类研究对于提升材料综合性能指标、扩大其工程应用场景具有重要的科学价值。

针对以上问题，本项目开展了冶金质量、力学性能、组织状态等研究。

（1）纯铁纯度对300M钢冶金质量的影响。

采用2N7～3N8电解铁为原材料，电解铁中［O］含量为（50～2100）$\times 10^{-4}\%$，$\sum\{[S]+[P]\}$含量在（5.4～22.8）$\times 10^{-4}\%$范围内，$\sum\{As+Sn+Sb+Bi+Pb\}$含量在（1.6～8.1）$\times 10^{-4}\%$范围内。需要说明的是纯铁原料为不同纯度，所以杂质和有害元素含量为一个范围值。

通过真空感应+真空自耗+锻造开坯+轧制制备300M钢棒材，自耗锭规格为ϕ340 mm，轧制棒材规格为ϕ42 mm。制备过程如图6-1所示。

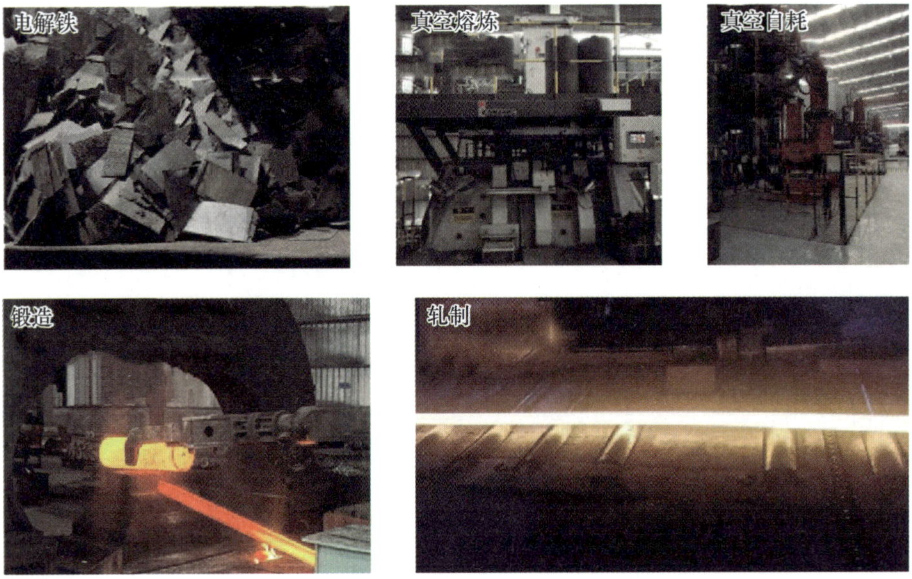

图6-1　采用电解铁制备300M钢过程

采用ICP和碳硫仪测试自炼300M和某国产料的化学成分，测试结果如表6-1和表6-2所示，自炼300M钢中$\sum\{[S]+[P]+[O]+[N]+[H]\}$含量与某国产料相当，均为$42\times 10^{-4}\%$左右，而自炼300M钢中$\sum\{As+Sn+Sb+Bi+Pb\}\approx 2.7\times 10^{-4}\%$，明显低于某国产料300M钢中的$24.0\times 10^{-4}\%$。自炼300M钢由于上一炉冶炼含Ti钢种造成污染，自炼300M钢中Ti含量高于某国产料300M。

表 6-1 两种 300M 钢的主要化学成分 （质量分数,%）

编号	C	Si	Mn	Cr	Ni	Mo	V
自炼 300M	0.43	1.67	0.58	0.84	1.89	0.40	0.070
某国产 300M	0.40	1.67	0.71	0.83	1.82	0.37	0.074

表 6-2 两种 300M 钢中的有害和杂质元素含量 （质量分数,%）

编号	Nb	Ti	P	S	O	N	H	Pb	Sn	As	Sb	Bi
自炼 300M	20×10^{-4}	450×10^{-4}	30×10^{-4}	6×10^{-4}	1×10^{-4}	4×10^{-4}	$<1\times10^{-4}$	0.7×10^{-4}	1×10^{-4}	0.5×10^{-4}	0.5×10^{-4}	0.02×10^{-4}
某国产 300M	60×10^{-4}	30×10^{-4}	20×10^{-4}	10×10^{-4}	3×10^{-4}	9×10^{-4}	0.2×10^{-4}	1×10^{-4}	14×10^{-4}	4×10^{-4}	5×10^{-4}	0.02×10^{-4}

如图 6-2 所示，自炼 300M 钢中由于 Ti 含量较高，观察到沿着轧线方向的链状 Ti(C,N)，总长度为 555 μm。某国产料中同样存在链状的液析碳化物，长度小于自炼 300M 钢，长度约为 93 μm。另外，还观察到沿着轧制方向变形的 MnS，尺寸约为 10 μm。

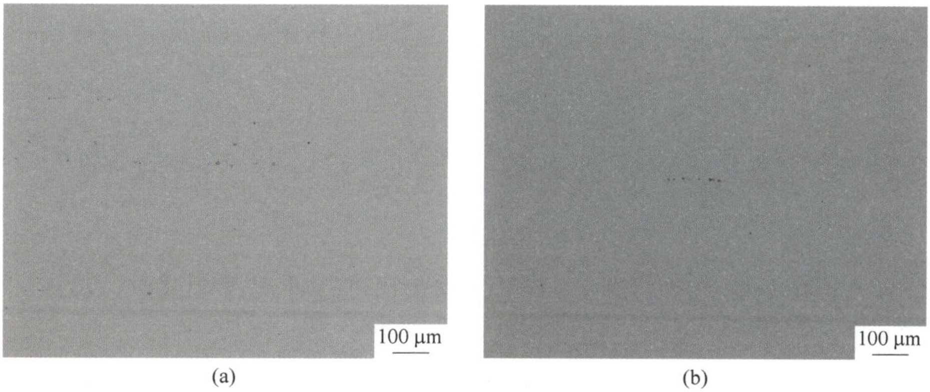

图 6-2 光镜下的夹杂物形貌

（a）自炼 300M 钢；（b）某国产 300M 钢

夹杂物评级结果如表 6-3 所示，存在少量复合氧化物和块状 Ti(C,N)。

表 6-3 夹杂物评级

编号	A 粗	A 细	B 粗	B 细	C 粗	C 细	D 粗	D 细
自炼 300M	0	0	0	Ti(C,N)2.5	0	0	0	0.5
某国产 300M	0	0.5	0	1.0	0	0	0	0.5

（2）纯铁纯度对 300M 钢力学性能的影响。

参照 AMS 6417 标准对自炼和某国产 300M 钢进行热处理。正火：(927±14) ℃×1 h，AC；淬火：(871±14) ℃×1 h，OQ；回火：2×(302±6) ℃×2 h，AC。加工成试样后测试其力学性能，拉伸应力-应变曲线如图 6-3 所示。采用电解铁炼 300M 钢与某国产 300M 钢，抗拉强度均在 2000 MPa 左右，而延伸率略高于某国产 300M 钢的延伸率，电解铁炼 300M 钢的延伸率为 14.5%，而某国产 300M 钢的延伸率为 10%。

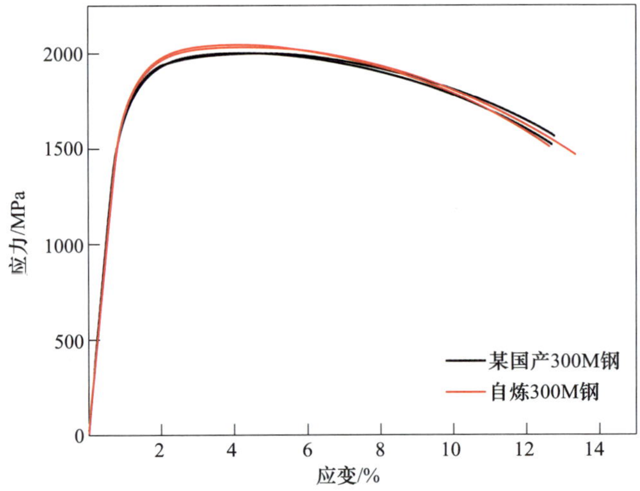

图 6-3　采用电解铁炼 300M 钢与某国产 300M 的拉伸应力-应变曲线

对电解铁炼 300M 钢与某国产 300M 钢进行冲击性能测试，示波曲线如图 6-4 所示。两者的冲击韧性相当，采用电解铁炼 300M 钢 V 型冲击功为 24 J，而某国产 300M 钢的为 25 J，某国产 300M 钢裂纹形核功和裂纹扩展功均略高于电解铁炼 300M 钢的。

对电解铁炼 300M 钢与某国产 300M 钢进行断裂韧性测试，依据标准 ASTM E1820—23 加工成试样并进行测试。试样 W 取 25 mm，尺寸为 31 mm×30 mm×12.5 mm，开口方向垂直轧线方向，测试曲线如图 6-5 所示，测试结果如表 6-4 所示。采用电解铁炼 300M 钢的断裂韧性为 67.8 MPa · $m^{1/2}$，略低于某国产 300M 钢的。

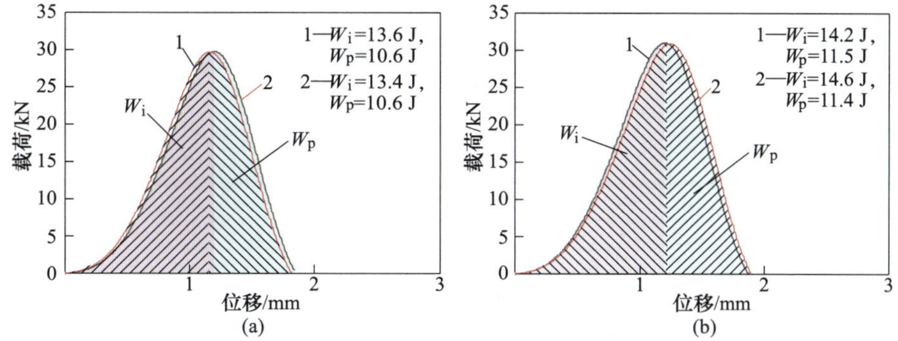

图 6-4　采用电解铁炼 300M 钢与某国产 300M 钢的冲击示波曲线
（a）自炼 300M 钢；（b）某国产 300M 钢

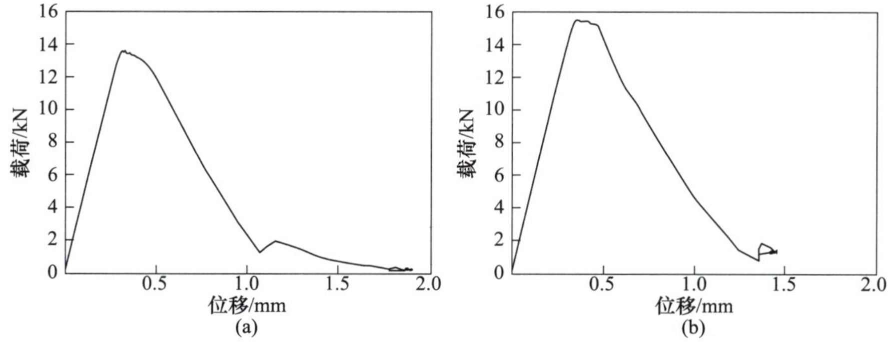

图 6-5　采用电解铁炼 300M 钢与某国产 300M 钢的载荷位移曲线
（a）自炼 300M 钢；（b）某国产 300M 钢

表 6-4　电解铁炼 300M 钢与某国产 300M 钢测试的断裂韧性

编　号	dk/dt	P_{max}/PQ	PQ/kN	P_{max}/kN	K_{IC}/MPa · m$^{1/2}$
自炼 300M 钢	1.262	1.010	13.460	13.597	67.8
某国产 300M 钢	1.232	1.006	15.369	15.455	75.7

查阅美国 SAE 报告中 300M 钢的数据和调研国产料类似规格下的 300M 钢力学性能数据并进行汇总，如表 6-5 所示。

（3）纯铁纯度与 300M 钢断裂韧性的相关性研究。

如图 6-6 所示，300M 钢的组织均由板条马氏体、残余奥氏体和碳化物组成。且自炼 300M 钢原奥氏体晶粒尺寸较小，马氏体板条间弥散分布着一些球状的碳化物。

表 6-5　电解铁炼 300M 钢与国内外 300M 钢的力学性能

编号	直径/mm	$R_{p0.2}$/MPa	R_m/MPa	A/%	Z/%	KV_2/J	K_{IC}/MPa · $m^{1/2}$
自炼 300M	42	1691	2003	14. 5	47	34. 0	67
		1688	2004	13. 5	47	34. 5	67
		1720	2046	13. 0	48	24. 2	67
		1720	2028	12. 5	49	24. 0	68
某国产料 1	50	1670	2000	12. 5	45	25. 3	75
		1651	1995	12. 0	45	23. 9	76
某国产料 2	12～600	1515	1860	8. 0	30		>55
国外料 SAE 报告	79. 3	1621	1970	13. 0	36. 2		68. 9
		1627	1977	12. 7	36. 0		68. 2
	88. 9	1685	2036	10. 0	25. 6		64. 5
		1751	2046	10. 0	26. 4		69. 8
AMS 6417 标准		≥1517	≥1862	≥8. 0	≥30. 0		

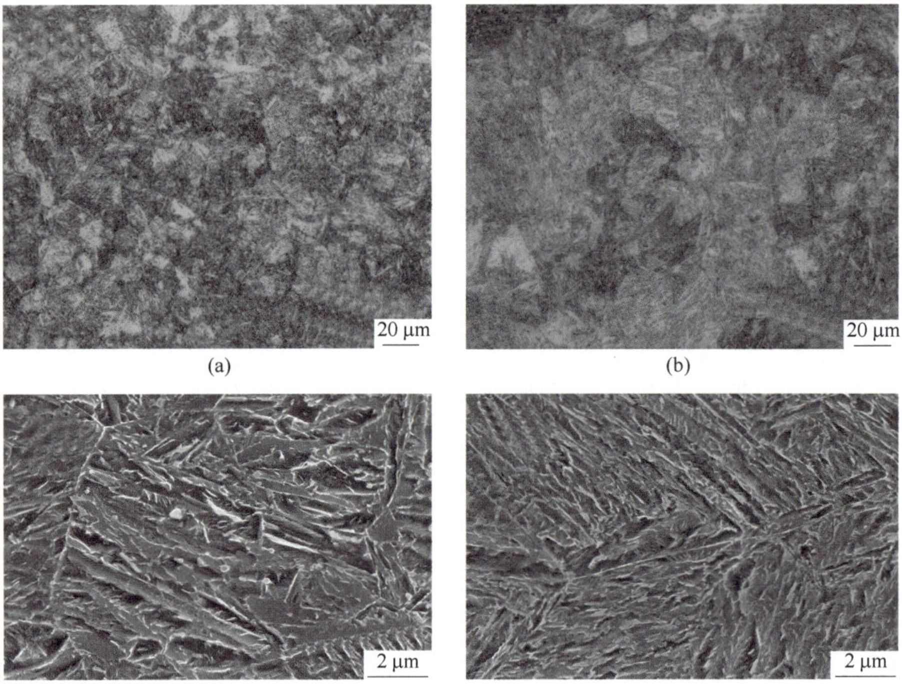

图 6-6　自炼 300M 钢和某国产 300M 钢的微观组织

（a）（c）自炼 300M 钢；（b）（d）某国产 300M 钢

如图 6-7 所示，经统计自炼 300M 钢原奥氏体晶粒尺寸为 18.2 μm，而某国产 300M 钢原奥氏体晶粒尺寸为 32.5 μm。由 EBSD 测得自炼 300M 钢中马氏体体积百分数为 71.5%，残余奥氏体为 4.3%。而某国产 300M 钢中马氏体体积百分数为 69.5%，残余奥氏体为 3.5%，过渡型碳化物为 3.3%，TiC 为 16.6%，且分布不均匀。试验 300M 钢晶粒更细，碳化物分布较均匀，且残余奥氏体含量更多。这可能是试验 300M 钢强塑形优于某国产 300M 钢的原因。

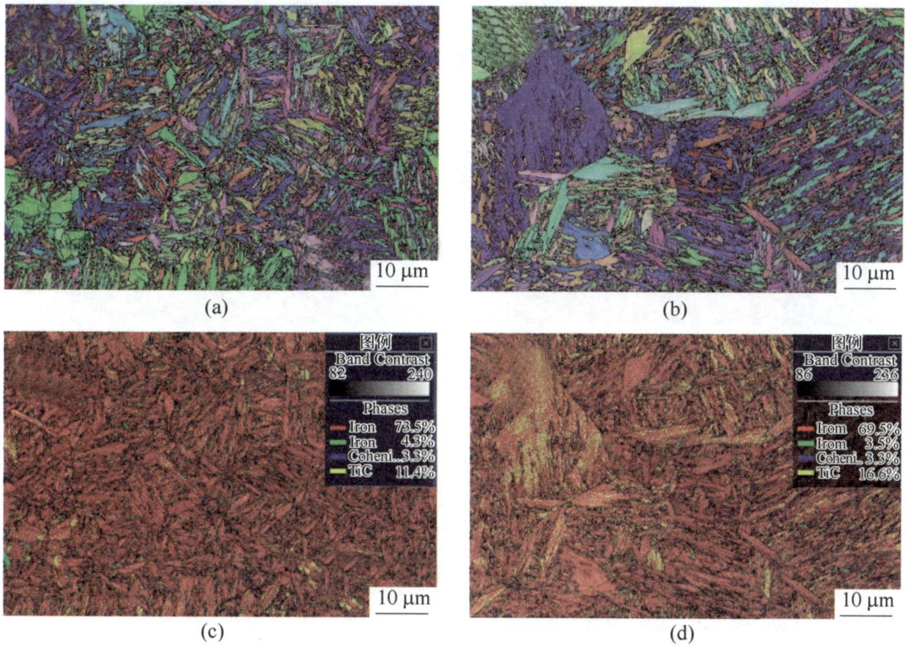

图 6-7　自炼 300M 钢和某国产 300M 钢的 EBSD 形貌

（a）（c）自炼 300M 钢；（b）（d）某国产 300M 钢

如图 6-8 所示，宏观断口上可以观察到自炼 300M 钢裂纹扩展痕迹更明显，微观形貌上可以观察到自炼 300M 钢的韧窝数量较多，大韧窝底部存在碎裂成块状的 Ti(C,N)，这种硬质夹杂物无法变形，容易造成应力集中，降低韧性，而某国产 300M 钢中观察到长条状的 MnS 夹杂物，MnS 具有一定的塑形，当受到外力时可以发生变形，可以适当减轻夹杂物对韧性的损害。因此，由于自炼 300M 钢中 Ti 含量较高，容易形成大块的Ti(C,N)夹杂物。光镜下也观察到了长链状Ti(C,N)。这种脆性夹杂物损害韧性，造成自炼300M钢的断裂韧性低于某国产300M钢的。

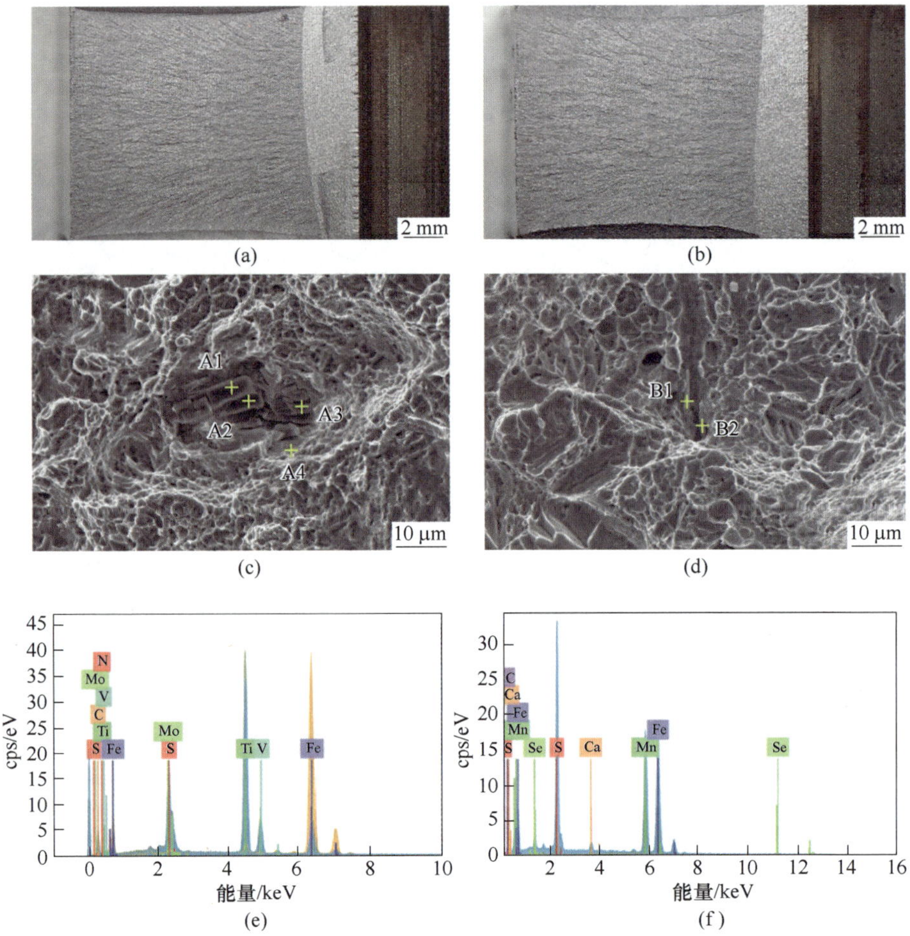

图 6-8 采用 SEM+EDS 观察自炼 300M 钢和某国产 300M 钢断裂韧性试样的宏观和微观断口形貌

(a)(c)(e)自炼 300M 钢；(b)(d)(f)某国产 300M 钢

综上所述，采用高纯铁制备300M钢性能达到标准要求，进一步控制钛，可以提高韧性。

(1) 采用电解铁炼300M钢中$\sum\{[S]+[P]+[O]+[N]+[H]\}$为$42\times10^{-4}\%$，与某国产300M钢相当，而S含量（$6\times10^{-4}\%$）小于某国

产料的（$10 \times 10^{-4}\%$）；$\Sigma\{As+Sn+Sb+Bi+Pb\}$ 为 $2.7 \times 10^{-4}\%$，低于某国产 300M 钢（$24.0 \times 10^{-4}\%$），纯净度更好。电解铁炼 300M 钢中存在沿着轧制方向的 Ti(C,N) 夹杂物簇，单个尺寸在 15 μm 以内，总长度可达 555 μm。而某国产 300M 钢中夹杂物主要为条状 MnS，长度约为 10 μm。

（2）采用电解铁炼 300M 钢的抗拉强度与某国产料接近，均为 2000 MPa 左右，而延伸率（14.5%）好于某国产料的（10%），略高于进口料的（13%）。

（3）采用电解铁炼 300M 钢的断裂韧性略低于某国产料的，这是由于感应冶炼前一炉生产了含钛量较高的钢种，导致采用电解铁冶炼的 300M 钢中 Ti 含量超标（约 $450 \times 10^{-4}\%$）。钢中存在沿着轧制方向的脆性夹杂物 Ti(C,N)，造成应力集中，降低了韧性。

6.2 采用高超纯铁原料制备航发主轴轴承用 M50 钢

M50 钢被广泛用于制造航空发动机主轴轴承。航空发动机用主轴轴承寿命短、使用安全性低是航空发动机制造上的短板。M50 轴承钢的性能和质量是影响轴承寿命和可靠性的关键因素。

轴承钢中的大颗粒夹杂物和碳化物显著影响疲劳寿命，两者诱导的疲劳失效机制不同。控制轴承钢的冶金质量，特别是通过细化和均匀化夹杂物和碳化物，是有效的提升疲劳寿命的方法。

本项目拟通过提高 M50 钢纯净度，实现疲劳寿命提升。本项目研究了纯净度对 M50 钢冶金质量的影响。探讨不同纯度纯铁（3N 级和 4N 级）对 M50 钢冶金质量及力学性能的影响。通过制备不同纯度的 M50 钢样品，测试其冶金质量、力学性能及接触疲劳寿命，分析原料纯度与 M50 钢疲劳寿命之间的关系。

（1）高纯 M50 钢制备。

纯铁原材料纯度级别分别为 3N 和 4N 级（轴承钢分别标记为 4N～M50，3N～M50）。生产工艺流程为：真空感应熔炼→真空自耗（ϕ340 mm×950 mm）→退火、车光→锻造开坯（150 mm×150 mm）→锻造钢棒（ϕ85 mm）→球化退火，制备过程如图 6-9 所示。

图 6-9　M50 钢制备过程

（2）纯铁纯度对 M50 钢冶金质量的影响。

采用 ICP 和碳硫仪测试 4N～M50、3N～M50 两种轴承钢的化学成分，测试结果如表 6-6 和表 6-7 所示。采用 4N 电解铁制备的 4N～M50 钢的主要杂质和有害元素的含量（[O] $\leqslant 3\times10^{-4}\%$、[Ti] $\leqslant 13\times10^{-4}\%$、[S] $\leqslant 10\times10^{-4}\%$，$\sum$ {Sn+As+Sb+Bi+Pb} $\leqslant 3.32\times10^{-4}\%$）均低于 3N～M50 轴承钢的，采用 4N 电解铁的有害元素较低。

表 6-6 M50 的化学成分 （质量分数，%）

钢 种	C	Si	Mn	Cr	Ni	Mo	V
4N～M50	0.78	0.08	0.005	4.10	0.001	4.43	1.04
3N～M50	0.84	0.08	0.009	4.10	0.007	4.40	1.02

表 6-7 M50 的杂质元素含量 （质量分数，%）

钢种	S	P	O	N	H	Al	W	Ti	Cu	Ca	Co	Nb	Σ{Sn+As+Sb+Bi+Pb}
4N～M50	10×10^{-4}	30×10^{-4}	3×10^{-4}	10×10^{-4}	1×10^{-4}	80×10^{-4}	10×10^{-4}	13×10^{-4}	20×10^{-4}	0.02×10^{-4}	20×10^{-4}	14×10^{-4}	3.32×10^{-4}
3N～M50	34×10^{-4}	3×10^{-4}	5×10^{-4}	30×10^{-4}	1×10^{-4}	120×10^{-4}	20×10^{-4}	30×10^{-4}	90×10^{-4}	0.03×10^{-4}	30×10^{-4}	20×10^{-4}	6.62×10^{-4}

根据 ASTM E54—2013 对两种轴承钢的夹杂物进行检测及对晶粒度和碳化物进行评定，评级结果如表 6-8 和表 6-9 所示。

表 6-8 夹杂物分析

钢种	A		B		C		D		Ds
	粗系	细系	粗系	细系	粗系	细系	粗系	细系	
4N～M50	0	0	0	0	0	0	0	0.5	0
3N～M50	0	0	0	0	0	0	0	0.5	0.5

表 6-9 晶粒度和碳化物

钢种	晶粒度级别	共晶碳化物级别	最大碳化物尺寸/μm
4N～M50	8，边部有粗晶	2.5	34.5
3N～M50	8，边部有粗晶	≥2.5	34.9

4N 电解铁制备的 4N～M50 钢夹杂物的控制上略优于 3N～M50，在碳化物控制方面差别不大。

（3）纯铁纯度对 M50 钢力学性能的影响。

两种 M50 轴承钢经过热处理后的洛氏硬度如表 6-10 所示。可以看出在 1100 ℃油淬和 540 ℃回火后，两种钢的硬度（HRC）可达到 61±0.6。

表 6-10 M50 钢的硬度

钢种	热处理制度	硬度（HRC）
4N～M50	1100 ℃×0.5 h，OC+540 ℃×2 h，AC+（-75 ℃）×1 h，+540 ℃×2 h，AC+540 ℃×2 h，AC	61.5
3N～M50		61.6

根据 M50 轴承钢的服役工况对电解铁炼 4N～M50 钢与 3N～M50 轴承钢进行了高温硬度和高温拉伸实验，如表 6-11 和表 6-12 所示。当两种 M50 钢的高温硬度在 300 ℃时，仍然可以达到 HRC 59.8±0.1 的硬度，能够满足在 300 ℃时的服役环境。

表 6-11 M50 钢的高温硬度（HRC）

钢种	100 ℃	200 ℃	300 ℃	400 ℃	500 ℃	600 ℃
3N～M50	61.5	60.7	59.8	58.2	57.5	53.8
4N～M50	60.8	60.8	59.7	57.7	54.8	50.7

表 6-12 M50 钢在不同温度下的高温拉伸性能

样品名称	测试温度/℃	R_m/MPa	$R_{p0.2}$/MPa	A/%	Z/%
3N～M50	100	2644	2131	4.8	6.8
4N～M50		2594	2082	4.5	6.5
3N～M50	200	2543	1999	6.3	9.4
4N～M50		2498	1966	6.0	9.8
3N～M50	300	2435	1934	7.8	13.2
4N～M50		2378	1824	6.8	12.8
3N～M50	400	2317	1889	9.5	16.1
4N～M50		2239	1680	8.4	15.9
3N～M50	500	2099	1609	10.5	22.3
4N～M50		2093	1545	8.8	21.8

（4）纯铁纯度对 M50 钢滚动接触疲劳寿命的影响。

分别对不同纯铁制备的 M50 钢进行滚动疲劳实验，对其进行疲劳寿命和失效机理研究。根据 GB/T 10510—2005《轴承零件接触疲劳试验方法》开展滚动疲劳接触试验。

试样加工流程为：线切割→热处理（淬火+回火），测硬度→低温处理 2 h，去加工应力→磨床精磨，测平行度（小于 3 μm）→退磁机退磁→精抛镜面→开展试验。采用 ϕ52 mm 推力片，陪衬件为 GCr15 轴承，采用 4050 航空润滑油，转速为 2500 r/min，在推力片试验机上进行滚动接触疲劳实验。试验机及试样如图 6-10 所示。

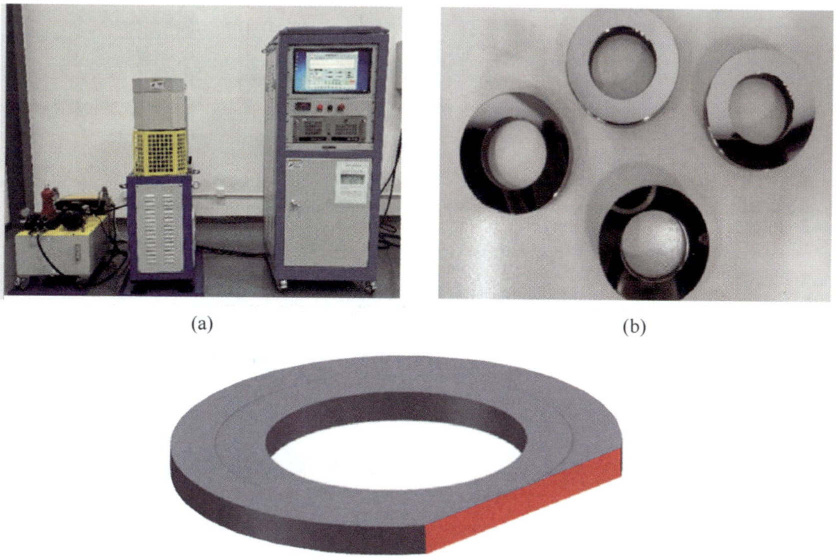

(a) (b) (c)

图 6-10 试验设备及疲劳试样

（a）推力片试验机；（b）试样；（c）失效分析样

两种 M50 轴承钢分别在推力片试验机上进行了滚动接触疲劳实验，实验数据结果如表 6-13 所示。根据实验结果可知 4N~M50 和 3N~M50 在高的接触应力下具有高的循环周次。目前，实验结果表明两者的循环周次差别不大。

表 6-13 M50 钢的滚动接触疲劳实验结果

钢 种	接触应力/GPa	转速/r · min^{-1}	循环周次
3N~M50	4.0	2500	1.47×10^{9}
3N~M50	4.3	2500	1.96×10^{9}

续表6-13

钢 种	接触应力/GPa	转速/$r \cdot min^{-1}$	循环周次
3N~M50	4.5-1	2500	5.01×10^{8}
3N~M50	4.5-2	2500	1.33×10^{9}
3N~M50	4.8	2500	7.2×10^{8}（未失效）
3N~M50	5.0	2500	4.96×10^{8}
3N~M50	5.1	2500	9.2×10^{8}
4N~M50	4.0	2500	1.25×10^{9}
4N~M50	4.5	2500	1.54×10^{9}
4N~M50	4.8-1	2500	4.1×10^{8}
4N~M50	4.8-2	2500	7.1×10^{8}（未失效）

采用 3N 和 4N 电解铁制备了 M50 钢。4N 电解铁制备的 M50 钢纯净度（$\sum\{Sn+As+Sb+Bi+Pb\}\leqslant3.32\times10^{-4}\%$，$[O]\leqslant3\times10^{-4}\%$、$[Ti]\leqslant13\times10^{-4}\%$、$[S]\leqslant10\times10^{-4}\%$）高于 3N 铁制备的 M50 钢（$\sum\{Sn+As+Sb+Bi+Pb\}\leqslant6.62\times10^{-4}\%$，$[O]\leqslant5\times10^{-4}\%$、$[Ti]\leqslant30\times10^{-4}\%$、$[S]\leqslant34\times10^{-4}\%$）。两种纯度 M50 钢最大尺寸的碳化物尺寸相当。两种纯净度 M50 钢的力学性能差别不大。在不同赫兹接触应力下的循环周次，未表现出明显的差别，均达到了 $10^{8}\sim10^{9}$。

6.3 高纯铁用于电解铝的阴极材料

近年来国内电解铝产量持续增长，如图 6-11 所示。截至 2024 年 12 月，中国电解铝年产量 4400 万吨，中国电解铝建成产能为 4724.90 万吨。导电用阴极扁钢为电解铝行业主要耗材，据估算，每生产 10 t 电解铝需消耗约 1 t 的阴极扁钢，年需求量超百万吨。

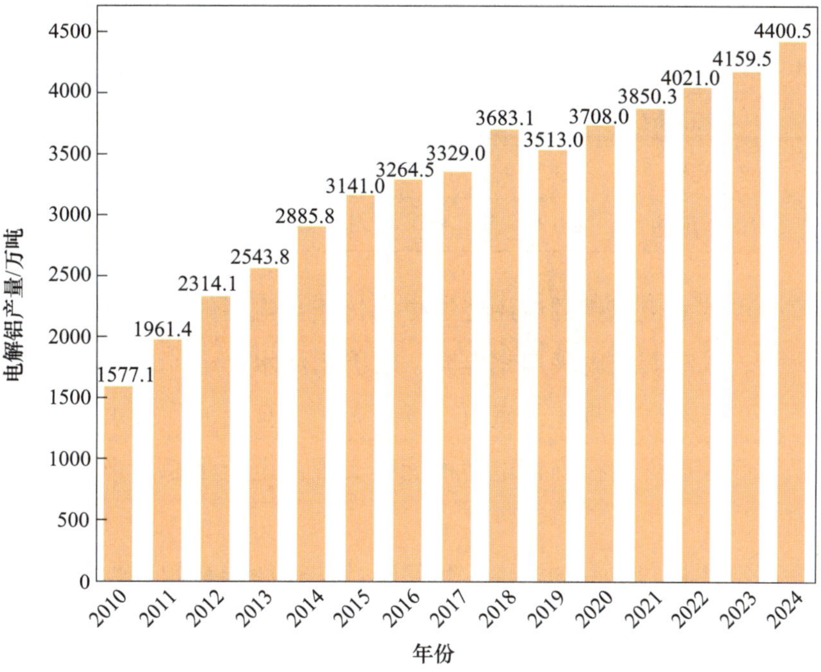

图 6-11　中国电解铝产量

阴极扁钢作为铝电解槽设备中的一部分，是能耗损失的重要部分。铝液层压降、阴极炭块压降与阴极导电钢棒压降三个压降之和构成了阴极压降。由于阴极工作环境对阴极材料的耐热性、硬度和成本提出了要求，目前阴极导电钢棒无法利用电导率较高的铜、铝等材料。现阶段常用的电极扁钢有 Q195 钢、Q235 钢等，它们的特点是易获得、成本低、硬度符合要求，但其高温下的导电性一般。使用电导率较高的钢铁材料、复合材料或者异型阴极结构是当前主要的发展方向。

高导电性电极扁钢是根据大型电解槽电磁场状况对钢材进行优化的。通过改善钢材本身的导电率，在阴极外钢材处纳米涂层调整电阻，提高导电性能，调整其与阴极接触性能。调整电极扁钢电阻，改善铝液水平电流，提高极距降压空间，从而使电解能够在较低电压下正常生产，有效降低能耗。高导电性电极扁钢技术指标见表 6-14。

表 6-14 高导电性电极扁钢技术指标

性能要求	电阻率	20 ℃时，$\delta<13\times10^{-8}$ Ω·m				
	线膨胀系数	20~900 ℃，$\alpha<14\times10^{-6}$				
	导热系数	100 ℃时，>60 W/(m·K)				
理化指标	元素	C	Si	Mn	P	S
	含量/%	≤0.04	≤0.4	≤0.8	≤0.06	≤0.06

高导电性电极扁钢的应用能够提高材质导电性能，调整材质与阴极接触性能；同时调整电极扁钢电阻，改善铝液水平电流，提高极距降压空间。不仅具有较为理想的垂直磁场分布，而且铝液中的水平电流也相对降低。高导电性电极扁钢电解槽能够实现低电压平稳生产，节能降耗效果明显。

超高纯铁具有良好的塑性、耐腐蚀性、热性能和软磁性能等，纯铁具有较高的电子密度，故具有优良的导电性。它的导热性能也相当出色，为纯铁在阴极扁钢方面的应用提供了可能。

如表 6-15 所示，对比研究通用阴极扁钢 Q235B、Q195、SAE1006、某钢企纯铁 HYT2 和龙凤山高纯铁扁钢。检测 5 种材料化学成分、微观组织、拉伸力学性能、电导率及导热系数的差异。5 种材料的测试项目如表 6-16 所示。

表 6-15 实验材料

序号	材料名称	材料尺寸 /mm×mm×mm	材料状态	备 注
1	Q235B	150×90×1100	热轧态	通用阴极扁钢
2	Q195	225×105×2300	热轧态	
3	SAE1006	200×80×2005	热轧态	
4	某钢企纯铁 HYT2	150×230×1985	热轧态	高导电率阴极扁钢
5	龙凤山高纯铁 HYT2	140×200×2025	热轧态	

表 6-16　检验项目

序号	实验名称	测试温度	参考标准	检测设备
1	化学成分	室温	GB/T 4336—2016《碳素钢和中低合金钢元素含量的测定　火花放电原子发射光谱法》	直读光谱仪
2	微观组织	室温	GB/T 13298—2015《金属显微组织检验方法》	蔡司金相显微镜
3	力学性能	室温	GB/T 228.1—2021《金属材料　拉伸试验　第 1 部分：室温试验方法》	高低温万能试验机
4	电导率	室温 高温	GB/T 351—2019《金属材料　电阻率测量方法》	ZEM-3M10 高温电导率测试仪
5	导热系数	室温 高温	GB/T 3651—2008《金属高温导热系数测量方法》	LFA467 HT 激光导热测试仪

（1）化学成分分析。

Q235B、Q195、SAE1006、龙凤山高纯铁 HYT2、某钢企纯铁 HYT2 的化学成分如表 6-17 所示。测试采用 SPECTRO 直读光谱仪（纯铁标样采购自上海材料研究所）。

由表 6-17 可知，Q235B 的纯度为 98.970%，Q195 的纯度为 99.166%，SAE1006 的纯度为 99.825%，龙凤山高纯铁 HYT2 的纯度为 99.954%，某钢企纯铁 HYT2 的纯度为 99.924%。龙凤山高纯铁 HYT2 碳含量略高于某钢企纯铁 HYT2 约 $5\times10^{-4}\%$，但是 $\sum\{[S]+[P]+[Cr]+[Al]\}$ 远低于某钢企纯铁 HYT2 的 $352\times10^{-4}\%$，纯净度好。

表 6-17 阴极扁钢的化学成分 （%）

材 料	C	Si	Mn	P	S	Cr	Mo	Ni	Al	Co	Cu
Q235B	1420×10^{-4}	2360×10^{-4}	4640×10^{-4}	154×10^{-4}	50×10^{-4}	581×10^{-4}	60×10^{-4}	188×10^{-4}	145×10^{-4}	39×10^{-4}	142×10^{-4}
Q195	967×10^{-4}	2000×10^{-4}	3620×10^{-4}	155×10^{-4}	78×10^{-4}	599×10^{-4}	59×10^{-4}	150×10^{-4}	60×10^{-4}	41×10^{-4}	98×10^{-4}
SAE1006	185×10^{-4}	95×10^{-4}	436×10^{-4}	27×10^{-4}	38×10^{-4}	423×10^{-4}	—	167×10^{-4}	101×10^{-4}	19×10^{-4}	109×10^{-4}
某钢企纯铁 HYT2	18×10^{-4}	—	102×10^{-4}	22×10^{-4}	21×10^{-4}	120×10^{-4}	—	49×10^{-4}	272×10^{-4}	—	41×10^{-4}
龙凤山高纯铁 HYT2	23×10^{-4}	—	104×10^{-4}	16×10^{-4}	10×10^{-4}	47×10^{-4}	—	64×10^{-4}	10×10^{-4}	18×10^{-4}	53×10^{-4}
材 料	V	W	Pb	Sn	Mg	As	Ca	Ce	Se	纯度	
Q235B	29×10^{-4}	131×10^{-4}	161×10^{-4}	31×10^{-4}	44×10^{-4}	67×10^{-4}	15×10^{-4}	20×10^{-4}	26×10^{-4}	98.970	
Q195	31×10^{-4}	127×10^{-4}	161×10^{-4}	20×10^{-4}	41×10^{-4}	66×10^{-4}	21×10^{-4}	18×10^{-4}	29×10^{-4}	99.166	
SAE1006	33×10^{-4}	—	—	—	41×10^{-4}	23×10^{-4}	9.4×10^{-4}	22×10^{-4}	22×10^{-4}	99.825	
某钢企纯铁 HYT2	14×10^{-4}	—	—	—	40×10^{-4}	20×10^{-4}	1.2×10^{-4}	19×10^{-4}	22×10^{-4}	99.924	
龙凤山高纯铁 HYT2	18×10^{-4}	—	—	—	38×10^{-4}	17×10^{-4}	1.2×10^{-4}	21×10^{-4}	22×10^{-4}	99.954	

（2）微观组织分析。

由图 6-12 可知，Q235B、Q195、SAE1006 微观组织由亮白色的铁素体与灰黑色片状珠光体组成，珠光体分布均匀，铁素体晶粒均匀和细小。铁素体基体上的黑色小点为渗碳体颗粒，部分晶界上的灰色颗粒状为硫化锰夹杂物。龙凤山高纯铁 HYT2、某钢企纯铁 HYT2 微观组织为铁素体。

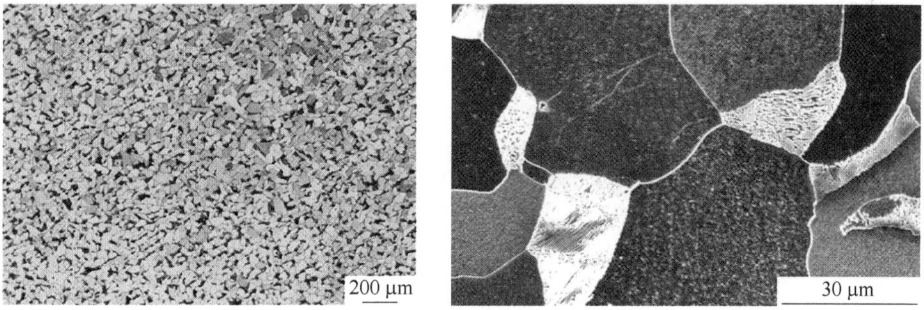

(a)

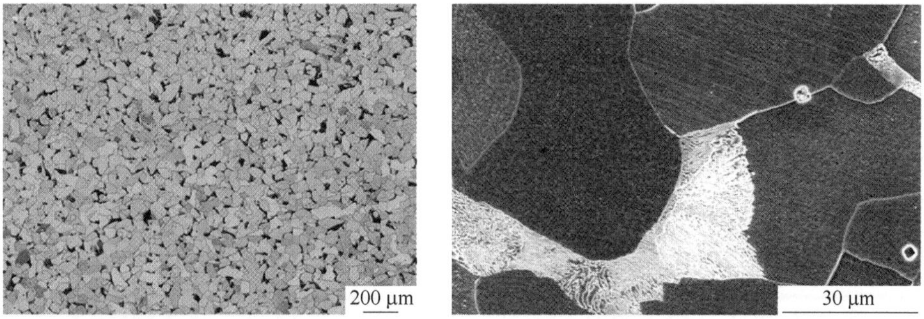

(b)

(c)

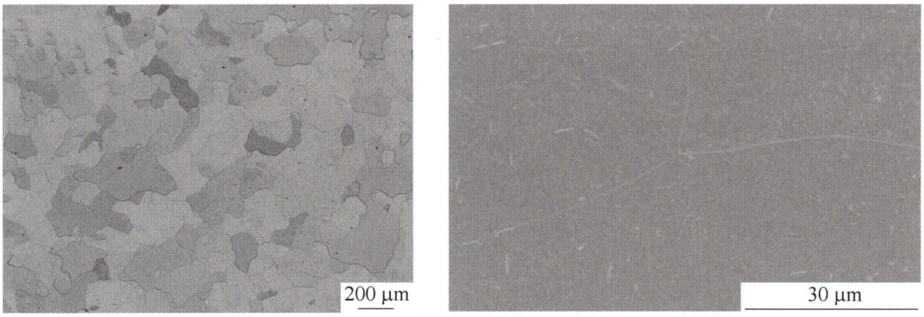

(d)

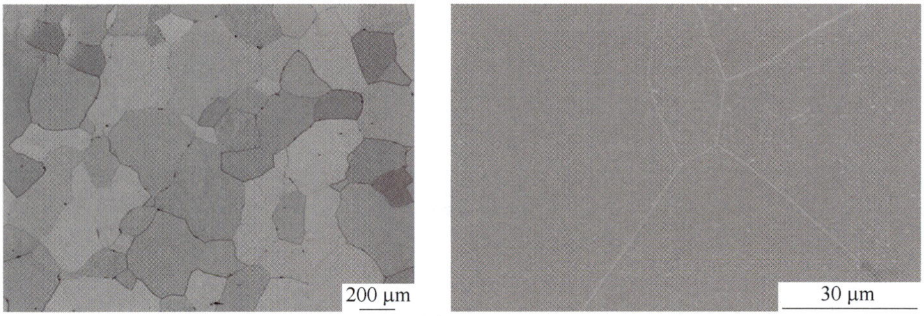

(e)

图 6-12　光学显微镜与扫描显微镜微观下的组织形貌

（a）Q235B；（b）Q195；（c）SAE1006；（d）龙凤山高纯铁 HYT2；（e）某钢企纯铁 HYT2

采用 IMAGE PRO PLUS 对晶粒尺寸进行统计，如表 6-18 所示。按 Q235B、Q195、SAE1006、龙凤山高纯铁 HYT2、某钢企纯铁 HYT2 顺序，平均晶粒尺寸不断变大，这是由于样品中的杂质变多，Q235B、Q195、SAE1006 中铁素体晶粒长大阻碍较大。样品中的碳含量不断变少，珠光体的含量不断变少，当碳含量小于 0.0218%，珠光体消失。

表 6-18　铁素体和珠光体晶粒尺寸统计

样　品	平均晶粒尺寸/μm	珠光体晶粒尺寸/μm	珠光体体积百分数/%
Q235B	23.7	16.0	12.6
Q195	32.0	15.5	7.0
SAE1006	56.3	14.2	2.9
某钢企纯铁 HYT2	182.5	—	—
龙凤山高纯铁 HYT2	104.2	—	—

采用电子背散射衍射（EBSD）对 3 种材料的晶粒尺寸、晶粒取向、晶粒取向差等进行了分析。EBSD 试样测试工作电压为 20 kV、束流为 3 nA，工作距离为 15 mm，扫描步长为 1 μm。Q235B、Q195 和 SAE1006 选择为珠光体（Pearlite）或 P，某钢企纯铁 HYT2 和龙凤山高纯铁 HYT2 选择为铁素体（Ferrite）或 α-Fe。并使用 AZtecCrystal 软件对相应数据进行后处理。

电子背散射衍射（EBSD）分析结果如图 6-13 所示。它显示了 5 种电极扁钢材料相应的晶粒取向分布图（OIM）、晶粒尺寸分布图和取向差分布图。此外，在 OIM 图中，大角度晶界（θ>15°）以黑色绘制，而小角度晶界（2°<θ<15°）以白色示出。从晶粒尺寸统计和晶粒取向差的分布规律可以看出，随着纯度提高，晶粒不断变大。

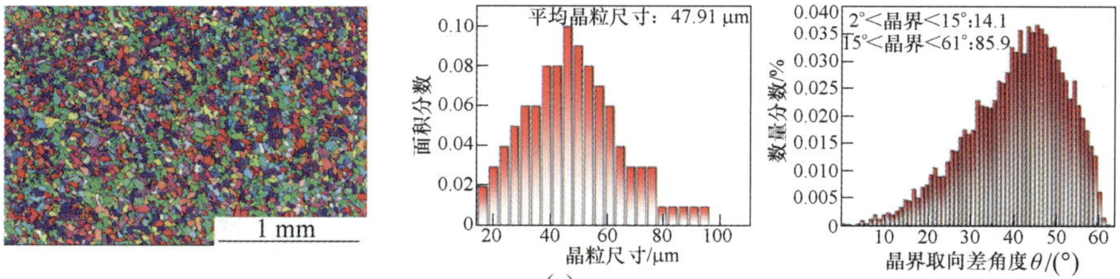

(a)

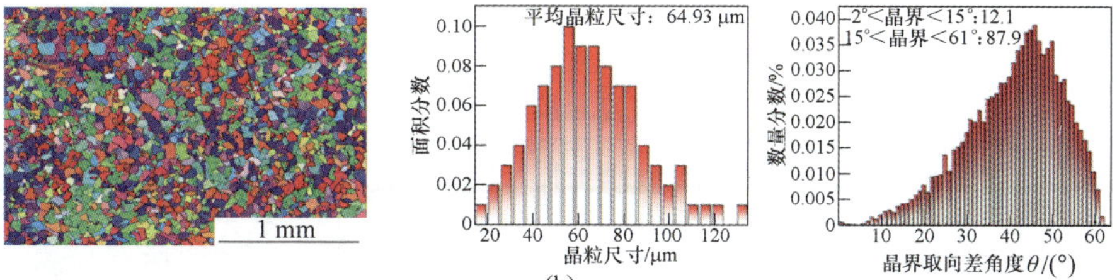

(b)

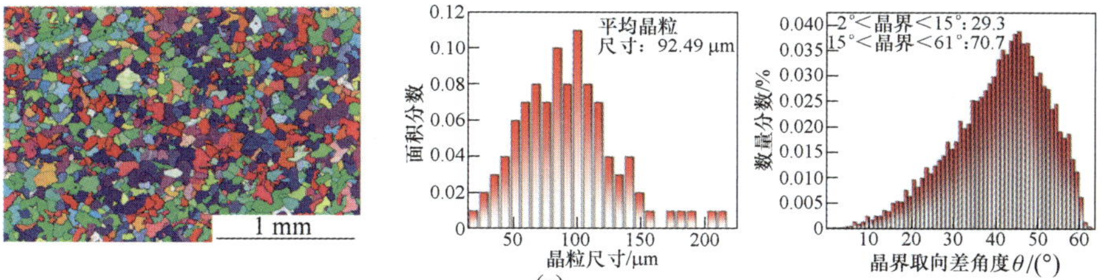

(c)

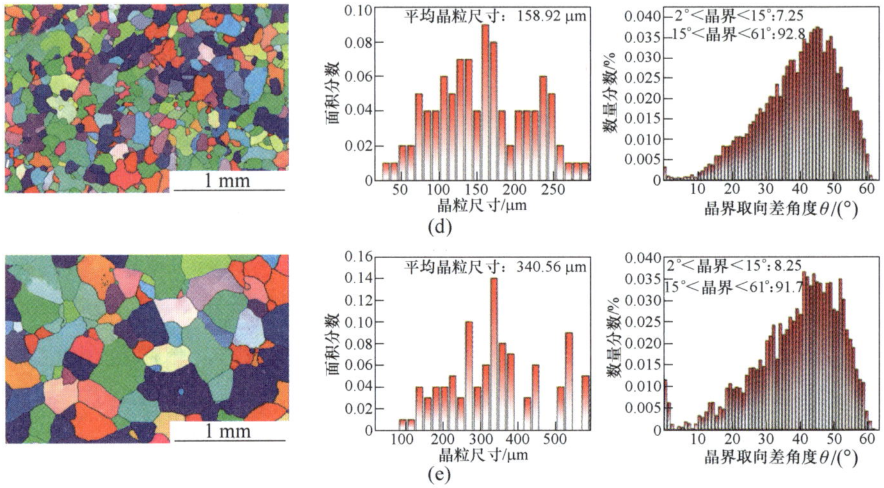

图 6-13　电子背散射衍射组织形貌、晶粒尺寸统计和晶粒取向差统计

（a）Q235B；（b）Q195；（c）SAE1006；（d）龙凤山高纯铁 HYT2；（e）某钢企纯铁 HYT2

（3）力学性能分析。

室温拉伸试样取样方法参照 GB/T 2975，试验方法参照 GB/T 228.1。室温拉伸力学性能如表 6-19 所示，随着纯度的提高，抗拉强度不断降低，断面收缩率不断升高。龙凤山高纯铁 HYT2 断面收缩率最高。

表 6-19　室温拉伸力学性能

样　品	抗拉强度 R_m/MPa	屈服强度 $R_{p0.2}$/MPa	延伸率 A/%	断面收缩率 Z/%
Q235B	421	272	34.3	60
Q195	373	199	42.3	72
SAE1006	314	155	42.6	78
某钢企纯铁 HYT2	248	107	47.7	80
龙凤山高纯铁 HYT2	262	123	45.8	84

（4）导电性能分析。

图 6-14 所示为 Q235B、Q195、SAE1006、某钢企纯铁 HYT2、龙凤山高纯铁 HYT2 在不同温度（25 ℃、750 ℃）下的电导率和电阻率。随着温度的升高，电导率降低。

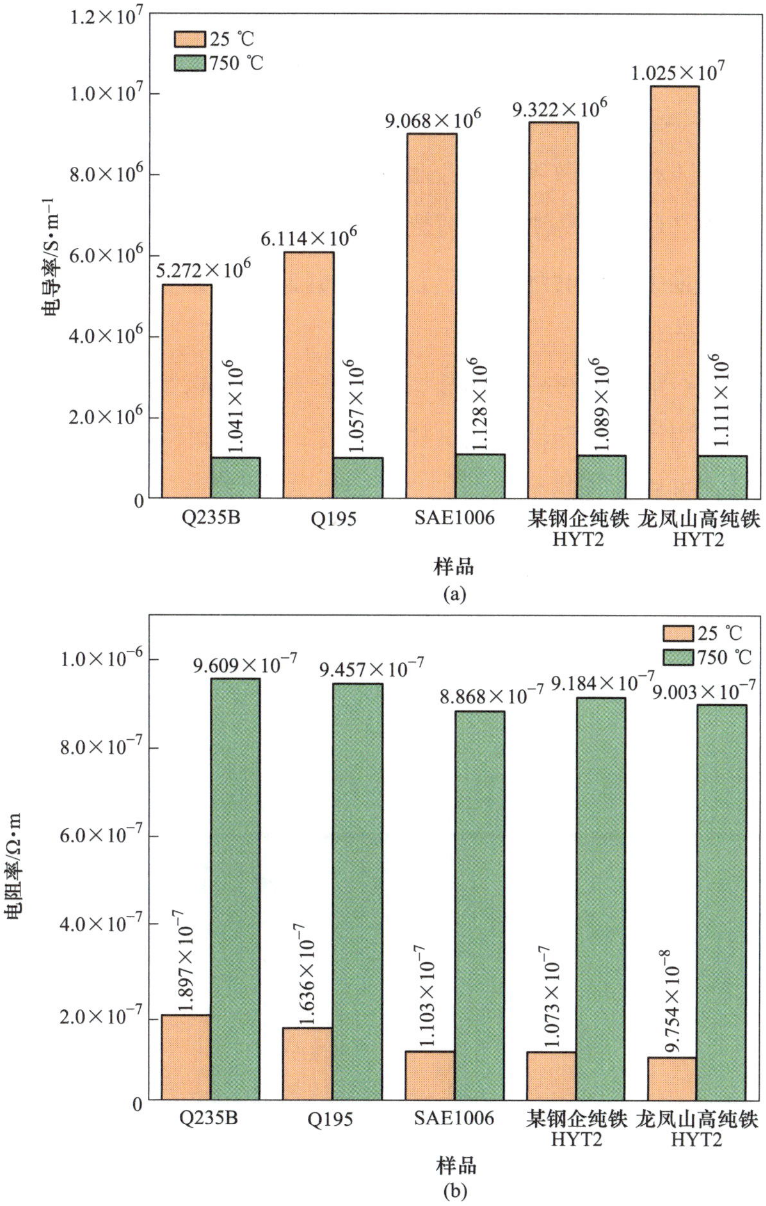

图 6-14 各试样电导率（a）和电阻率（b）随温度的变化曲线

金属导电理论认为金属的晶体越完整，异类原子等引起的晶格畸变和晶界等缺陷越少，其电阻越小；杂质元素在金属中以固溶体存在时，对导体电阻率的增大作用远大于析出态。添加合金元素，材料纯度变低，材料的电阻率显著增加。这是因为材料中杂质元素形成固溶体后产生了晶格畸变，对电子的散射作用增强，使得材料的电阻率升高，电导率降低。

（5）导热性能分析。

导热系数和热扩散系数是反映材料热传导性能的重要热物性参数。激光闪射法（LFA）是测量材料热物性参数的常用方法之一，它可以直接精确地测量出材料的热扩散系数，也可以通过材料的比热容和密度快速计算出导热系数。

激光闪射法是通过将试样放置于保护气氛的样品室中进行短时间激光辐照，采用红外探测器检测试样的温度，原理如图 6-15 所示。由下式可以计算出试样的导热系数。

$$\lambda = \alpha \cdot \rho \cdot c_p$$

式中，λ 为导热系数，W/(m · K)；α 为热扩散系数，m^2/s；ρ 为体积密度，kg/m^3；c_p 为比热容，J/(kg · K)。

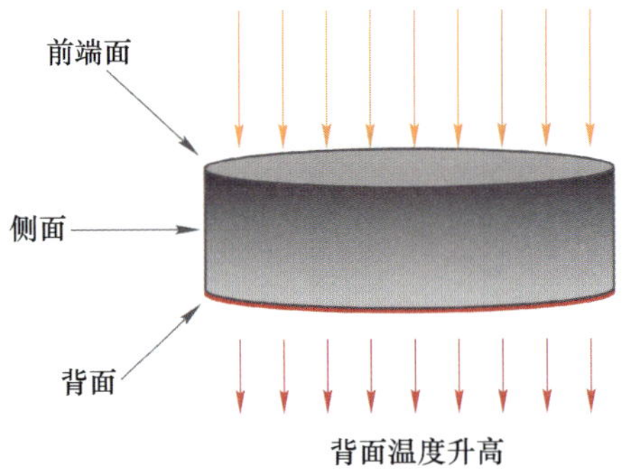

图 6-15　激光闪射法测量导热系数原理示意图

依据 GB/T 22588—2008 对 Q235B、Q195、SAE1006、某钢企纯铁 HYT2、龙凤山高纯铁 HYT2 五种试样进行测试，待测试样的密度由阿基米德排水法测得，如表 6-20 所示。

表 6-20　各材料 20 ℃时的密度

样　品	Q235B	Q195	SAE1006	龙凤山高纯铁 HYT2	某钢企纯铁 HYT2
密度（20 ℃）/g · cm^{-3}	7.86	7.86	7.86	7.88	7.76

试验前，在试样表面喷涂一层薄且均匀的石墨涂层，然后将其放入图 6-15 所示的 NETZSCH LFA467 HT Hyper Flash 型闪射法导热仪样品室。试验温度分别为室温、200 ℃、400 ℃、600 ℃、700 ℃、750 ℃、800 ℃、850 ℃、900 ℃、950 ℃、1000 ℃，参比标准试样为不锈钢 310。

图 6-16 所示为 Q235B、Q195、SAE1006、某钢企纯铁 HYT2、龙凤山高纯铁 HYT2 在不同温度下的导热系数。由图可知，在 25～900 ℃温度范围内，随着纯度的提高，导热系数不断地增加；随着温度的升高，导热系数不断降低。在 900～1000 ℃温度范围内，随着纯度的提高，导热系数不断增加；随着温度的升高，导热系数有所提高。

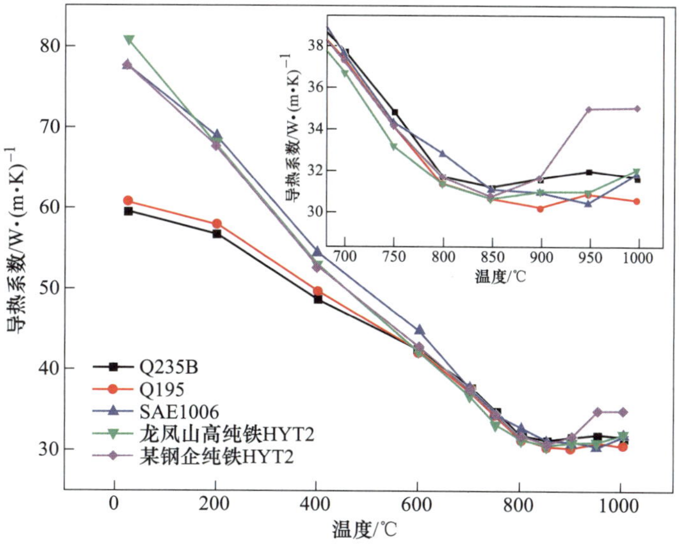

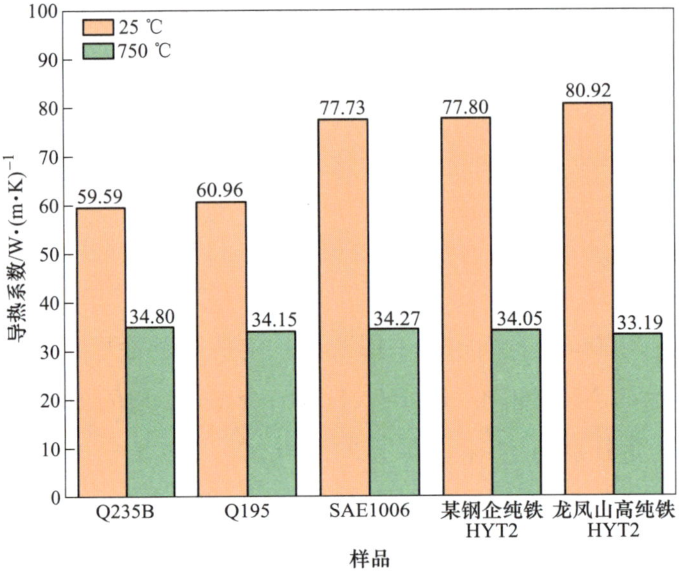

图 6-16 各材料导热系数随温度的变化曲线

各材料热扩散系数随温度的变化如图 6-17 所示，比热容随温度的变化如图 6-18 所示。随着温度的升高，材料的热扩散系数逐渐减小，这是由于材料在受热升温非稳态导热过程中，进入物体的热量不断被吸收而使局部温度升高，使温度梯度减小，传热速率降低；随着温度的升高，材料的比热容整体呈升高的趋势，其导热系数在一定温度范围内呈逐渐升高的趋势，导热系数与温度的关系比较复杂，这是因为金属材料的热传导主要是通过电子的运动，温度越高，电子运动越剧烈，导热系数也越高。

随着温度的升高，该材料的热扩散系数逐渐减小，比热容逐渐升高，导热系数在一定温度范围内呈逐渐增大的趋势。

金属的热传导主要是自由电子迁移的机制，因而和电阻率有直接关系。在低质量分数条件下，溶质原子对金属基体电阻率的影响与溶质和基体原子的外层电子结构差异有关。

此外，溶质元素对钢的导热系数的影响还与它们在基体和碳化物之间的分配有关，显然分配在基体中的影响要比在化合物中的影响大得

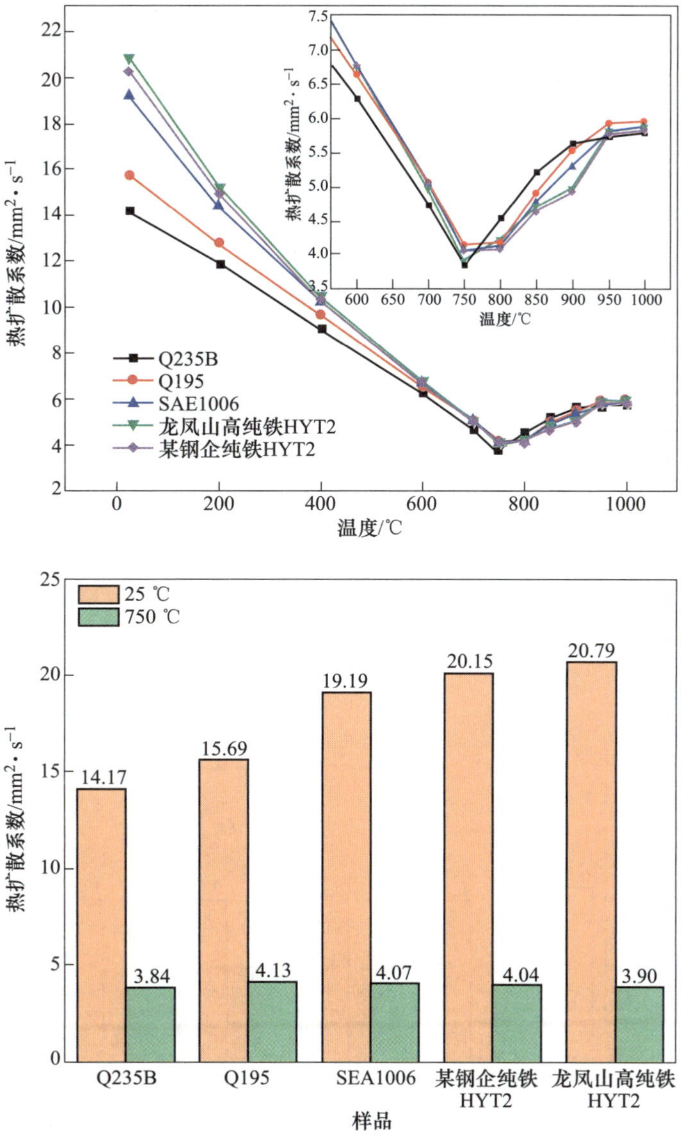

图 6-17　各材料热扩散系数随温度的变化曲线

多。在这些元素中，过渡族元素中的强碳化物形成元素 W、V、Mo、Cr 等倾向于分配在碳化物中，非强碳化物形成元素 Cu、Ni、Mn 等和半导体元素 Si 倾向于分配在铁素体基体中，而 C 在铁素体基体中的溶解度低，绝大多数的 C 都以碳化物的形式存在。

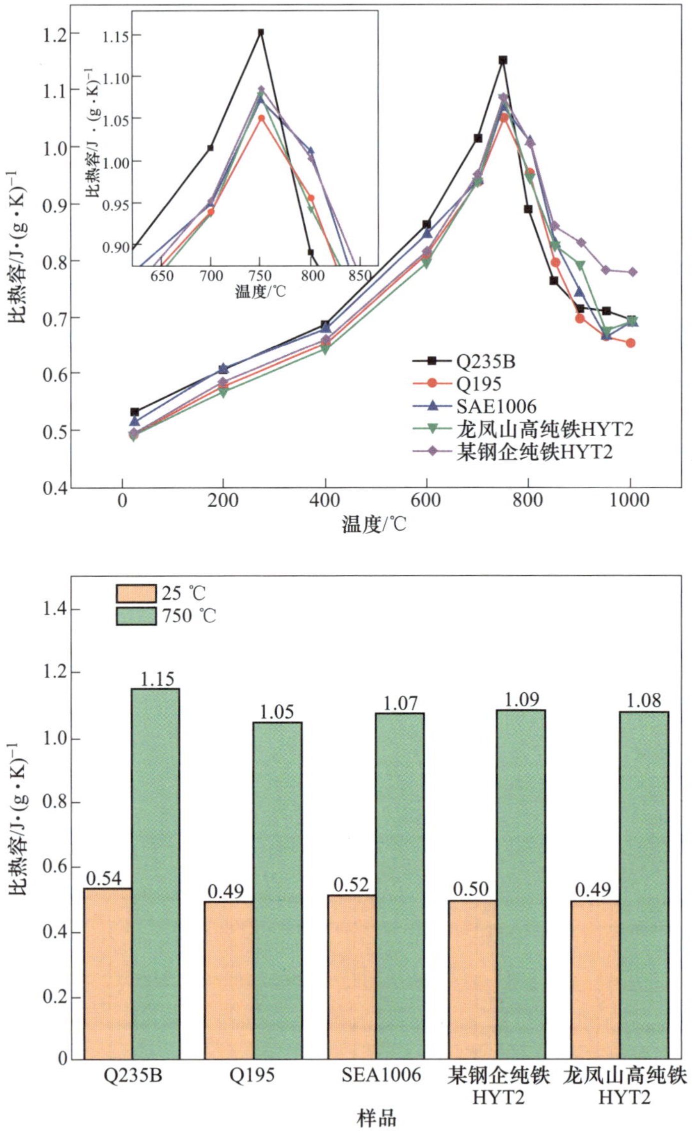

图 6-18　各材料比热容随温度的变化曲线

金属的导热包括自由电子导热和声子导热的贡献，对于纯金属，通过自由电子运动来导热是主要机制：对于自由电子导热而言，热传导的阻力主要是晶格振动（声子）对自由电子的散射；温度增加，晶格振动加剧，声子对自由电子运动的阻力增加，导致其导热能力下降。纯金属的导热系数随温度增加而降低。特别是对于合金元素含量高的合金，除了声子对自由电子的散射，还包括溶质原子对自由电子运动较强的散射作用，因而其导热能力显著低于纯金属的导热能力。和声子不同的是，溶质原子的散射作用随温度升高而减弱。溶质原子的热阻率随温度升高而下降。因而在一定的温度范围内，当温度对溶质原子热阻率的影响起主导作用时，合金的导热系数随温度增加而增加。

（6）铝电解槽用高纯铁仿真模拟。

采用数值仿真的方法对传统电极扁钢和高纯铁电极扁钢尺寸形状相同的420 kA级铝电解槽进行三维计算，分析两种电极扁钢对阴极电压和槽电压分布的影响。

1）铝电解槽电-热耦合理论的控制方程。

计算铝电解槽的耦合稳态电热场，导电部分和导热部分的控制方程分别为三维导电拉普拉斯方程和三维导热泊松方程：

$$\frac{\partial}{\partial X}\left(\frac{1}{\rho_X}\frac{\partial V}{\partial X}\right)+\frac{\partial}{\partial Y}\left(\frac{1}{\rho_Y}\frac{\partial V}{\partial Y}\right)+\frac{\partial}{\partial Z}\left(\frac{1}{\rho_Z}\frac{\partial V}{\partial Z}\right)=0$$

式中，ρ_X、ρ_Y、ρ_Z 为各导电材料在三维方向上的电阻率，Ω·m，其取值还与导体的温度相关；V 为点位，V。

$$\frac{\partial}{\partial X}\left(k_X\frac{\partial T}{\partial X}\right)+\frac{\partial}{\partial Y}\left(k_Y\frac{\partial T}{\partial Y}\right)+\frac{\partial}{\partial Z}\left(k_Z\frac{\partial T}{\partial Z}\right)+q=0$$

式中，k_X、k_Y、k_Z 为各材料在三维方向上的导热系数，W/(m·K)；q 为单位体积的生热率，W/m；T 为节点温度，K。

2）电-热耦合模型及边界条件。以某420 kA预焙阳极铝电解槽作为研究对象，其关键结构和工艺参数如表6-21所示。改变的电极扁钢参数见表6-22。

表6-21　电解槽关键结构和工艺参数

参　数	数　值
电流/kA	420
阳极碳块/mm×mm×mm	1700×665×635

续表6-21

参　数	数　值
阴极碳块/mm×mm×mm	3680×665×470
电极扁钢/mm×mm×mm	2200×110×230
阴极槽/mm×mm×mm	3680×125×245
铝液高度/mm	220
电解质高度/mm	180
极距/mm	45
阳极碳块数量	48
电极扁钢数量	96

表 6-22　材料的导热系数与电阻率

温度/℃	导热系数/W·(m·K)$^{-1}$		电阻率/Ω·m	
	Q195	龙凤山高纯铁 HYT2L	Q195	龙凤山高纯铁 HYT2L
25	60.96	80.92	1.64×10^{-7}	9.75×10^{-8}
200	58.21	68.00	2.69×10^{-7}	2.04×10^{-7}
400	49.75	53.06	4.48×10^{-7}	3.87×10^{-7}
600	42.23	42.23	6.99×10^{-7}	6.48×10^{-7}
700	37.30	36.66	8.50×10^{-7}	8.07×10^{-7}
750	34.15	33.19	9.46×10^{-7}	9.00×10^{-7}
800	31.36	31.32	1.03×10^{-6}	9.96×10^{-7}
850	30.62	30.62	1.06×10^{-6}	1.04×10^{-6}
900	30.21	30.97	1.08×10^{-6}	1.07×10^{-6}
950	30.90	30.97	1.09×10^{-6}	1.07×10^{-6}
1000	30.57	32.00	1.10×10^{-6}	1.09×10^{-6}

在有限元计算平台 ANSYS 上建立的纯铁电极扁钢铝电解槽三维切片物理模型如图 6-19 所示。为了展示其内部结构，图中并未完整地显示整个模型。加入计算所需的材料属性，对模型进行网格划分，获得相应的有限元模型。

在 ANSYS 平台上分别对传统电极扁钢电解槽和高纯铁电极扁钢电

图 6-19　高纯铁电极扁钢铝电解槽电-热耦合计算物理模型

解槽的电-热耦合模型进行计算，获得电场的分布。槽电压是影响铝电解能耗的重要指标，电解行业为降低能耗长期以来致力于低电压电解技术的研究。电解槽电-热切片模型计算所得的槽体导电部分的欧姆压降如图 6-20 和图 6-21 所示。

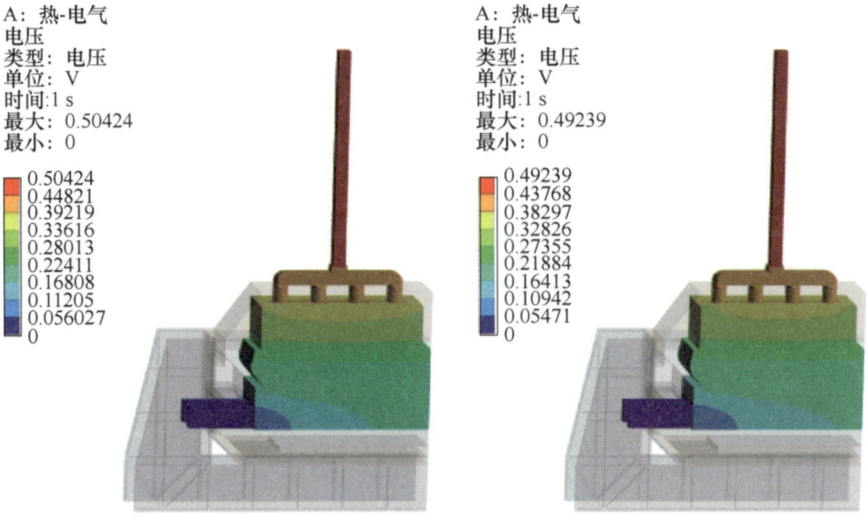

(a)　　(b)

图 6-20　铝电解槽导电部分欧姆压降图

（a）传统电极扁钢；（b）高纯铁电极扁钢

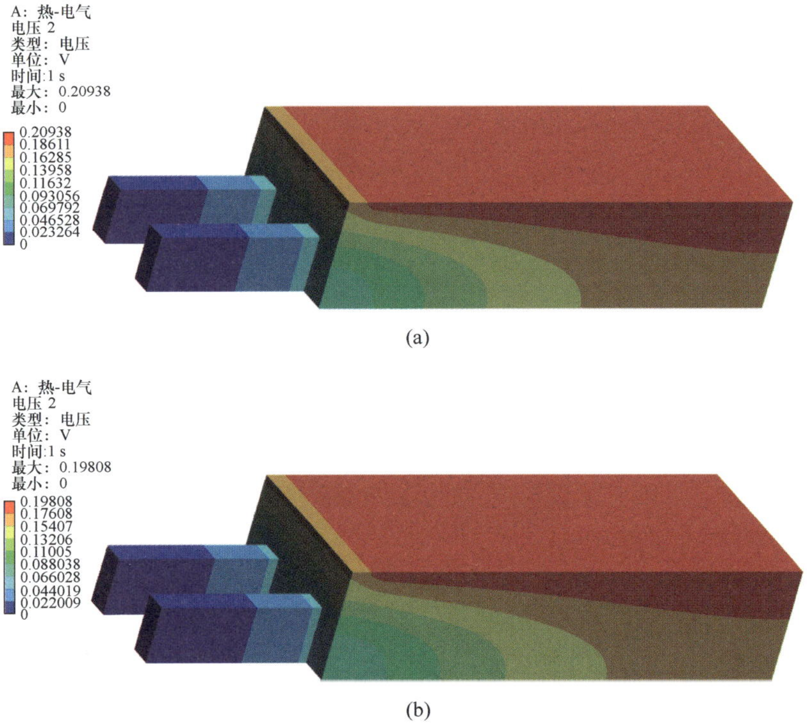

图 6-21　铝电解槽阴极欧姆压降图

（a）传统电极扁钢；（b）高纯铁电极扁钢

相比传统电极扁钢电解槽，高纯铁电极扁钢电解槽的槽体欧姆压降低了 12 mV，降低的部分在阴极压降，主要是由于高纯铁电极扁钢导电性更高，减小了电路的电阻，所以在相同系列电流下电压减小。

高纯铁电极扁钢可以降低槽电压，从而电解能耗减小。结合目前文献分析高纯铁电极扁钢电解槽所获得的技术指标分析可知，高纯铁电极扁钢可以减小水平电流，使槽电压降低，节约电解能耗。在本研究中，高纯铁电极扁钢电解槽槽电压比传统电极扁钢电解槽槽电压低 12 mV。

综上所述，龙凤山高纯铁 HYT2 纯净度为最佳。微观组织为铁素体，夹杂物尺寸小，数量少。抗拉强度（262 MPa）高于同级别纯铁，且断面收缩率为 84%，常温导电率为 1.025×10^{7} S/m，电阻率为 9.754×10^{-8} Ω · m，远低于高导电性电极扁钢技术指标 13×10^{-8} Ω · m。200 ℃时，导热系数为 68.0043 W/(m · K)，高于高导电性电极扁钢技术指标，即100 ℃时，导热系数不小于60 W/(m·K)。提高纯净度，有利于电极扁钢的服役过程中降低能耗。

6.4 采用高纯铁原料制备非晶纳米晶

非晶纳米晶材料具有优异的软磁性能，应用于电力、电机工程、无线电、通信和高新技术等多个领域。国外非晶带材主要供应商为日立金属，国内包括安泰科技、青岛云路、宁波兆晶等。Fe基非晶合金带材的基本化学成分（原子分数）：10%~16%B，8%~15%Si，其余成分为Fe。典型FeSiB非晶合金中纯铁原材料约占80%。与非晶不同，纳米晶制备工艺更加精细，还添加了铌、铜等元素。经过退火后组织为非常细小的晶粒，具有更优异的力学和磁学性能。典型的铁基纳米晶材料的成分是$Fe_{73.5}Cu_1Nb_3Si_{13.5}B_9$。先用熔体快淬的方法制成非晶，然后在晶化温度以上热处理使其晶化，形成晶粒直径为10~20 nm的α-Fe(Si)纳米晶。

纯铁是制备非晶纳米晶的主要原料，纯铁中附带的有害杂质元素遗留在母合金中影响非晶带材的制备及性能。非晶带材常见的缺陷有带体缺陷、带面缺陷、带边缺陷、尺寸缺陷及带材成分偏差。喷嘴被热蚀或内壁产生结瘤会造成带面和带边缺陷。众多学者认为非晶薄带中夹杂物会使产品更容易发生晶化，同时还会阻碍磁畴运动，恶化产品磁性能。因此，提高非晶纳米晶母合金的洁净度，减少合金中夹杂物，对非晶纳米晶薄带生产，保证产品质量及性能至关重要。本研究通过制备不同成分的纯铁喷铸非晶纳米晶带材，并与国内T钢、A钢纯铁制备的纳米晶带进行对比，通过分析甩带断裂原因，研究纯铁原料与制备纳米晶带的关系。

（1）影响纳米晶带质量的因素。

使用了不同厂家的纯铁制备纳米晶带，各厂家纯铁成分如表6-23所示。相比Z钢，T钢、A钢中的Al、O含量较低，制带结果表明T钢、A钢纯铁均可以顺利喷带。Z钢试制了3批次（代号分别为Z钢-Ⅰ、Z钢-Ⅱ、Z钢-Ⅲ），Z钢-Ⅰ、Z钢-Ⅱ均发生甩带断裂，Z钢-Ⅲ制备纳米晶收得率为30%~40%。

表6-23 不同厂家供货纯铁的化学成分

来源	C	Si	Mn	P	S	Cr	Al	Ti	O
T钢	0.002	0.80	0.021	0.006	0.0021	0.012	0.0008	0.0003	0.0045
A钢	0.002	0.01	0.016	0.002	0.0046	0.008	0.0006	0.0003	0.0031
Z钢-Ⅰ	0.003	0.82	0.050	0.012	0.0070	0.060	0.0030	0.0020	0.0100
Z钢-Ⅱ	0.011	0.31	0.049	0.008	0.0040	0.033	0.0027	0.0003	0.0096
Z钢-Ⅲ	0.002	0.29	0.045	0.006	0.0060	0.036	0.0019	0.0003	0.0100

对比使用T钢和Z钢纯铁制备的纳米晶带材表面，使用Z钢纯铁带材表面出现了明显的划痕，如图6-22所示。分析是喷嘴处夹杂物划伤了带材表面，由于嘴缝宽度尺寸不足0.5 mm，夹杂物会在嘴缝沉积聚集。

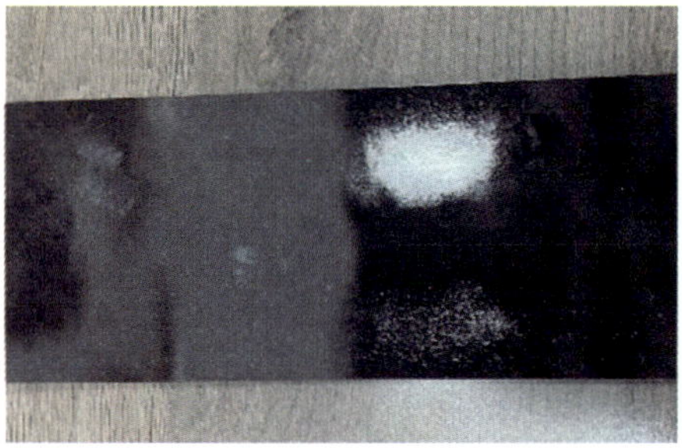

(a)

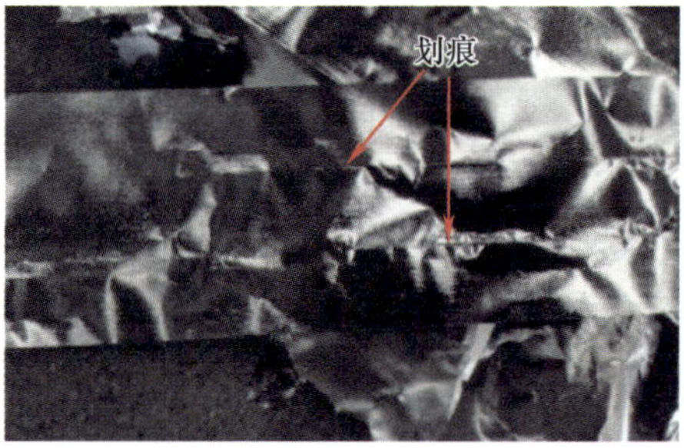

(b)

图6-22 使用T钢和Z钢纯铁制备纳米晶带表面形貌
（a）T钢；（b）Z钢

解剖了使用T钢和Z钢纯铁喷铸晶带的BN喷嘴和过滤器，如图6-23所示。使用Z钢纯铁过滤器中的铁渣和结瘤物较多。铁渣成分主要为Fe_2O_3、SiO_2，结瘤物成分主要为SiO_2、Al_2O_3和少量MgO。结瘤物的形成原因主要有：1）原材料中的硅和铝都是强脱氧元素，其接触到氧形成了氧化物结瘤；2）高温钢液传送过程中接触各类耐火材料，形成了 MgO 等结瘤物。这些结瘤物一方面使得钢流变细，造成喷铸压力提升，另一方面划伤晶带表面。

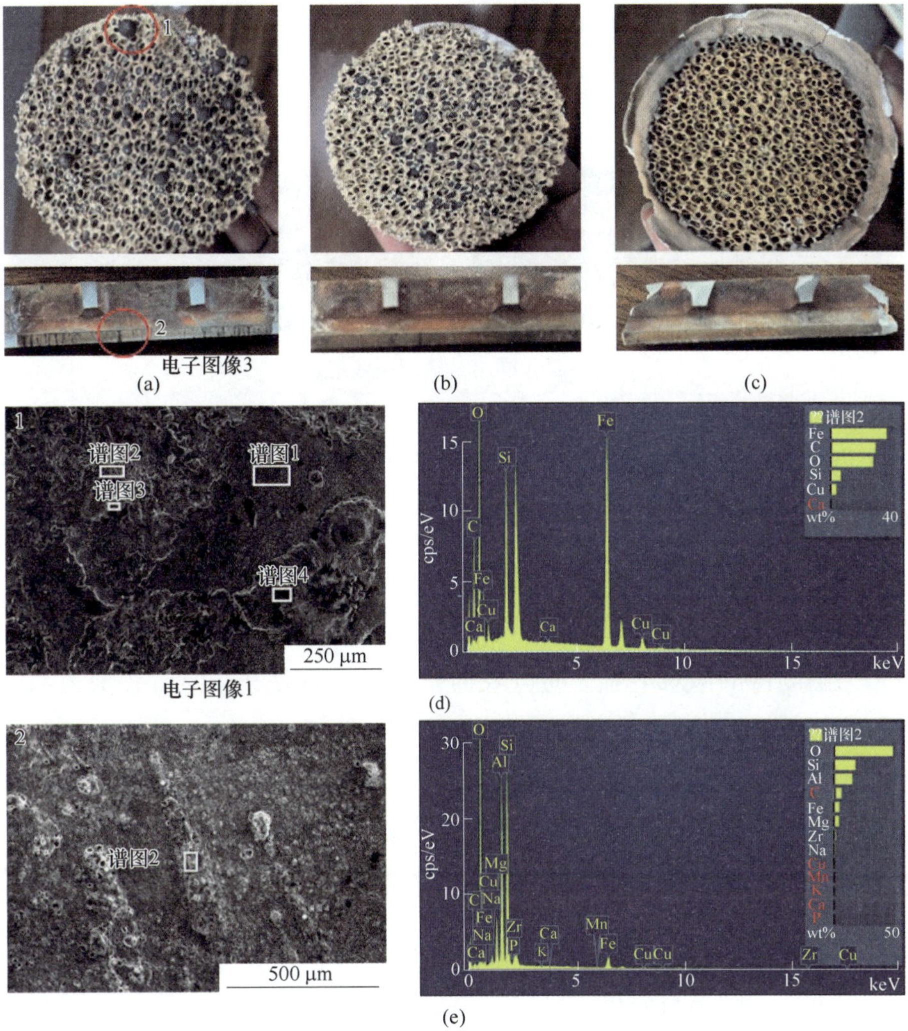

图 6-23　过滤器和 BN 喷嘴处铁渣、结瘤物形貌及 EDS 能谱

（a）Z 钢-Ⅱ；（b）Z 钢-Ⅲ；（c）T 钢；（d）铁渣成分；（e）结瘤物成分

（2）纯铁纯度与制备纳米晶带的相关性研究。

对 Z 钢纯铁甩带断裂原因进行分析，进而明确纯铁原料纯净度对制备纳米晶带的影响。对断裂处的表面裂纹形貌进行观察，如图 6-24 所示。薄带断裂时可分为三部分：第一部分是受力较大的起裂源区，此时应力集中造成开裂；第二部分是起伏区，此时应力交错，裂纹沿着最有利的方向扩展；第三部分是瞬断区，此时薄带脆性较大，非晶带受力瞬间发生绷断。

图 6-24　断带处宏观裂纹形貌

非晶薄带断口处的微观形貌如图 6-25 所示，其中图 6-25（a）（b）为裂纹源区的微观形貌，可以看出，裂纹由凹坑中心处一点向外发散，凹坑内部由排列规则的晶胞组成；图 6-25（c）（d）为起伏区的微观形貌，一侧断面较为光滑，另一侧同样存在规则排列的晶胞；图 6-25（e）（f）为瞬断区的微观形貌，断口表面平直，并且存在 Al_2O_3 夹杂物。由以上分析，生产非晶带材的过程中形成了一些晶态相，这些晶态相在淬火内应力下成为起裂源。由图 6-25 可知，Z 钢中杂质元素氧和铝的含量较高，氧在非晶基体中固溶会降低各元素的扩散能力，导致晶化向更高的温度偏移。另外，铝含量过高同样会引起部分晶化，导致非晶形成能力下降。

根据以上结果与分析，可知非晶带材制备用纯铁中的氧和铝影响喷铸质量。

（1）对比使用不同厂家纯铁制备纳米晶带的研究表明，需要控制纯铁原料中的夹杂物，从而避免在喷嘴处塞积形成结瘤物划伤晶带表面。

（2）造成非晶带材甩带断裂的主要原因是形成了部分晶态相，带材组织不均匀，在晶态相处易形成应力集中发生断裂。控制纯铁中的氧和

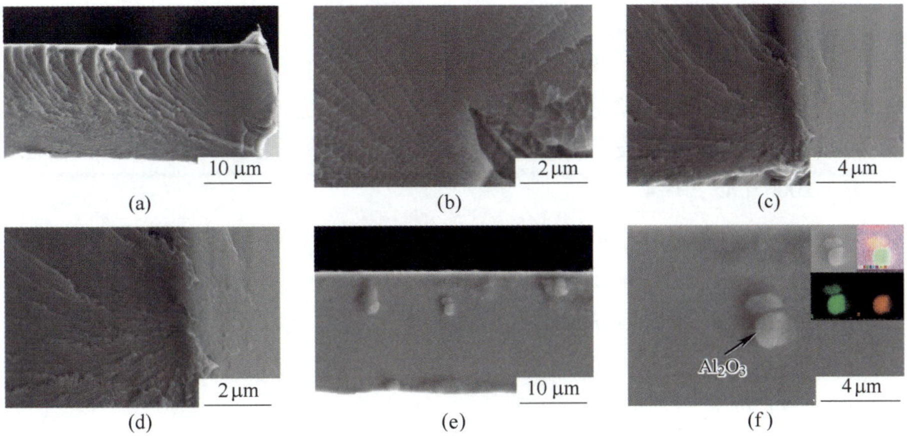

图 6-25　薄带断口形貌和夹杂物成分

铝含量可以避免非晶带材发生晶化，从而改善成型性能。

结　语

高超纯铁在多个高端材料制备领域展现出卓越性能，应用前景广阔。在航空领域，高超纯铁可用于制造飞机起落架的 300M 钢，提升韧塑性，确保起落架在极端载荷下的可靠性和耐久性。同时，它也是航空发动机主轴轴承钢 M50 的关键原料，为发动机的高效稳定运行提供坚实保障。在工业制造方面，高超纯铁作为电解铝阴极材料，有效降低了电解铝生产的能耗。此外，它在非晶纳米晶材料的制备中也发挥着重要作用，赋予材料优异的磁性能。

实践证明，高超纯铁的高纯净度特性使其在高端材料制备中潜力很大。随着技术的不断进步，高超纯铁的生产成本有望进一步降低，其作为高端原料和材料的应用范围也将持续拓展，未来可在新能源、电子信息、高端装备制造等领域发挥更大作用，为推动产业升级和技术革新提供坚实的材料和原料支撑。

参考文献

[1] 范长刚，董瀚，雍岐龙，等．低合金超高强度钢的研究进展［J］．机械工程材料，2006（8）：1-4.

[2] Li J H，Zhan D P，Jiang Z H，et al. Progress on improving strength-toughness of ultra-high strength martensitic steels for aerospace applications：a review［J］. Journal of Materials Research and Technology，2023，23：172-190.

[3] 姜周华，龚伟，王承，等．超高强度钢高纯净熔炼技术［J］．航空材料学报，2017，37（6）：7-15.

[4] 王瑞，李志，王春旭，等．飞机起落架用300M钢熔炼、开坯技术［C］//中国航空学会，中国工程院机械与运载工程学部．大型飞机关键技术高层论坛暨中国航空学会2007年学术年会论文集．抚顺特殊钢股份有限公司技术中心，中国一航北京航空材料研究院第三研究室，北京钢铁研究总院结构材料研究所，抚顺特殊钢股份有限公司技术中心，2007：2048-2055.

[5] 韩顺，厉勇，赵肃武，等．商用飞机起落架用单真空300M钢疲劳性能控制现状及展望［J］．特殊钢，2023，44（5）：53-59.

[6] 王承．稀土镧和镁对典型特殊钢洁净度和性能的影响［D］．沈阳：东北大学，2017.

[7] 章伟钢，韩顺，厉勇，等．大型客机用300M钢疲劳破坏行为［J］．钢铁，2017，52（10）：83-88.

[8] ASTM E45—13 Standard Test Methods for Determining the Inclusion Content of Steel［S］.

[9] AMS 6417 Steel, Bars, Forgings, and Tubing 1.6Si-0.82Cr-1.8Ni-0.40Mo-0.08V（0.38-0.43C）Consumable Electrode Vacuum Remelted［S］.

[10] ASTM E1820—23 Standard Test Method for Measurement of Fracture Toughness［S］.

[11] Smith A B. Aus-bay quenching of 300M steel［J］. Advanced Materials & Processes, 1992, 141（2）：51-52.

[12] 周丽娜，杨晓峰，刘明，等．8Cr4Mo4V高温轴承钢热处理及表面改性技术的研究进展［J］．轴承，2021（8）：1-10.

[13] Rydel J Jelita, et al. Understanding the factors controlling rolling contact fatigue damage in VIM-VAR M50 steel［J］. International Journal of Fatigue，2018

(108)：68-78.

[14] 付悍巍，崔一南，张弛，等．轴承钢滚动接触疲劳研究进展［J］．中国冶金，2020，30（9）：11-23.

[15] Jiang H，Song Y，Wu Y，et al. Macrostructure，microstructure and mechanical properties evolution during 8Cr4Mo4V steel roller bearing inner ring forging process［J］．Materials Science and Engineering A，2020，798（1）：140196.

[16] 杨平，罗海文．改进型 M50 高温用轴承钢的设计与研发［J］．金属热处理，2018，43（8）：1-7.

[17] Yang L，Xue W，Gao S，et al. Rolling contact fatigue behaviour of M50 bearing steel with rare earth addition［J］．International Journal of Fatigue，2023，177：107940.

[18] 付悍巍，冯绍晨．轴承钢滚动接触疲劳诱发白蚀区的研究进展［J］．轴承，2024（11）：12-19.

[19] 李昭昆，雷建中，徐海峰，等．国内外轴承钢的现状与发展趋势［J］．钢铁研究学报，2016，28（3）：1-12.

[20] 顾超，王仲亮，肖微，等．高疲劳寿命轴承钢洁净度现状及研究进展［J］．工程科学学报，2021，43（3）：299-310.

[21] 俞峰，陈兴品，徐海峰，等．滚动轴承钢冶金质量与疲劳性能现状及高端轴承钢发展方向［J］．金属学报，2020，56（4）：513-522.

[22] 郑凯，曹文全，俞峰，等．高温不锈渗碳轴承钢的研发现状与进展［J］．钢铁，2022，57（7）：125-136.

[23] Saevarsdottir G，Padamata S K，Velasquez B N，et al. The way towards zero carbon emissions in aluminum electrolysis［C］//Tms Annual Meeting & Exhibition：Springer，2023：637-645.

[24] Padamata S K，Singh K，Haarberg G M，et al. Wettable TiB_2 cathode for aluminum electrolysis：A review［J］．Journal of Sustainable Metallurgy，2022，8（2）：613-624.

[25] 李志刚，齐守智，王楠楠．简析炭素在电解铝行业节能降碳中的关键作用［J］．世界有色金属，2024（18）：1-3.

[26] Redkin A，Apisarov A，Dedyukhin A，et al. Recent developments in low-temperature electrolysis of aluminum［J］．Ecs Transactions，2013，50（11）：205-213.

[27] Gandy D. Carbon steel handbook［J］．Electric Power Research Institute（epri），2007，3（3）：172.

[28] Wu Y Z，Ma Y Q，Gao H T，et al. Electrical conductibility of copper clad steel

wire by drawing at room temperature [J]. Key Engineering Materials, 2007, 334: 321-324.

[29] Zhou L Y, Wang L P, Jiang L Q. Appendix 1—Chemical Composition and Mechanical Properties of Major Steel Brands for Steel Structures [M]. Design of Steel Structures, 2022.

[30] Hankel J, Kernebeck S, Deuerler F, et al. Long-term heat treatment of collector bars for aluminium electrolysis: impact on microstructure and electrical properties [J]. SN Applied Sciences, 2020, 2: 1-11.

[31] Shi Z R, Chai D P, Huang H B, et al. Technology research on decreasing the aluminum surface waves and reducing the cathode voltage drop in aluminum electrolysis cell [J]. Light Metals, 2016, 2016: 613-616.

[32] Das S, Morsi Y, Brooks G. Cathode characterization with steel and copper collector bars in an electrolytic cell [J]. Jom, 2014, 66: 235-244.

[33] 刘安业. 高导电率材料在铝电解生产中的应用 [C] //2014（郑州）中西部第七届有色金属工业发展论坛, 2014.

[34] 王林. 阴极钢棒优化技术在200kA预焙电解槽上的生产实践 [J]. 金属世界, 2013（4）: 30-32.

[35] 郑永龙. 高导电双钢棒在240kA铝电解槽上的应用 [J]. 有色冶金节能, 2014, 30（4）: 16-19.

[36] 尹诚刚, 李劼, 徐宇杰, 等. 新型阴极钢棒对铝电解槽电热场的影响 [J]. 中国有色金属学报, 2014, 24（1）: 246-253.

[37] 王新林, 朱鉴清, 李友良, 等. 非晶态合金及其应用 [M]. 北京: 冶金工业部科学技术司, 1990.

[38] 宽幅超薄铁基纳米晶带材工程化技术开发及应用 [J]. 中国冶金, 2022, 32（2）: 123.

[39] 冶金工业信息标准研究院. GB/T 15019—2003 快淬金属的分类和牌号 [S]. 北京: 中国标准出版社, 2003.

[40] 何峻, 赵栋梁. 非晶软磁材料研究现状与发展趋势 [J]. 金属功能材料, 2015, 22（6）: 1-12.

[41] Yoshizawa Y, Oguma S, Yamauchi K. New Fe-based soft magnetic alloys composed of ultrafine grain structure [J]. J Appl. Phys., 1988, 64（10）: 6044.

[42] Yoshizawa Y, Yamauchi K. Magnetic properties of Fe-Cu-M-Si-B（M=Cr, V, Mo, Nb, Ta, W）alloys [J]. Mater. Sci. Eng A, 1991, 13（15）: 176.

［43］肖阳，张磊，杜帅龙，等．Finemet 型铁基非晶带材常见缺陷分析［J］．金属功能材料，2017，24（6）：5-11.

［44］朱德鸣，石松耀，朱鉴清，等．元素及杂质含量对铁硅硼非晶带性能影响的研究［J］．上海钢研，1992（4）：1-8.

［45］谢文硕，朱正吼．$Fe_{73.4}Cu_{1}Nb_{3}Si_{13.5}B_{9}Al_{0.1}$ 纳米晶合金制备及其软磁性能［J］．功能材料，2016，47（1）：1222-1225.

［46］李百松，陈文智，姚书芳，等．FeSiB 非晶薄带中夹杂物的来源及形成机理［J］．钢铁，2020，55（1）：27-33.

［47］王建，周少雄，颜慧成，等．Fe-Si-B 非晶合金制备过程中的水口结瘤分析［J］．钢铁研究学报，2013，25（7）：49-52.